地理信息系统技术及应用研究

胡 涛 著

中国水利水电出版社
www.waterpub.com.cn
·北京·

内容提要

地理信息系统作为传统地学学科和现代科学相结合的产物,目前已发展成为集遥感、全球定位系统、互联网技术于一身的综合集成化技术系统。

本书重点论述了地理信息系统中地理空间数据的获取、处理、管理、空间分析、可视化等核心技术,并在最后探讨了地理信息系统的应用,其主要内容涵盖了对地理空间参照系统、地理空间数据、地理空间数据的获取等。

本书结构合理,条理清晰,内容丰富新颖,是一本值得学习研究的著作,可供地理信息系统、测绘等工程技术人员和计算机技术人员参考使用。

图书在版编目(CIP)数据

地理信息系统技术及应用研究/胡涛著. —北京:中国水利水电出版社,2018.2

ISBN 978-7-5170-6356-8

Ⅰ.①地… Ⅱ.①胡… Ⅲ.①地理信息系统 Ⅳ.①P208.2

中国版本图书馆 CIP 数据核字(2018)第 051927 号

书　　名	地理信息系统技术及应用研究 DILI XINXI XITONG JISHU JI YINGYONG YANJIU
作　　者	胡　涛　著
出版发行	中国水利水电出版社 (北京市海淀区玉渊潭南路1号D座 100038) 网址:www.waterpub.com.cn E-mail:sales@waterpub.com.cn 电话:(010)68367658(营销中心)
经　　售	北京科水图书销售中心(零售) 电话:(010)88383994、63202643、68545874 全国各地新华书店和相关出版物销售网点
排　　版	北京亚吉飞数码科技有限公司
印　　刷	北京一鑫印务有限责任公司
规　　格	170mm×240mm　16开本　19.25印张　249千字
版　　次	2018年5月第1版　2018年5月第1次印刷
印　　数	0001—2000册
定　　价	92.00元

凡购买我社图书,如有缺页、倒页、脱页的,本社营销中心负责调换

版权所有·侵权必究

前　言

随着信息技术的迅速发展,在原有学科交叉处派生出一门新兴的边缘学科——地理信息系统(GIS)。地理信息系统针对空间数据,既是表达现实空间世界和进行空间数据处理分析的"工具",又可看作用于解决空间问题的"资源",同时也是关于空间信息处理分析的"科学"。

地理信息系统是在计算机软硬件的支持下,用于处理和分析空间数据的一门综合性信息技术,涉及计算机科学技术、信息和管理学、地理学、空间科学及测量学等学科。作为一种兼容、存储、管理、分析、显示与应用地理信息的空间信息计算机系统,GIS 以一种新的方式组织和使用地理信息,从而能更加有效地分析和生产新的地理信息。与此同时,GIS 的应用改变了地理信息的分发和交换方式。

GIS 的发展得益于各学科和技术的发展与渗透。首先,多媒体技术、虚拟现实技术、数据库技术、图形图像处理技术、网络与通信技术、网络存储技术等日新月异的进步为 GIS 进一步快速发展提供了极其便利的条件。其次,国民经济信息化建设步伐的加快促使各行各业在地理空间数据获取、存储、处理、分析、使用以及数据共享与服务等方面的需求日益强烈。此外,随着对地观测以及各种数据采集技术的不断成熟与完善,GIS 所处理的地理空间数据量空前增长。

GIS 的许多技术和方法都是从实践中得以研究利用的,具有很强的实践性。为了介绍地理信息系统的基本原理、相关技术与应用,作者在借鉴已有相关成果的基础上,结合信息技术,以 GIS 技术经典理论为主,撰写了本书。

本书全面系统地讲述了地理信息系统的原理、结构、技术方法、发展现状与动态,同时结合当前地理信息系统应用热点,讲述了GIS在相关领域的应用以及相关的新技术。

全书共分为8章,第1章为认识地理信息系统,介绍了地理信息系统的基本内容;第2章介绍了地理空间参照系统,从投影与坐标两方面阐述了地理信息系统的应用基础;第3章介绍了地理信息系统的空间数据;第4章介绍了地理信息系统中空间数据的获取方式;第5章介绍了地理空间数据的处理与质量控制;第6章介绍了地理信息数据的查询方式以及空间数据分析的方法;第7章介绍了地理信息数据的可视化与地图制图;第8章介绍了地理信息系统的经典应用以及相关新技术的应用。

在撰写过程中,作者参考了大量同行专家的著作和网络相关资料,在此向相关内容的作者表示衷心的感谢。

由于作者个人水平有限,时间仓促,书中难免有疏漏之处,敬请广大读者在使用本书过程中,将发现的问题告知,以便进一步修正完善。

作 者

2017年10月

目 录

前言

第1章 认识地理信息系统 ·················· 1
  1.1 地理信息系统的定义、内容与基本特征 ········ 1
  1.2 地理信息系统的基本功能与组成 ············ 5
  1.3 地理信息系统开发与实施 ················ 18
  1.4 地理信息系统与其他信息系统的关系 ········ 22
  1.5 地理信息系统的应用领域及发展前景 ········ 27

第2章 地理空间参照系统 ·················· 36
  2.1 地理空间 ·························· 36
  2.2 地图投影 ·························· 47
  2.3 空间坐标转换 ······················ 55
  2.4 GIS中坐标系与投影的应用 ·············· 59

第3章 地理空间数据 ······················ 63
  3.1 空间数据概述 ······················ 63
  3.2 空间数据的空间关系表达 ·············· 70
  3.3 地理空间数据模型 ·················· 78

第4章 地理空间数据的获取 ················ 105
  4.1 地面测量与地图数字化 ················ 105
  4.2 摄影测量 ·························· 109
  4.3 遥感 ······························ 112
  4.4 属性数据获取 ······················ 121
  4.5 空间数据获取技术发展 ················ 125

第5章 地理空间数据处理与质量控制 ········ 132
  5.1 空间数据编辑 ······················ 132

5.2 空间拓扑关系与自动建立 ………………………………………… 135
5.3 几何变换 ………………………………………………………… 140
5.4 矢量、栅格数据相互转换 ………………………………………… 143
5.5 空间数据压缩 …………………………………………………… 154
5.6 空间数据质量控制 ……………………………………………… 162

第6章 地理数据空间分析 ………………………………………… 170
6.1 空间数据查询 …………………………………………………… 170
6.2 空间统计分析 …………………………………………………… 173
6.3 空间叠加分析 …………………………………………………… 178
6.4 缓冲区分析 ……………………………………………………… 190
6.5 网络分析 ………………………………………………………… 196
6.6 数字高程模型分析 ……………………………………………… 213

第7章 地理数据的可视化与地图制图 …………………………… 222
7.1 地图可视化表达 ………………………………………………… 222
7.2 地图符号及符号库 ……………………………………………… 228
7.3 三维空间数据的可视化 ………………………………………… 233
7.4 地理数据的版面设计与制图 …………………………………… 246
7.5 地图输出 ………………………………………………………… 251
7.6 动态地图与虚拟现实 …………………………………………… 253

第8章 地理信息系统的应用 ……………………………………… 258
8.1 GIS的应用 ……………………………………………………… 258
8.2 3S集成技术及应用 ……………………………………………… 275
8.3 云环境下的GIS及应用 ………………………………………… 278
8.4 地理信息技术应用热点——移动GIS、三维GIS、
    影像GIS ………………………………………………………… 284

参考文献 ……………………………………………………………… 298

第1章 认识地理信息系统

当今信息技术突飞猛进，信息产业空前发展，信息资源爆炸式扩张。自20世纪60年代被首次提出后，地理信息系统（GIS）凭借其快速处理和运筹帷幄的优势，已经在土地利用、资源管理、环境监测、交通运输、城市规划以及经济建设等相关行业得到广泛应用。地理信息系统顺势而生，其迅速发展不仅为地理信息现代化管理提供了契机，而且有利于其他高新技术产业的发展。

1.1 地理信息系统的定义、内容与基本特征

1.1.1 地理信息系统的定义

对于地理信息系统，目前没有完全统一的定义，不同部门、不同应用目的，对其定义也不一样。有的定义侧重于GIS的技术内涵，有的则强调GIS的应用功能。

美国学者Parker认为"GIS是一种存储、分析、显示空间和非空间数据的信息技术。"Goodchild则把GIS定义为"采集、存储、管理、分析和显示有关地理现象信息的综合系统。"

加拿大的Roger Tomlinson认为"GIS是全方位分析和操作地理数据的数字系统。"Burrough认为"GIS是属于从现实世界中采集、存储、提取、转换和显示空间数据的一组有力工具。"

俄罗斯学者则更多地把GIS理解为"一种解决各种复杂地理相关问题且具有内部联系的工具集合。"

中国地质大学吴信才教授认为"GIS是处理地理数据的输入、输出、管理、查询、分析和辅助决策的计算机系统。"

现对地理信息系统（Geographic Information System，GIS）作

如下定义：GIS是以空间数据库为基础，采用地理模型分析，达到实现地理信息的采集、存储、检索、分析、显示、预测和更新目的的系统，其概念框架和构成如图1-1所示。

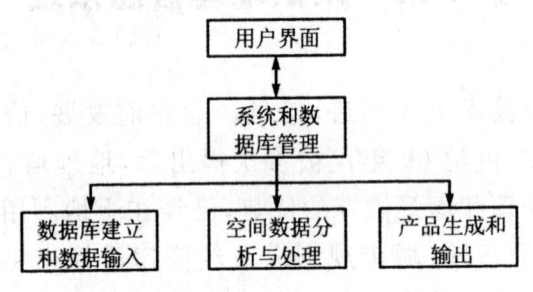

图1-1 地理信息系统概念框架和构成

1.1.2 地理信息系统的内容

GIS研究的对象是地理信息，但地理信息并不是零散地用文件形式存储，而是按照一定的标准规范保存在空间数据库里。随着GIS的发展，地理信息学的内涵与外延也在不断变化，这些变化集中体现在"S"的含义上，如图1-2所示。

图1-2 不同历史时期GIS含义的变化

①GIScience 地理信息科学，从地理信息的基础理论、原理方法研究地理信息的本质、表达模型、地理信息的认知过程等；

②GISystem 地理信息系统是从技术化、工程化角度研究地理信息的集成开发、系统结构、系统功能等；

③GIService 地理信息服务从产业化应用角度，研究面向社会化、网络化、多元化的信息服务，强调信息标准、管理、产业政策、规模化集成应用等，是地理信息产业发展的需求。

GIS的核心内容就是围绕地理信息进行全生命周期的处理。信息处理的过程包括：采集各种时空数据，经过加工然后存储；有效检索出所需的地理信息，对其进行空间分析，并形象地展现分析结果；通过分析对将来的发展变化进行预测，以及实现空间数据的动态更新等基本内容。

1.1.3 地理信息系统的基本特征

地理信息系统作为一种通用技术，它提供了一种认识、理解、组织和使用地理信息的新方式，是一门处理空间信息的交叉学科。GIS属于信息系统的范畴，但其操作的数据对象主要为地理空间数据，其基本特征如图1-3所示。

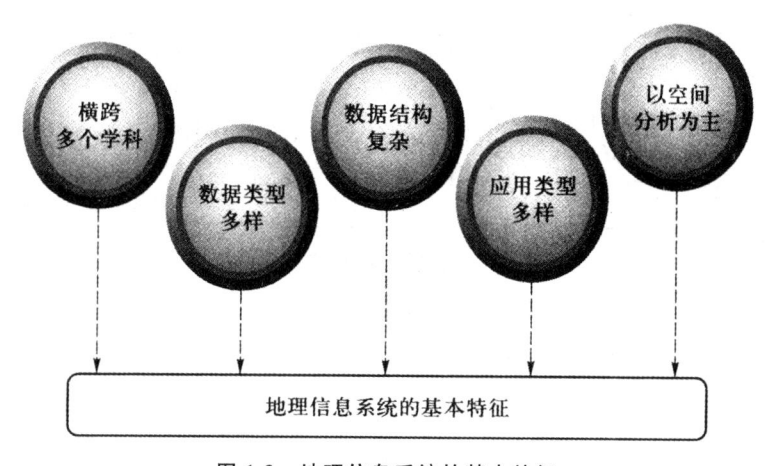

图 1-3 地理信息系统的基本特征

1. 横跨多个学科

地理信息系统是由计算机科学、测绘学、摄影测量与遥感、地理学、地图学、人工智能等多个学科组成的交叉学科，如图1-4所示。

2. 数据类型多样

随着GIS应用领域的不断推广与深入以及数据更新速度的不断加快，待处理的数据量越来越大，从最初的MB数量级，发展到现在的GB数量级甚至TB数量级，已经到了海量的程度，海量空间数据的组织与管理成了制约GIS发展的一个瓶颈。如全国

1∶25万基础地理信息数据库的数据量为8GB,1∶5万数字高程数据达150GB以上,遥感影像的数据量就更大。

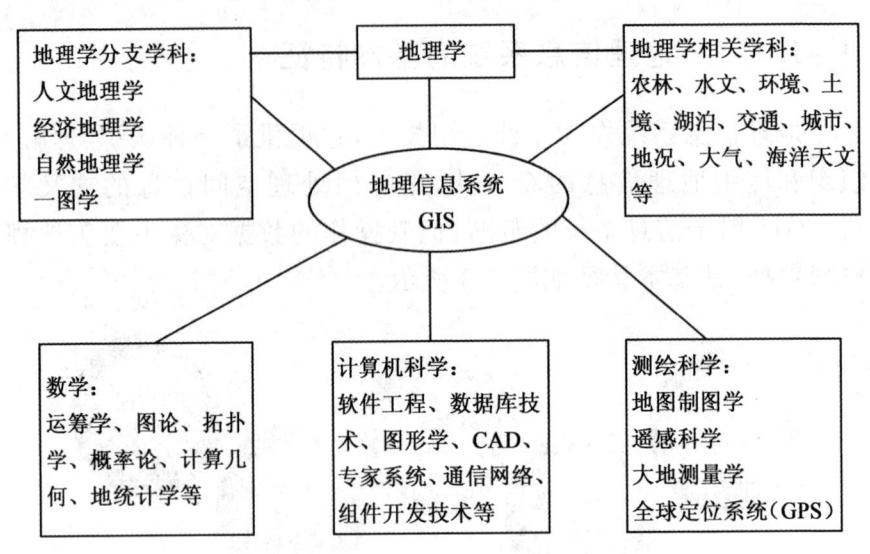

图1-4 地理信息系统横跨多个学科

地理信息系统海量数据特征来自两个方面:一是地理数据,地理数据是地理信息系统的管理对象;二是派生数据,派生数据主要来自于空间分析。地理信息系统的海量数据带来的是系统运转、数据组织、网络传输等一系列的技术难题,这也是地理信息系统比其他信息系统复杂的又一个因素。

3. 数据结构复杂

地理数据不仅需要表达地物的位置、形状和随时间变化的相关情况,还描述了地物之间的拓扑关系。空间位置特征是地理空间数据有别于其他数据的本质特征,GIS中的数据必须通过某个坐标系统与地球表面的一个特定位置发生联系。不同来源的地理信息都是在统一的地理参照系统内进行表达的,任何GIS都应该具备地理坐标转换功能。一般信息系统仅包括属性和时间特征,没有位置的数据不能称为地理数据。

4. 应用类型广泛

当前GIS的应用非常广泛,可作为各种辅助决策支持的优秀工具,以其特有的专业优势服务于多种应用领域,如国土管理、城市与交通规划、防震减灾以及其他各项与空间信息相关的业务过程。

5. 以空间分析为主

不同于其他信息系统,地理信息系统往往涉及大量的空间分析。空间分析是为了解决地理空间问题而进行的数据分析与数据挖掘,能从GIS空间目标之间的空间关系中获取派生的信息和新的知识,是从一个或多个空间数据图层中获取信息的过程。

空间分析主要通过空间数据和空间模型的联合分析来挖掘空间目标的潜在信息,而这些空间目标的基本信息,无非是空间位置、分布、形态、距离、方位、拓扑关系等,其中距离、方位、拓扑关系组成了空间目标的空间关系,是地理实体之间的空间特性,可以作为数据组织、查询、分析和推理的基础。通过将地理空间目标划分为点、线、面等不同的类型,可以获得这些不同类型目标的形态结构。

将空间目标的空间数据和属性数据结合起来,可以进行许多特定任务的空间计算与分析。例如,利用地理信息系统的空间分析功能,可以确定理想的公交转乘方案、统计道路扩建需要拆除的房屋面积等。

1.2 地理信息系统的基本功能与组成

1.2.1 地理信息系统的基本功能

地理信息系统具有数据采集、数据处理与变换、数据存储与管理、查询与空间分析、可视化等五大基本功能,如图1-5所示。

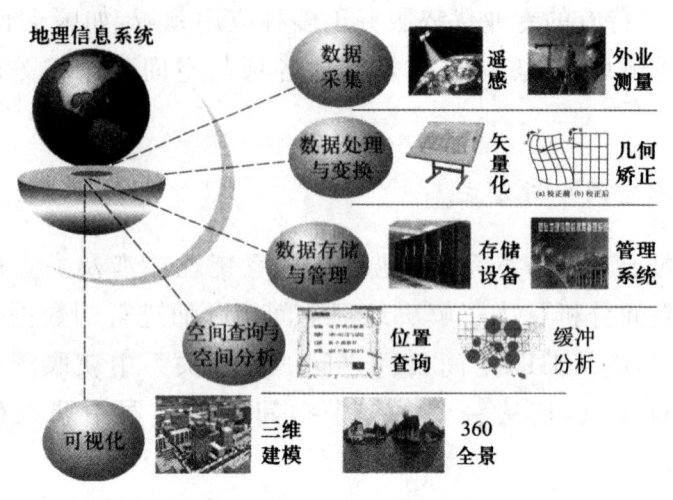

图 1-5 地理信息系统的基本功能

1. 数据采集功能

数据采集是把现有的地理实体或资料转换成计算机可以处理的数字形式,并保证相关数据的完整性、数据与逻辑上的一致性等。数据采集的总体目标是对各种各样的地理现象进行简化和抽象,以图形、图像等方式记录地理现象的位置、属性及相互关系。如用不同形状的多边形面状符号及其在空间上的疏密程度来表达不同建筑物的形状和空间分布特征;用双线的地图符号和与之相对应的属性数据来表示不同类型的道路。

GIS 的数据来源如图 1-6 所示,主要有:

①通过野外地面测量采集的图形数据;

②通过飞机或卫星等拍摄的图像数据;

③通过相应设备将纸质地图、文本、统计数据和多媒体数据等转化成地理空间数据。

在 GIS 数据采集中,大平板仪、全站仪、GPS 或者移动测绘系统等定位设备适用于野外的实地数据采集。野外采集设备可以进行布点、观测、记录数据等,而且测量精度高,主要适用于外业的 GIS 数据采集或者局部的数据修补测量和更新等测绘作业。

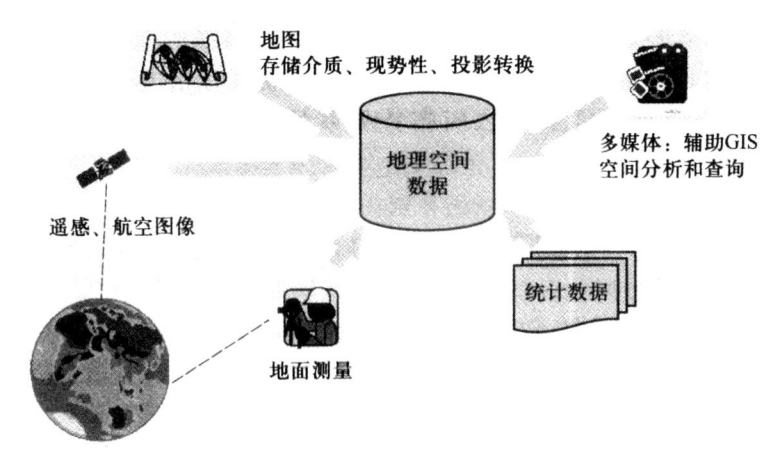

图 1-6　GIS 的数据来源

　　数字化采集的设备包括数字化仪、扫描仪和摄影测量设备等。此类设备的特点是采集范围大、速度快,主要是内业作业,外业补测的工作相对较少,能够快速获取大范围的 GIS 数据,适宜于大面积的 GIS 数据采集或者资源普查等应用。如在地理国情普查中,通过遥感图像快速获取基础地理信息数据的方法得到了广泛应用。

　　此外,其他系统数据资源通过数据交换的方法也可以用于 GIS 数据的采集。如在建设相关系统时,通过外业测量或者数字化处理进行数据采集,工作量会很大;此时,如果用户单位已经建设好"基础地理数据管理系统",包括居民地、道路、水系等基础数据的图层信息,那么新建系统从该管理系统中提取 GIS 数据,并按照一定的数据标准规范转换并交换,就可避免大量繁杂的数据采集工作,从而提高数据的利用效率,减少不必要的重复投资建设。图 1-7 所示为数据交换的条件要求。

2. **数据存储与管理功能**

　　GIS 的核心是地球表面各类地物的空间位置和属性信息,需要将海量空间数据存储在计算机的数据库里。如图 1-8 所示,点、线、面是记录地物位置和形状的基本图形要素。如何在有限的空间内采用相关图形要素存储尽量多的地物信息,是存储几何数据所需要解决的核心问题。

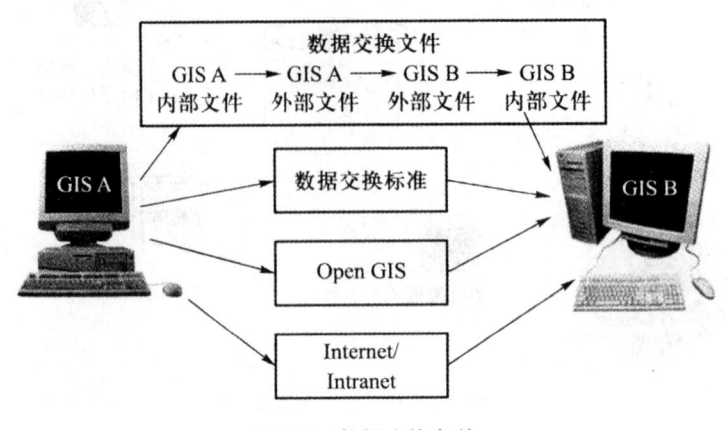

图 1-7　数据交换条件

图 1-8　空间数据类型

属性数据的存储可以采用二维表的组织结构来记录数据的信息，如图 1-9 所示。如在 GIS 中，除了记录道路的位置、走向以外，还需要记录其名称、等级和长度等信息，那么就可以建立二维表格，并在表格的每一行中存储对应道路的相关属性信息。

OID	Shape	RoadType	...
1	XY,...	Highway	...

图 1-9　空间数据二维属性表

3. 数据处理与转换功能

特定的 GIS 项目有可能需要将数据转换或处理成某种需要的形式以适应系统。数据转换和处理的具体操作包括坐标变换、格式转换等，如图 1-10 所示。在综合分析数据之前，需要通过数据处理与变换操作，把各数据层转换到同一参考坐标体系下，才能确保各种数据的精确叠加，从而满足相关空间分析的要求。

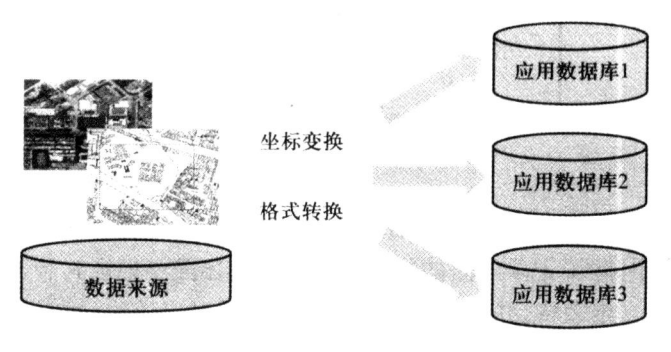

图 1-10 数据转换

在 GIS 中，需要使用一系列的点来确定数据的位置和形状，而点的坐标值是与坐标系统相关的。不同的坐标系统具有不同的坐标原点，或者不同的坐标轴角度。如果源数据与目标数据的坐标系统或者投影系统不一致，那么进行数据的综合应用，就需要进行坐标的变换。计算两个系统之间的转换参数，然后对源数据内的每一对坐标值进行相对应的转换计算，属于"坐标变换"的操作内容。此外，为了运算的方便，GIS 还需要进行图幅的裁剪和拼接。

在数据的处理和变换过程中，有时需要进行数据格式的转换，如图 1-11 所示。如 AutoCAD 和 ArcGIS 是常见的应用软件，它们使用的数据格式 dwg 和 shp 也比较常见。在使用相关软件时，需要转换两种数据格式。此外，有时图形和图像数据也需要相互转换，但转换需要保持信息的一致性，避免遗漏数据或损失精度。

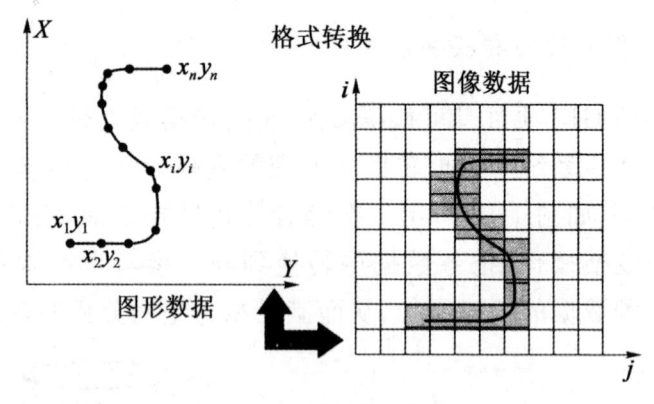

图 1-11 数据格式转换

4. 空间查询与空间分析功能

图 1-12 所示为空间数据库管理系统的功能示意图。为提高 GIS 数据存储与管理的效率，开发人员根据每个单位或部门的数据特点和用户需求，开发空间数据库管理系统，以方便用户进行数据的浏览、查询、编辑或者进行数据的导入、导出，从而实现数据的规范统一和有效管理。

基本功能	数据更新功能	历史数据管理功能
数据处理 数据编辑 数据表达 查询统计	子库更新 要素更新 属性更新 其他信息更新	版本管理 数据版本压缩 历史数据浏览
建库管理功能	元数据管理功能	安全管理功能
导入导出 数据质量检查 坐标系统转换 图形图像配准 空间索引管理	元数据模板定制 元数据提取与录入 元数据更新维护 元数据查询检索 元数据输入输出	用户管理 日志管理 数据备份

图 1-12 空间数据库管理系统功能

空间分析作为 GIS 独特的应用工具，具有非常广泛的应用前景。如在实际工作中，可以使用 GIS 技术中的空间缓冲区分析方法来确定地物的空间邻近关系；使用 GIS 技术中的空间叠置分析方法，针对不同时间段的数据进行叠置处理，可以获得不同时段内的变化分析结果。

应用GIS的数据统计分析功能,研究人员可以客观地把握研究区域内相关数据的空间分布特征。

此外,GIS还具有网络分析的功能。如在GIS中输入起始点和目的地后,通过迪杰斯特拉等相关算法,可以自动分析并获得最短行车路径或者公交转乘方案。同时,GIS还可以实时获取道路的路况信息,从而方便地对当前行驶路线进行优化调整。

5. 可视化功能

对于不同的地理现象,利用GIS以地图或图形的方式来显示最终结果,会显得更直观、更形象、更具体。图文一体化是有效存储和传递地理信息的核心技术。GIS为扩展地图制图科学和艺术提供了工具,当空间数据与统计图表、照片和视频等数据进行了有效集成后,GIS的展示结果就能达到图文并茂的可视化效果。

此外,地理信息系统的可视化新技术能够融合一维、二维、三维数据以及360°全景式的视频数据,为城市景观或者规划设计提供良好的展示平台。

1.2.2 地理信息系统的组成

GIS由硬件、软件、数据、人员和基础设施等五大部分组成,如图1-13所示。硬件指的是服务器、工作站以及输入输出等一系列的计算机和网络设备;软件指的是实现GIS运行的源代码和用户界面;数据是GIS最重要的组成部分,包括不同类型与格式;GIS的人员组成是多层次的;基础设施是指维护GIS运营所需的各种环境。

图1-13 GIS的组成

1. 硬件系统

GIS 的硬件系统包括计算机软硬件系统、GPS 接收器、PDA 采集系统、数字化仪、扫描仪、打印机和绘图仪等,如图 1-14 所示。

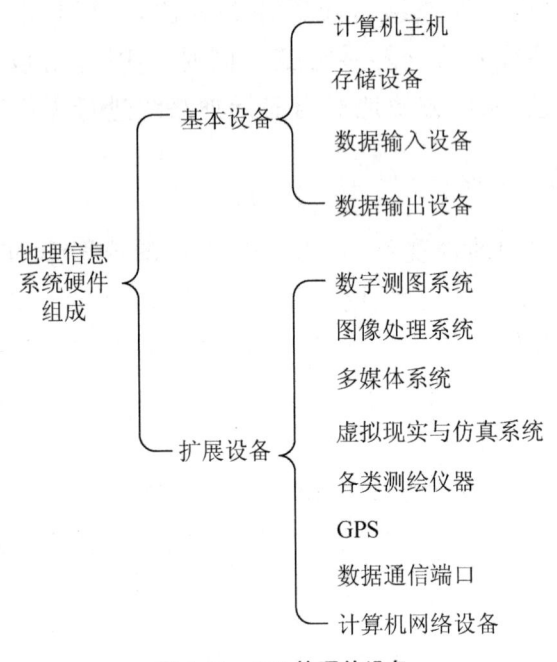

地理信息系统硬件组成
- 基本设备
  - 计算机主机
  - 存储设备
  - 数据输入设备
  - 数据输出设备
- 扩展设备
  - 数字测图系统
  - 图像处理系统
  - 多媒体系统
  - 虚拟现实与仿真系统
  - 各类测绘仪器
  - GPS
  - 数据通信端口
  - 计算机网络设备

图 1-14　GIS 的硬件设备

(1) 计算机软硬件系统

GIS 对服务器的稳定性、安全性、性能等方面都有着很高的要求。服务器是管理资源并为用户提供服务的计算机。当然高配置的服务器价格也比较高。在构建 GIS 时,服务器的选择应该根据不同的应用需求选择合适的产品。例如,数据服务器的硬盘容量比较大,适用于存储数据;而应用服务器的计算性能比较高,适用于处理数据或者发布服务。

工作站可以负责图形图像处理和任务并行处理,是高端的通用微型计算机。GIS 对工作站的内存和显卡等硬件性能要求较高。

平板电脑是指小型便携的个人电脑。在平板电脑上安装 GIS 的应用程序后,就可以进行地理信息的浏览、查询和空间分析。

第1章　认识地理信息系统

(2) 扫描仪

扫描仪是以扫描的方式将图形图像信息转换为数字信号的装置。

(3) GPS 接收器

GPS 接收器是接收 GPS 卫星信号并确定地面空间位置的仪器。

(4) 数字化仪

数字化仪是将各种图形根据坐标值手工输入计算机内,从而将图形形式转换成数字形式的设备。

(5) PDA 数据采集系统

PDA 数据采集系统是用于野外调查和数据采集的设备。例如,在城市网格化管理中,巡查人员发现某个地方缺少井盖,通过 PDA 拍照,并记录井盖号码,就可以向数据中心上传相关信息。

(6) 输出设备

输出设备是把数字形式的 GIS 数据转换成实体形式的地图或者文本。常见的输出设备有打印机、绘图仪等。此外,网络 GIS 需要用到相关的网络传输设备,如交换机、集线器、路由器等。

2. 软件系统

GIS 软件构成了 GIS 的数据和功能驱动系统,关系到 GIS 的数据管理和处理分析能力。它是由一组经过集成,按层次结构组成和运行的软件体系,见表 1-1。

表 1-1　GIS 软件系统的层次结构

层次	内容
高层次 ↑ 低层次	GIS 与用户的接口、通信软件(用户界面、通信软件)
	GIS 应用软件(二次开发)
	GIS 基本功能软件(商业化的 GIS 工具或平台)
	标准软件(图形图像处理、数据库系统、系统库、程序设计等)
	网络管理软件,工具软件
	操作系统

▶地理信息系统技术及应用研究

根据 GIS 的概念和功能,GIS 软件的基本功能由 6 个子系统(或模块)组成,如图 1-15 所示。

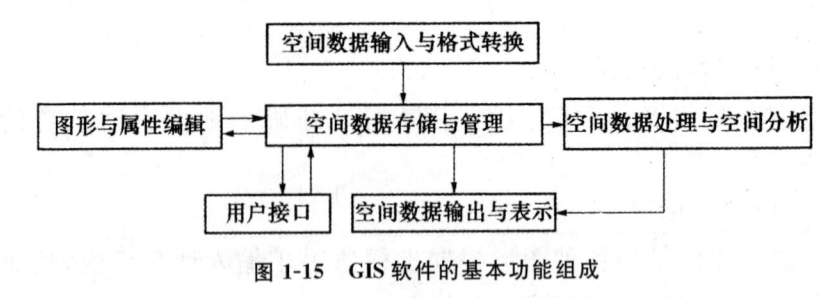

图 1-15　GIS 软件的基本功能组成

(1)空间数据输入与格式转换子系统

主要功能是将系统外部的原始数据(多种来源、多种类型、多种格式)传输给系统内部,并将格式转换为 GIS 支持的格式,如图 1-16 所示。

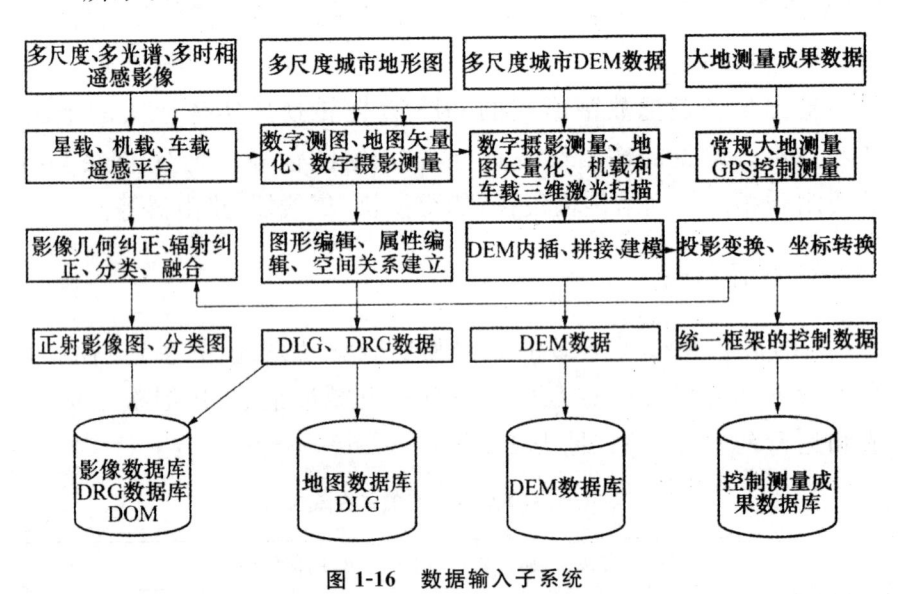

图 1-16　数据输入子系统

(2)数据存储与管理处理

主要由特定的数据模型或数据结构来描述构造和组织的方式,由数据库管理系统(DBMS)进行管理。

(3)图形与属性的编辑处理

地理信息系统所涵盖的数据需要通过专门的数据结构进行

— 14 —

表达,其中,图形元素必须按照数据结构的有关要求来确定其位置,包含的全部元素均属于同一参照系,且需要按照一定的地理编码进行数据分层。

(4)数据分析与处理

地理信息系统具备分析有关区域空间数据和属性数据的特性,借助一定的空间运算方法和指标,如矢量、栅格、DEM 等,对上述数据进行测定,从而实现对空间数据的有效利用。

(5)数据输出与可视化

地理信息系统内的原始数据,通过这一模块进行系统分析、转换、重组等一系列处理,以易于接受的方式传达给用户。数据输出的方式较多,如地图、表格、决策方案、模拟结果显示等。

(6)用户接口

它主要用于接收用户的指令、程序或数据,是用户和系统交互的工具。主要包括用户界面、程序接口和数据接口。

国内外目前都有常用的 GIS 平台软件。国外的主流 GIS 平台软件有 ArcGIS、MapInfo 等。ArcGIS 是功能强大和用户面广的 GIS 平台软件。所谓 GIS 平台软件,是指具有通用性功能的 GIS 软件。在应用过程中,用户对通用的基本功能进行重新组装和改造,就可以构成专用的 GIS,即 GIS 二次开发系统。例如,国土资源信息管理系统、规划数据管理系统、地下管线管理系统等。国内比较著名的 GIS 平台软件,包括北京超图软件公司的 SuperMap,武汉大学吉奥公司的 GeoStar 和中地数码集团的 MapGIS 等,在市场上得到较为广泛的应用。

3. 数据

数据是 GIS 最重要的组成部分。GIS 缺乏数据或者数据的质量不达标,如房屋面压盖了道路,道路没有构网等,即便软件功能再强大,也难以实现正常运作。也就是说,数据的好坏是评价 GIS 质量的关键指标。

GIS 涉及数据广泛,其数据来源类型如图 1-17 所示。

①图形数据，如旅游地图、行政区划图等；
②图像数据，如飞机或卫星等所拍摄的影像、360°全景图等；
③属性数据，如道路名称、长度、类型等；
④统计数据，如社会经济统计年鉴等；
⑤视频数据，如名胜古迹的介绍等；
⑥音频数据，如旅游介绍录音等。

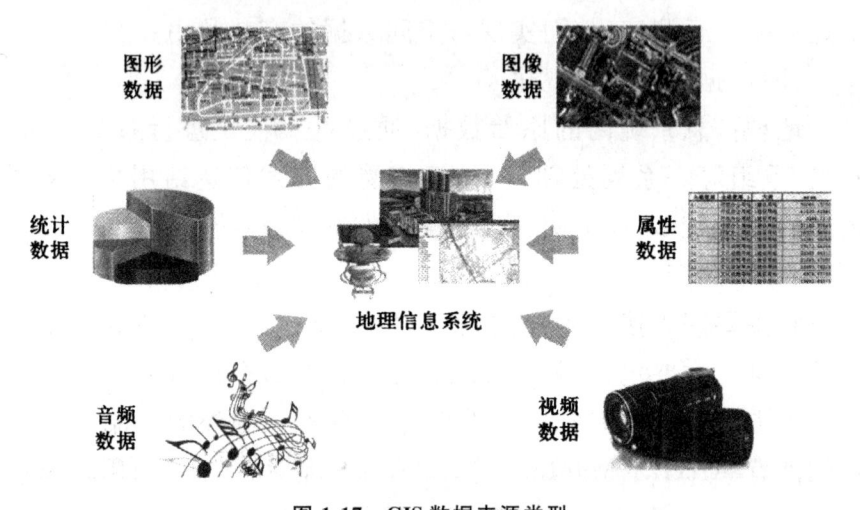

图 1-17　GIS 数据来源类型

GIS 可以集成各种图形、图像以及其他数据，进行综合的分析和应用。如可以在 GIS 中查询名胜古迹的地理位置，也可以查看其文字介绍和图片说明，并观看视频介绍等，从而获得全方位的服务。

4．人员

GIS 的人员组成具有多个层次，如图 1-18 所示。GIS 需要专业人员进行系统管理、制订解决方案以及处理应用问题。其中，科学研究人员关注的是基础理论和方法的研究；软件设计人员根据用户功能需求，设计解决方案；项目管理人员需要对项目的开发流程、人员安排、资金配置进行统筹管理；系统开发人员负责实现程序设计；数据处理人员负责 GIS 的数据整理、格式转换、更新入库等一系列数据的加工工作。

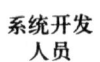

第 1 章　认识地理信息系统

图 1-18　GIS 系统的人员组成

5. 基础设施

基础设施是指维持 GIS 运行所需要的物理环境、组织架构、行政文化体系等，如图 1-19 所示。其中，GIS 的组织管理，涉及职责从属关系划分、工作衔接流程等；GIS 的企业文化体系，包括组织头脑风暴会议、产品推介会议等。上述内容都属于基础设施范畴，对于维持 GIS 的运行发挥着重要作用。

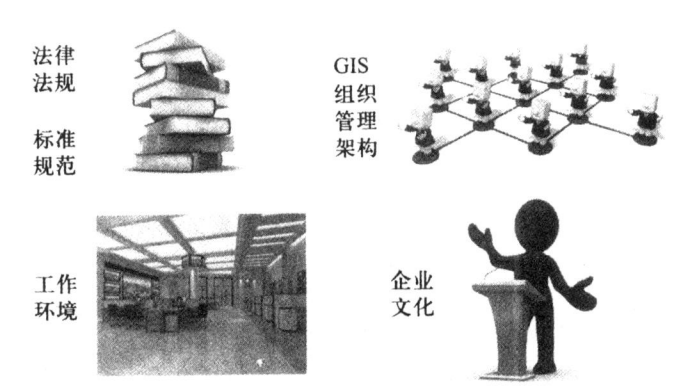

图 1-19　维持 GIS 运行的基础

1.3　地理信息系统开发与实施

1.3.1　地理信息系统的开发

GIS项目的软件开发与普通软件产品的开发没有太大的不同，只是由于其专业特性，GIS的软件相对于其他软件来说更加注重地理数据管理、处理能力，以及数据的显示和输出。通常在进行GIS软件开发的时候，遵循一般软件工程规范即可。

1. GIS开发模式分类

（1）独立开发

独立开发不依赖于任何GIS工具软件，从空间数据的采集、编辑到数据的处理分析及结果输出的所有算法都由开发者独立设计，然后选用某种程序设计语言，在一定的操作系统平台上编程实现。

独立开发减少开发成本，但对大多数开发者来说，能力、时间、财力方面的限制使其开发出来的产品并不尽如人意。

（2）宿主型二次开发

宿主型二次开发指基于GIS平台软件进行的应用系统开发。大多数GIS平台软件都提供可供用户进行二次开发的脚本语言，用户可以利用这些脚本语言，以原GIS软件为开发平台，开发出自己的针对不同应用对象的应用程序。

宿主型二次开发所使用的脚本语言功能极弱，用它们来开发应用程序不能脱离GIS平台软件，效率不高。

（3）基于GIS组件的二次开发

大多数GIS软件生产商都提供商业化的GIS组件，这些组件都具备GIS的基本功能，开发人员可以以开发工具为平台进行二次开发，从而直接将GIS功能嵌入到应用程序中，实现GIS的各种功能。

2. 开发模式分析与比较

独立开发只进行 GIS 软件产品开发,主流的商业 GIS 软件如 ArcGIS、MapInfo、SuperMap、MapGIS 等和开源 GIS 软件如 QGIS(Quantum GIS)、PostGIS、Grass、Map Server、Geo Server 等,通常由一些大型的 GIS 软件厂商(如 ESRI)或活跃的技术社区进行组织开发,其软件产品的开发功能齐全、性能优秀,但由于持续周期漫长,不太适合小型的 GIS 软件项目。

宿主型二次开发主要依托成熟的桌面 GIS 软件提供的二次开发环境进行开发,如 ESRI 的早期产品 ArcView,其提供二次开发语言 avenue 用以开发符合客户个性需求的功能。宿主型二次开发通常用于开发小型数据批处理程序或处理较为复杂的空间数据分析。

基于 GIS 组件的二次开发是较为流行的 GIS 软件开发方式,早期的 GIS 组件包含 ESRI 的 MapObject、MapInfo 公司的 MapX,国内的 GIS 二次开发组件是 ESRI 公司的 ArcGIS Engine 软件产品和北京超图软件股份有限公司的 SuperMap Objects 系列产品。软件开发人员利用这些成熟、完善的 COM 组件结合现代编程工具与语言开发出界面优美、功能强大、符合客户特殊需求的 GIS 软件。

1.3.2 地理信息系统的实施

实施阶段是应用 GIS 付诸实现的阶段,可将物理模型转换为可实际运行的物理系统。系统实施阶段的工作对于系统的质量有着直接影响,因此,需要做好细致的组织工作,并制订出周密的实施计划。

1. 系统实施阶段的任务

为了保证程序编制、调试及后续工作的顺利进行,工作人员首先应进行 GIS 系统设备的安装和调试工作。然后在适当的开发软件提供的环境下将详细设计产生的每个模块的功能用某种程序语言予以实现。最后进行程序调试、数据录入和试运行,直至建立一个能交付用户使用的实用系统。

2. 程序编写工作

(1)编写工作的组织管理

程序编写工作是系统实施的本质内容,其产品是一套程序,即GIS应用开发最终的主要成果。程序编写的目的在于研制出一个成功的软件产品。

软件生产过程中,程序员各自独立完成任务,互相之间没有直接的联系,而大型软件由于规模太大,必须由多人共同完成。因此,程序员的组织管理工作显得非常重要。

程序编写工作的组织管理实际上就是对编程人员训练、软件培训、程序编写、调试和验收等方面内容的合理安排,以提高程序编写的质量和效率。

(2)程序编写工作的实施

程序编写工作是系统实施阶段的核心工作,为各个模块编写程序。由于根据结构化方法设计了详细的方案,同时有高级语言,故在初级程序员也可以参加的系统开发各阶段,程序员的水平和经验决定了所编制程序的水平。因此,采用合适的编程语言和遵循一定的编程风格,可以尽可能地避免个人素质差异对编程造成的影响,从而编写出质量优秀的代码。

3. 空间数据库建库

空间数据库的形成是一个费时、费力且成本高的工作,通常会耗费大量的精力,一般要经过数据准备和预处理、数据获取、数据处理与数据建库及入库等步骤。

(1)数据准备

尽可能收集工作区范围内已获取的全部图件和资料,选用最新成果,准备的数据内容大致包括各种比例尺的地图及其文字报告、专题研究成果图件资料和原始数据等。

①数据源应可靠且具备更新能力。

②数据采集存储一般只存储基本的原始数据,而不存储派生的数据,除非该因子的使用频率很高。

③所选择的数据源资料,一般要经过预处理后才能转换成可用的空间数据库数据,数据预处理的主要内容及目的见表1-2。

表1-2 数据预处理的主要内容及目的

主要内容	目的
现势更新	在预处理前对数据进行现势更新,使之尽可能好地反映现势情况
地图制作	调整专题地图在空间数据基准、精度等方面与背景基础地形图的差异以方便配准,在制图表达、制图综合等方面进行统一处理
图面处理	图廓整饰,图面标准化处理
数据迁移	根据系统数据标准,对现有空间数据(库)进行转换、迁移,包括格式转换、坐标变换,遥感数据包括色彩变化、几何校正和分类处理等
数据预处理	对于地形图或专题地图上需采集的要素,进行编码分类、属性提取、属性录入等工作
数据质量预检查	进行规范性、逻辑性、一致性数据质量检查

④建立相应的数据管理组来负责入库数据的鉴定、审批和管理入库工作。

(2)数据获取

GIS数据获取主要是矢量结构的地理空间数据获取,包括空间位置数据和属性数据的获取。在空间位置数据中,需要采用不同设备的技术,对各种来源的空间数据进行录入,并对数据实施编辑。

(3)数据规范化处理

对空间数据进行必要的编辑处理,以保证数据符合建库技术要求。在数据分层和拓扑处理之后,通常要批量录入属性数据;此外,属性数据自动提取的依据是空间数据的分布特征。

(4)地理实体化数据处理

地理实体化数据处理将专业性的测绘地形图通过地图语言进行形象描述,变成公众能够快捷阅读和浏览的实例化地图,主要是在基础地理数据成果的基础上整合加工而成,一般情况下包括预处理、数据组织重构、实体化处理等过程。

(5)建库及数据入库

基础地理空间数据库功能需满足《基础地理信息数据库基本规定》(CH/T 9005—2009)要求,其功能如图 1-20 所示。

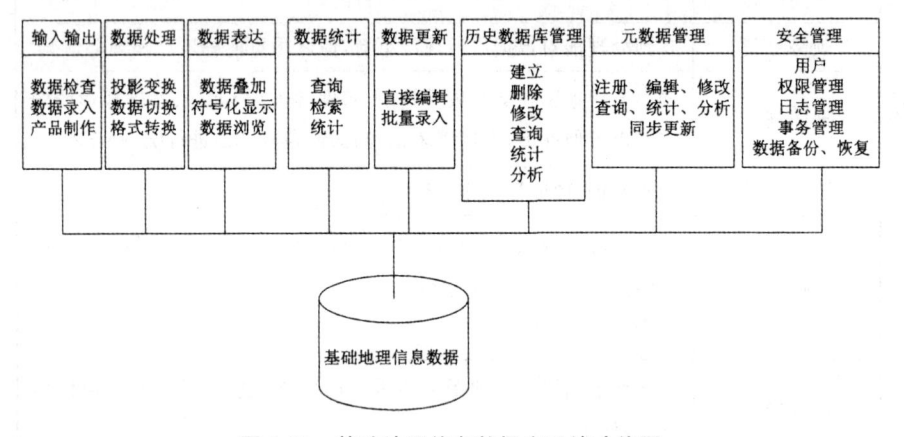

图 1-20 基础地理信息数据库系统功能图

1.4 地理信息系统与其他信息系统的关系

1.4.1 信息系统的定义

信息系统由计算机硬件、软件、网络和通信设备、信息资源、信息用户和规章制度组成,以处理信息流为目的。常见的信息管理系统有教务管理系统、网上银行、行政审批系统、仓库管理系统、财务管理系统等。

如图 1-21 所示,按照处理信息的不同类型,信息系统可以分为非空间信息系统与空间信息系统。非空间信息系统所处理的信息类型主要局限于表格或属性数据,如财务管理系统、仓库管理系统等。而空间信息系统则关注图形、图像等空间数据,可进一步细分为非 GIS 与 GIS。一般地,计算机辅助地图制图系统、CAD 软件、遥感图像处理系统等属于非 GIS。

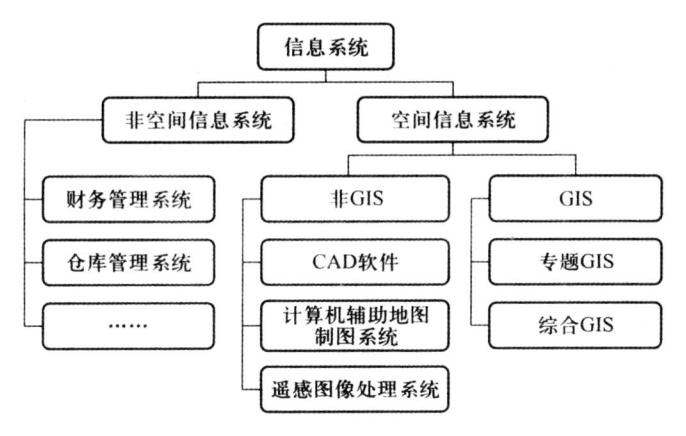

图 1-21 信息系统的分类

1.4.2 GIS 与管理信息系统的联系与区别

管理信息系统(MIS)以人为主导,利用计算机硬件、软件、网络通信设备及其他办公设备,进行信息的收集、传输、加工、储存、更新、拓展和维护。常见的管理信息系统有财务管理系统、仓库管理系统、教务系统等。在生产管理中,管理信息系统对于规范业务流程、提高业务效率发挥着非常重要的作用,同时也是生产生活中不可或缺的重要组成部分。

1. GIS 与管理信息系统的联系

①GIS 与管理信息系统都需要数据库技术的支撑,二者对于信息的管理都是结构化的,需按照一定的规范进行数据的规整。

②为方便用户的使用,两者都具有数据存储、数据检索、数据输出等基本功能。

2. GIS 与管理信息系统的区别

管理信息系统处理的对象主要是非图形的数据,对于表格数据的存储和处理非常便捷；但对于图形数据只能够按图片存储且难以进行数据的查询和分析。例如，在业务管理系统中可以找到供货商的地址和介绍图片，却难以直接在地图上定位，并计算供货商到营销点的距离。

而在 GIS 中，不仅可以查询供货商的位置、供货商和营销点之间的距离，还可以分析得出各营销点的服务范围，甚至对营销点的分布进行优化模拟。因此，GIS 在数据组织和结构上具有比一般事务管理系统更为复杂的数据库。

1.4.3　GIS 与 CAD 软件的联系与区别

CAD 软件常应用于工程和产品设计中，利用计算机及图形设备帮助设计人员完成计算、信息存储和制图等工作。

CAD 具有良好的可视化工作界面，设计人员可以绘制各种各样的图形要素并进行标注和描绘，形成各种不同的设计图纸。如 AutoCAD 软件在模具设计、建筑设计、城市规划及电力规划等方面都有非常广泛的应用。

1. GIS 与 CAD 软件的联系

GIS 与 CAD 软件都可以作为表达空间信息的工具，都具有空间坐标系统，并且能够处理属性和空间数据，同时还可以建立和分析空间关系。

2. GIS 与 CAD 软件的区别

①CAD 软件采用的是几何坐标系，而 GIS 采用的是空间坐标参考及投影系统，能够更准确地表达地物的空间位置信息。

②CAD 软件中的拓扑关系比较简单，而 GIS 中对象之间的包含、相交、相离、邻近等多种空间关系表达得更加明确。

③CAD 软件的图形功能强大，但是属性库功能相对薄弱，而 GIS 则具有复杂的属性库结构，除了可以进行属性、图形的交互查询之外，还可以进行联动的表达和分析。如系统可以用红色来

表示人口密集的区域,用蓝色来表示人口稀疏的区域等。

总之,作为设计软件,CAD软件更倾向于处理具有规则外形的人造对象;而GIS既可以处理具有规则外形的人造地物,也可以处理具有不规则外形的自然地物,如河流、湖泊、森林等。

1.4.4　GIS与计算机辅助地图制图系统的联系与区别

计算机辅助地图制图主要是面向地图制作的应用,利用计算机和图形输入、输出等设备,通过应用数据库技术和图形的数字处理方法,实现地图信息的量化、编辑、传输、处理,以自动或人机结合的方式输出地图。

计算机辅助地图制图系统是计算机技术与地图制图的结合。由于地图信息量大、符号系统复杂,传统的手工制图工作量大、工作周期长,而根据地图制图基本理论所开发的计算机辅助地图制图软件可以非常明显地提高地图制图的效率。此外,地图制图软件还带有制图综合功能,设置好参数后就可进行要素的选取和化简。其中,FreeHand和CorelDraw等是相对常用的计算机辅助地图制图软件。

1. GIS与计算机辅助地图制图系统的联系

GIS与计算机辅助地图制图系统都具有地图输出、空间查询、分析和检索功能;都可以配置样式输出地图;都可以进行要素的查询。例如,在软件中输入条件"选择面积小于$40m^2$的房屋面",那么符合条件的房屋面多边形都会处于选中的状态,并呈高亮显示出来。

2. GIS与计算机辅助地图制图系统的区别

计算机辅助地图制图软件强调的是图形数据的处理、显示和表达,具有强大的符号库处理、颜色调整、形状绘制的功能。在计算机辅助地图制图软件中,每个制图要素,如房屋、道路、植被等,都是孤立的对象,并没有考虑要素之间的拓扑关系。故计算机辅助地图制图软件可以视为 GIS 的主要技术基础。

GIS 包含计算机辅助地图制图系统的全部功能,同时具备很强的数据拓扑分析功能,可以利用或集成图形和属性数据的各自优势和联动特点,进行深层次的数据利用和空间分析。

1.4.5　GIS 与遥感图像处理系统的联系与区别

遥感图像处理系统是由图像输入、输出设备和图像处理软件组成的计算机系统。遥感图像处理系统对遥感图像进行校正、增强、分类,最终提取出所需的专题信息,供专业人员分析和研究。

1. GIS 与遥感图像处理系统的联系

①经遥感图像处理系统处理后的数据可作为 GIS 的更新数据源。由于在进行数据库更新时,外业测量的采集周期较长,而且范围较小,而航测或卫星遥感的采集周期较短,且覆盖范围广泛,因此现在不少数据生产部门通过提取遥感图像,形成 GIS 更新的数据源。

②经遥感图像处理系统处理后的数据可协同 GIS 进行集成分析。如规划部门可以应用遥感图像监控规划的实施,通过叠加图像数据和规划数据,假若发现规划数据中属于耕地保护区的地区,在观测图像上存在建筑物,就可以初步查找出涉嫌违规的建筑物。

2. GIS 与遥感图像处理系统的区别

GIS 和遥感图像处理系统的处理对象和复杂程度不同。GIS 侧重于各种类型地理信息的复杂空间关系处理,特别强调空间实体之间拓扑关系的处理,因此在空间分析方面具有优势。而遥感图像处理系统处理的对象主要是遥感数据,也就是针对图像数据或栅格数据进行几何处理、专题信息提取等。尽管遥感图像处理系统本身具有较强的遥感制图与叠加分析能力,但它难以进行空间关系查询与网络分析。

1.5 地理信息系统的应用领域及发展前景

1.5.1 地理信息系统的应用

GIS 的基本功能以位置特征、属性和时空关联为核心，对不同应用领域的数据管理和分析发挥着重要作用，为 GIS 提供广阔的应用空间。如图 1-22 所示，GIS 的主要应用领域有土地管理、城市规划、交通管理、环境管理以及人文科学等。

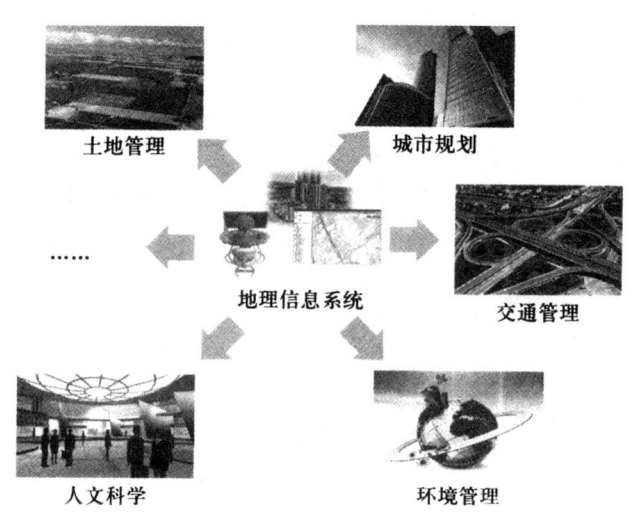

图 1-22 地理信息系统的应用领域

1. 土地管理的应用

GIS 的空间数据管理功能对于实现土地资源的高效集成与综合应用具有重要意义。土地管理中涉及不同比例尺、不同专题的空间数据制约了土地资源的高效集成和综合应用。

在数字城市地理空间框架建设的背景下，学者们提出了国土资源"一张图"的应用模式，如图 1-23 所示，从基础保障、数据建设、数据管理、应用服务 4 个层面上构建一体化应用。

地理信息系统技术及应用研究

高精度空间定位与量算　　实时三维坐标获取

统一平面坐标基准　　统一高程坐标基准

图1-23 "一张图"地理信息公共服务平台

随着移动GIS技术的迅速发展,国土资源信息管理已经在平板电脑、智能手机等移动设备上普遍应用,可不断促进移动办公的发展。管理人员可以利用移动设备便捷地浏览、查询到土地利用、地籍等数据,并应用专题图层统计、辅助选址分析等功能,从而高效便捷地办理公务。

为了实现集约、节约化利用土地资源,国土部门可以采用GIS技术进行"三旧改造(旧城镇、旧厂房、旧村镇)"空间信息的有效管理,监控改造项目的实际流程,精确统计不同类型房屋的拆迁面积,从而为合理设置安置房屋的数量和位置、制定补偿标准等业务提供决策支撑服务,如图1-24所示。

2. 城乡规划的应用

城乡规划反映城市的发展与变迁,因此需要在同一平台实现空间轴上的"地上、地表、地下"以及时间轴上的"历史、现状、未来"的一体化管理。应用GIS的空间数据管理功能的城乡规划的业务管理方式,突破了在规划业务各阶段以"独立案件"为单位的管理模式,促进业务流程之间的数据共享,从而实现规划业务的全生命周期管理,如图1-25所示。

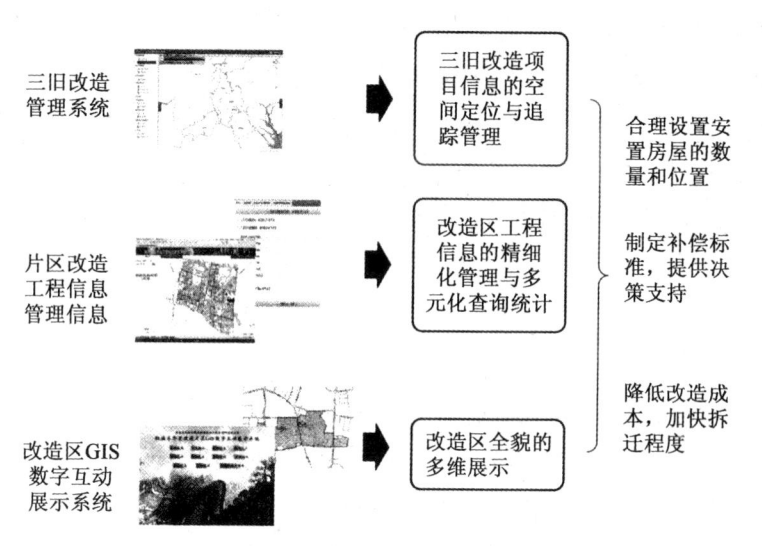

图 1-24　GIS 在"三旧改造"中的应用

图 1-25　规划业务全生命周期管理

应用 GIS 技术和"多规合一"的方法可以有效处理不同类型规划数据之间的空间冲突问题。"多规合一"通过对高压电线规划、土地利用规划、城市规划等相关数据进行叠置分析,找出冲突区域,并对地块进行自动调整。

▶ 地理信息系统技术及应用研究

城乡规划正逐步走向精细化与定量化管理。城乡规划微环境模拟系统将 GIS 技术与建筑信息模型（BIM）技术相结合，定量计算日照、风环境、热工、噪声和舒适度等城乡规划的微环境生态指标，有助于对用地控规指标进行修正、对用地空间布局进行调控，从而实现规划设计从定性向定量的转变、从宏观向微观的转变。

3. 交通管理的应用

城市的发展离不开便利的交通，而交通管理也是 GIS 的重要应用方向，如图 1-26 所示。交通管理部门通过建设城市智能交通系统，可以实现交通信息的实时发布、公交车辆的智能调度、出租车的即时呼叫、辅助交通的统筹规划等功能。

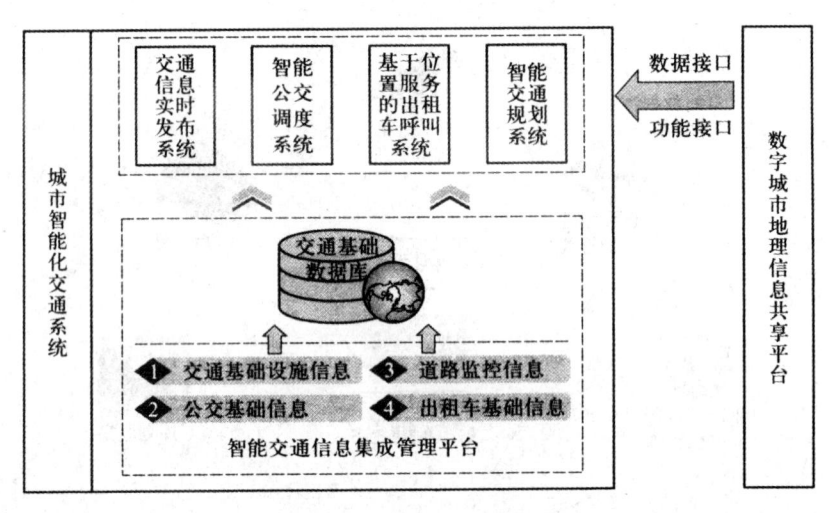

图 1-26 智能化交通管理

如图 1-27 所示，GIS 与传感器技术相结合，通过视频摄像、GPS 设备等多种传感设备获取实时交通与人流状况，并以此为基础加载决策模型，实现交通流量的实时模拟与预测，为突发交通事件的处理提供相应的解决方案。

4. 环境管理的应用

在环境管理方面，GIS 的空间数据管理与分析功能有助于辅助环境功能分区的科学管理。GIS 系统以生态功能分区和水系分区数据为专题数据,实现叠置分析与分区统计,可以总体把握生态与水系环境特征,从而科学地保护和改善相关区域内的生态环境,如图 1-28 所示。

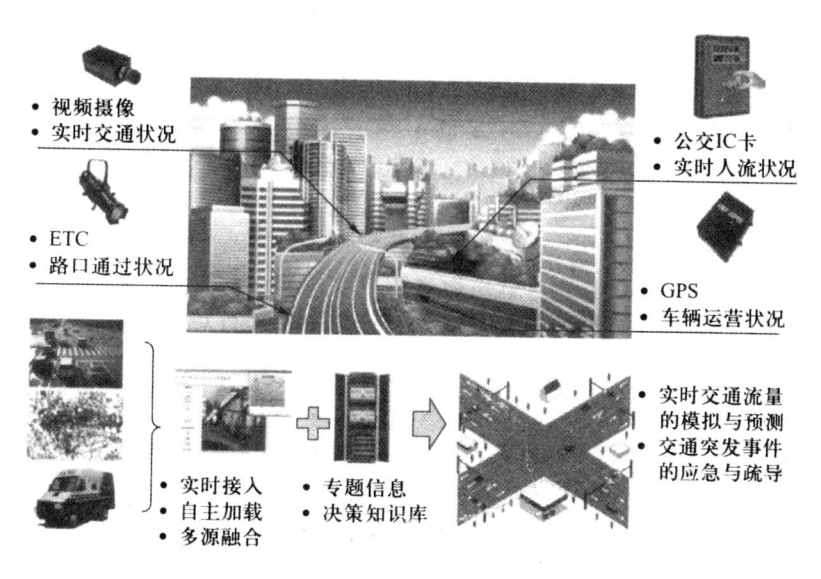

图 1-27 交通流的预测与疏导

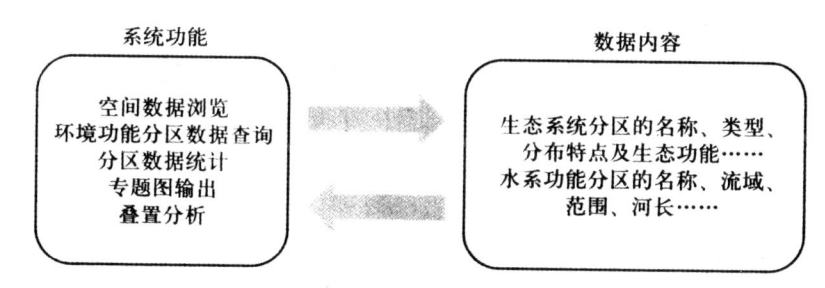

图 1-28 环境管理

此外,环境保护工作还需要对污染源的水、烟气排放物进行重点监控。如图 1-29 所示,相关人员利用污染源在线监测 GIS 系统,通过监控仪器,实时采集信息,并将监测数据及时上报到环境保护主管部门,从而使管理部门全面快速地掌握监控区域内的污染情况。

▶地理信息系统技术及应用研究

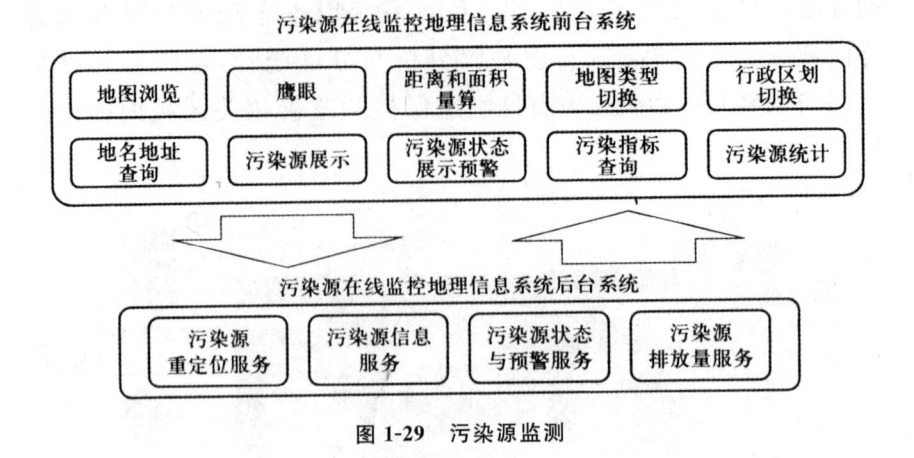

图 1-29　污染源监测

5. 人文科学及公众服务的应用

GIS 在人文科学方面的应用也非常广泛。当前我国正在推进的地理国情普查和监测工作，就是 GIS 在人文科学方面应用的例证。在人类学研究方面，研究者可以通过综合运用 GIS、遥感等技术，研究自史前至铁器时代结束时期人类活动对相关地区的影响。

GIS 还可用于实现城市人口居住分布情况的模拟。GIS 通过多智能体技术分析人口分布的影响因素，可以模拟城市人口的分布情况，为研究人口居住密度的演变规律和发展趋势提供有效工具。

在公共服务方面，"天地图"公众服务系统是集招商引资、美食旅游、民生民情、出行指南等多方位应用于一体的城市公众服务平台，为公众提供了可靠的服务资讯，使广大群众受惠良多。图 1-30 所示为 GIS 在公共服务中的应用框图。

1.5.2　地理信息系统的发展前景

GIS 在地理信息科学理论与方法上已经取得了重要的研究发展。地理认知既是地理信息科学研究的起点，也是其归宿。如图 1-31 所示，"认知—获取—表达—分析—模拟—再认知"的螺旋式地理认知规律是地理信息科学发展的内在驱动力。

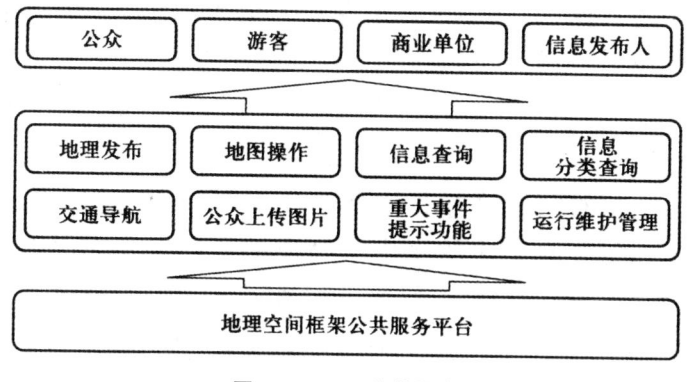

图 1-30　GIS 公共服务

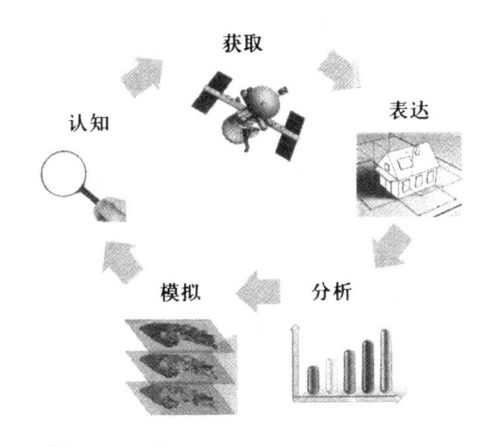

图 1-31　地理信息科学的认知发展规律

1. GIS 的理论发展

①空间认知理论：空间认知可以看作认知科学与地理科学的交叉领域。随着认知神经科学的发展，空间认知理论将有望在地理知觉、地理知识心理表征、地理空间推理等方面取得突破。

②地理信息时空理论与基准：在大数据及人工智能技术的支撑下，时空数据挖掘理论与方法将会迎来新的发展契机。

③地理信息表达与可视化理论：主要研究空间数据模型、地图符号模型、空间尺度理论等内容。其中，自动化地图制图综合理论是研究重点与难点。

— 33 —

④地理数据不确定性:数据不确定性主要指数据的真实值不能被确定的程度,而现实世界中存在大量的无明确空间范围的模糊地理区域,均可视为其研究的核心内容。

2. GIS 的技术发展

GIS 技术的发展目标是实现在任何时间、任何地点、任何人和任何事物都能在网络体系中顺畅通信。创新是 GIS 技术发展的原动力。在通信基础上,GIS 能够在天上、地面、水中等不同平台进行多种方式的数据采集、处理、传递和更新,如车载移动地图制图系统、水下地图成图系统、可佩戴移动地图制图系统等。

在技术发展方面,云 GIS 是重要的发展方向。云计算是由处于网络节点的计算机分工协作,共同计算,以低成本实现强大的计算能力,从而为终端设备按需提供共享资源、软件和信息。因此,云 GIS 平台可以高度集成更丰富的空间数据与更复杂的计算功能,能够极大地提高 GIS 的应用效率。

GIS 技术与物联网的发展密切相关。物联网将各种信息传感设备和物理资源结合在一起,并连接到互联网形成巨大的网络体系。物联网 GIS 对城市基础设施与部件状况、能源供给状况、交通状况、环境状况等进行动态监测,并根据实时采集的数据,进行即时的智能化分析,达到辅助决策的服务作用。

3. GIS 的工程发展

GIS 在工程应用方面的发展如面向智慧城市的应用等。智慧城市是指 GIS 在数字城市的基础上,结合"物联网"和"云计算"等技术,实现更透彻的感知、更全面的互联互通和更深入的智能化。

如图 1-32 所示,智慧城市在交通、医疗、公共事业、公共安全、教育与科技等诸多方面都具有广阔的应用前景,而未来的 GIS 将会融入人类生活工作的方方面面,给人们带来更加优质和便捷的服务。

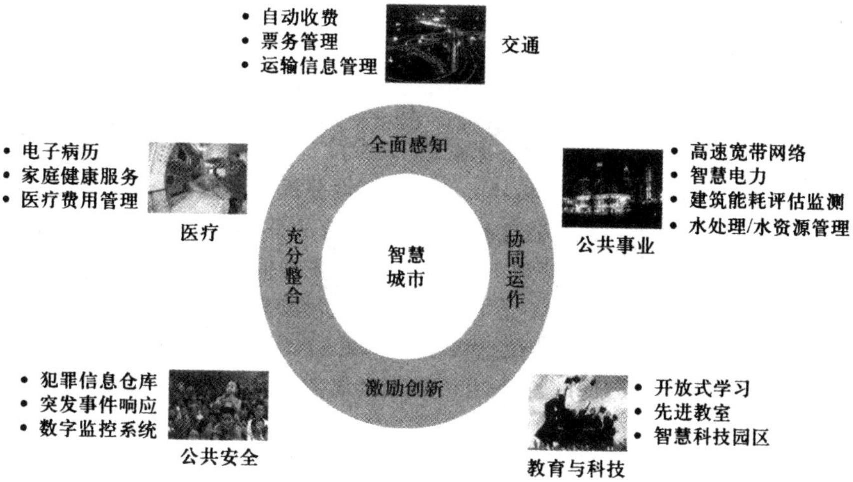

第 1 章　认识地理信息系统

- 自动收费
- 票务管理
- 运输信息管理

交通

- 电子病历
- 家庭健康服务
- 医疗费用管理

医疗

全面感知
充分整合　智慧城市　协同运作
激励创新

- 高速宽带网络
- 智慧电力
- 建筑能耗评估监测
- 水处理/水资源管理

公共事业

- 犯罪信息仓库
- 突发事件响应
- 数字监控系统

公共安全

- 开放式学习
- 先进教室
- 智慧科技园区

教育与科技

图 1-32　GIS 在智慧城市中的应用

第 2 章 地理空间参照系统

地理空间参照系统是确定地理目标平面位置和高程的平面坐标系和高程系的统称,是 GIS 空间数据位置数据定位、量算、转换和进行空间分析的基础。掌握地理空间参照系统是正确应用 GIS 完成各种空间分析与应用的前提。

2.1 地理空间

空间参照系统是指确定地理目标平面位置和高程的平面坐标系和高程系的统称。在地理信息系统中,地理要素的空间位置都是通过坐标值来描述的,而坐标值的确定和所使用的参考系息息相关。当采用不同的平面坐标系和高程系时,同一地理要素会出现不同的平面坐标值和高程值。而平面坐标系、高程系的确定,与地球椭球体的选择密切相关。

2.1.1 地球椭球体

地球的表面具有高山、平原、峡谷等复杂地形地貌,形状起伏不平,很难直接用数学模型来表达。而测量和制图等实际工作需要使用数学模型来表示地球表面。由于海洋占整个地球表面的 71%,因此,人们通常把地球总的形状看作是被海水包围的球体,在测量和 GIS 应用中存在极大的困难,无法在这个曲面上进行测量数据处理。为实现对地球表面的数学建模,使用近似曲面对地球自然表面进行化简。地球自然表面近似于平均海平面延伸至大陆所形成的连续封闭曲面,而该封闭曲面就称为"大地水准面"。

大地水准面的形状不规则,但却唯一。由于大地水准面与扁率很小的椭球面非常接近,可用它来代表地球形状,称为地球椭球面,它是建立地理信息系统空间参考的基础。椭球面的数学公式可用于描绘地球的近似形状,而能描述地球大小和形状的近似数学封闭曲面,就称为"地球椭球面"。地球椭球面围成的几何体称为地球椭球体。

地球自然表面、大地水准面、地球椭球面三者之间的关系如图 2-1 所示。

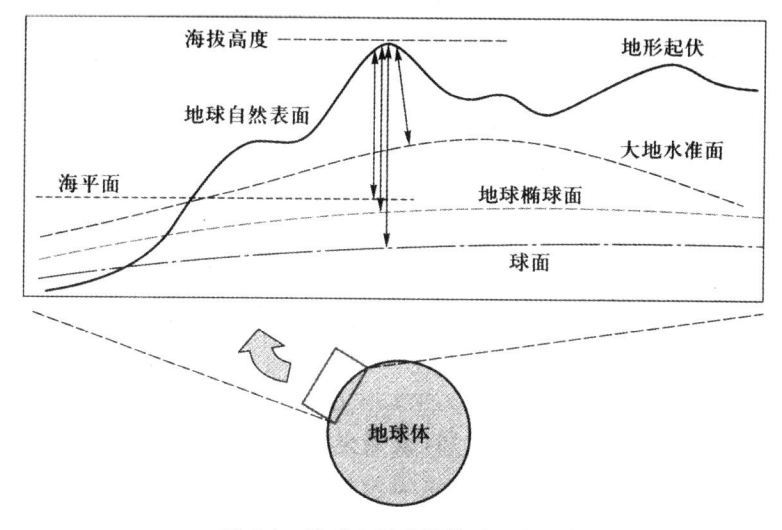

图 2-1 地球空间曲面关系示意图

图 2-1 中曲线代表起伏不平且不规则的地球自然表面,长虚线表示大地水准面,即平均海平面延伸至大陆而形成的连续封闭曲面,而短虚线则用来表示近似代表地球表面的地球椭球面。地球自然表面、大地水准面和地球椭球面 3 个概念,既紧密联系,又互不相同。

通过地球椭球面来模拟地球表面,需要确定地球椭球体的形状(长、短轴之间的比值)、大小(长、短轴各自的长度)以及原点等相关参数。形状、大小、定位、定向都确定的地球椭球体被称作参考椭球体,其基本元素是:长半轴 a;短半轴 b;扁率 $\alpha=(a-b)/a$,如图 2-2 所示。

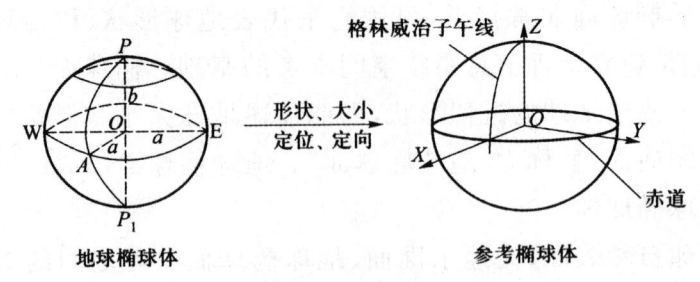

图 2-2 参考椭球体

a—椭球体的长半轴；*b*—椭球体的短半轴

目前,世界地图在不同时期所采用的地球椭球及其基本元素见表 2-1。

表 2-1 世界地图及我国不同时期所采用的地球椭球及其基本元素

椭球名称	制定的年代和国家	长半轴 *a* (m)	短半轴 *b* (m)	扁率 α
WGS84	1984 年斟际大地测量与地球物理联合会	6378137	6356752	1∶298.26
1975 年国际椭球(中国1980 年西安坐标系采用)	1975 年国际大地测量与地球物理联合会	6378140	6356755	1∶298.257
克拉索夫斯基(中国 1954年北京坐标系采用)	1940 年苏联	6378245	6356863	1∶298.3
海福德(中国 1953 年以前采用)	1909 年美国	6378388	6356912	1∶297

用地球椭球面来模拟地球自然表面的形状会产生相应的误差。如果采用同一个地球椭球体来模拟全球,那么不同地区的测量值误差有大有小。为使地球椭球面所描述的自然地球表面更加符合国家或地区的实际情形,不同的国家或地区会建立各自的参考椭球体,如美国海福德椭球体、苏联克拉索夫斯基椭球体等。

2.1.2 坐标系统

地理空间坐标系统提供了确定空间点位置的参照基准。地理空间数据必须在同一个空间参考基准下才可以进行空间分析。坐标系统通常分为球面坐标系统和平面坐标系统。

1. 球面坐标系统

根据参考基准的不同,将球面坐标系统分为天文地理坐标和大地地理坐标。

(1)天文地理坐标

如图 2-3 所示,天文地理坐标是以大地水准面和铅垂线为基准面和基准线的。

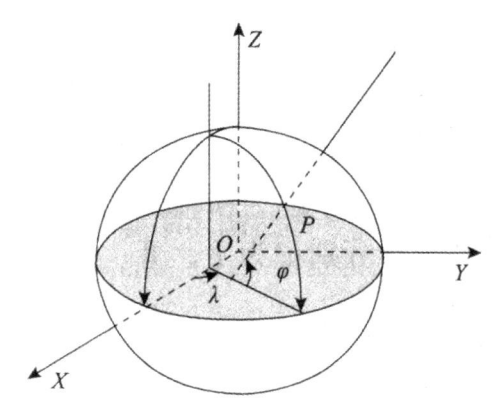

图 2-3 天文地理坐标系

大地水准面上任一点在天文地理坐标系中的位置是以天文经度和天文纬度表示的。天文经度的起算面为通过英国格林威治天文台的天文子午面,即起始天文子午面。大地水准面上任一点 P 的天文经度为起始天文子午面与测站天文子午面的夹角,常以 λ 表示,其值域为东经 0°~180°,西经 0°~180°。天文纬度的起算面为过地球质心且与地球旋转轴垂直的平面,即地球赤道面。大地水准面上任一点 P 的天文纬度值域为北纬 0°~90°,南纬 0°~90°。

(2)大地地理坐标

如图 2-4 所示,大地地理坐标是以参考椭球面和法线作为基准面和基准线的。通过椭球旋转轴的平面称为大地子午面。图中 WAE 为椭球赤道面,NAS 为起始大地子午面,P_D 为地面任一点,P 为 P_D 在参考椭球面上的投影。

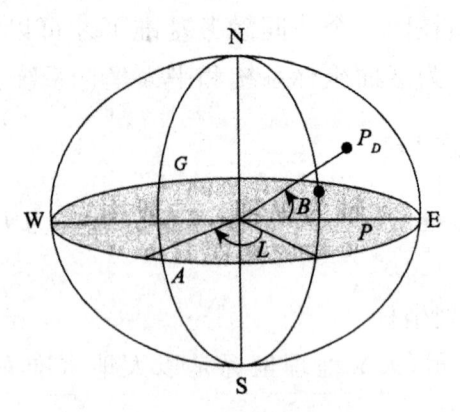

图 2-4 大地地理坐标

参考椭球面上任一点 P 的大地经度就是通过该点的大地子午面与起始大地子午面所构成的二面角,用 L 表示,其值域自起始大地子午面算起向东为东经 0°~180°,向西为西经 0°~180°。大地纬度的起算面为过椭球中心且与椭球短轴垂直的平面,即赤道面。参考椭球面上任一点 P 的大地纬度为过该点的法线与赤道面的夹角,常以 B 表示,其值域自赤道面算起向北为北纬 0°~90°,向南为南纬 0°~90°。

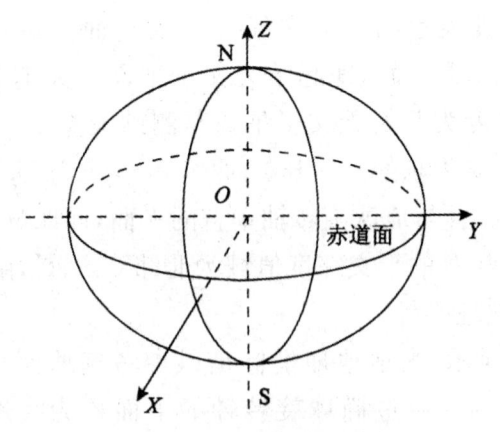

(3)空间大地直角坐标系

空间大地直角坐标系常用于卫星大地测量,它是在参考椭球上建立的三维空间直角坐标系 O—XYZ,如图 2-5 所示。

图 2-5 空间大地直角坐标系

2. 平面坐标系统

平面坐标系统也常被称为投影坐标系，它是由大地地理坐标经过地图投影变换而建立的。应用地图投影的方法，先建立起地球表面上和平面上对应点的函数关系，使地球表面上任一大地地理坐标(L,B)表示的点在平面上都有一个同它相对应的点，这样就可以采用极坐标或平面直角坐标来表示地面点在投影面上的位置。

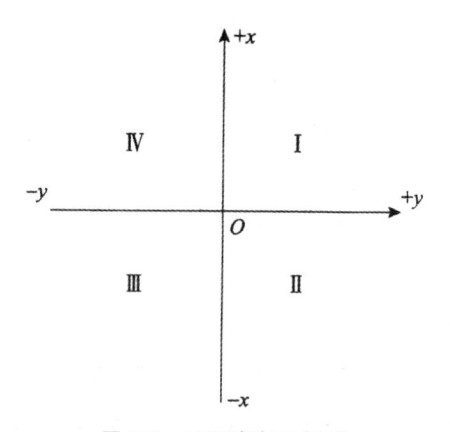

最常用的平面直角坐标系是将大地坐标用地图投影的方法投影到某一平面上建立的，如高斯－克吕格投影（简称高斯投影）、横轴墨卡托投影、方位投影等都建立了相应的平面直角坐标系。这些坐标系与解析几何中所介绍的基本相同，只是测量工作以 x 轴为纵轴，一般用它表示南北方向，以 y 轴为横轴，表示东西方向，交点为坐标原点，坐标系象限从东北象限开始依顺时针分别记为Ⅰ、Ⅱ、Ⅲ、Ⅳ象限，如图 2-6 所示。

图 2-6　平面直角坐标系

我国目前多采用高斯－克吕格平面直角坐标系统，如图 2-7 所示。高斯－克吕格投影是按分带方法各自进行投影，故各带坐标成独立系统。

2.1.3　高程系统

空间点的高程是以大地水准面为基准来计算的，而大地水准面是由地球重力场决定的。因此,采用不同的平均海水面就会产生不同的高程基准,也就会产生不同的高程系统。

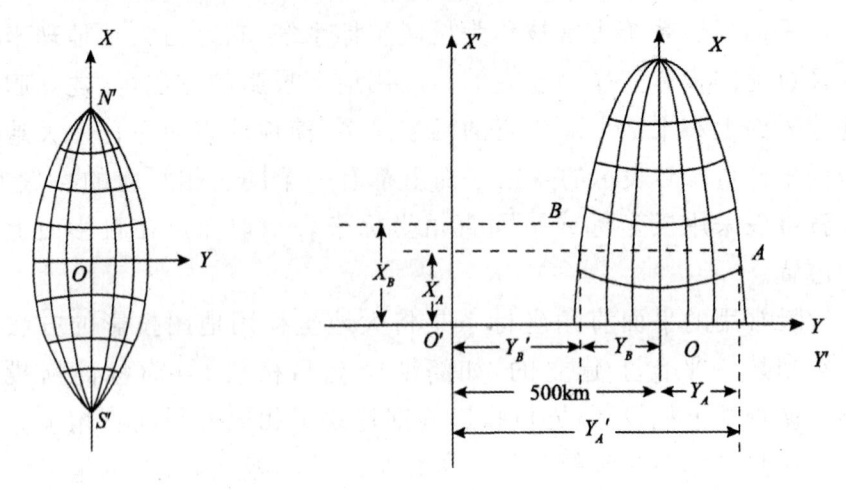

图 2-7 高斯—克吕格平面直角坐标系

我国曾规定采用青岛验潮站所测的 1956 年黄海平均海水面,作为统一的高程基准。在工程和地形测量中,凡由该基准面起算的高程均属于 1956 年黄海高程系。从 1985 年起,我国改用"1985 年国家高程基准",如图 2-8 所示,凡由该基准起算的高程均属于 1985 年黄海高程系统。1985 年国家高程基准与 1956 年国家高程基准水准点之间的转换关系为

$$H_{85} = H_{56} - 0.029$$

式中,H_{85}、H_{56} 分别表示 1985 年、1956 年国家高程基准水准点的正常高,单位为 m。

凡不按照 1956 年国家高程基准或 1985 年国家高程基准作为高程起算数据的高程系统均称为局部高程系统。

在建立地理信息系统时,采用局部高程系统的空间数据需要转换到 1985 年国家高程基准下。设局部高程基准的高程起算原点为 $H_{局}$,与国家高程控制网联测的高程起算原点为 $H_{联}$,则高程原点的高程改正值为 ΔH,则有

$$\Delta H = H_{局} - H_{联}$$

在建立地理信息系统时,经常会用到不同高程基准的地形图

或工程图并作为基础数据,此时应将高程基准全部统一到1985年国家高程基准。

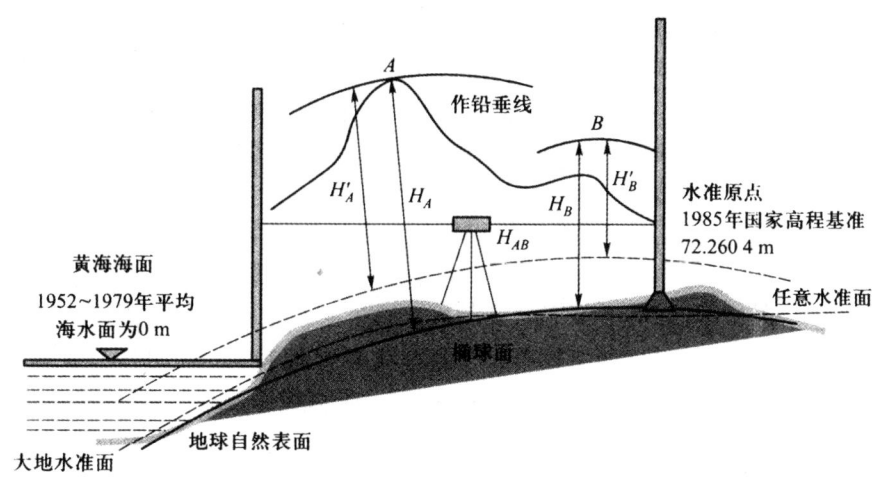

图 2-8 高程系统

2.1.4 地理空间的表达

地理世界以实体为单位进行组织,将客观世界作为一个整体看待,每一个实体不仅具有空间位置属性和空间上的联系,更重要的是它与其他实体间还具有逻辑上的语义联系,此外,它还具有时间属性。将真实世界的空间物理对象进行抽象概括,形成空间数据模型,对模型描述的空间数据按一定的形式表达,形成空间数据结构,进而形成空间数据库,如图2-9所示。存在于地球表面的地理对象、对象间的相互关系,以及各自的位置属性和时间属性,就形成GIS中的地理空间信息(Geo-spatial)。

图 2-9 空间信息的抽象过程示意图

一般而言,在地理空间中,特征实体表示地理空间信息的几何形态、时空分布规律及其相互之间的关系,它们是具有形状、属性和时序的空间对象或地理实体,包括点、线、面和体四种几何体。这些几何体是 GIS 表示和建库的主要对象。

在不同比例尺的 GIS 中,同样的地理对象可能被看作一个"点"对象,也可能被看作一个"面"对象。例如,大家熟悉的居民点,在大、中比例尺 GIS 中被表示成面状对象,在小比例尺 GIS 中则被表示成点状对象。实际上,人们根据地理对象的属性不同,按照一定的结构和模型进行表达、组织和存储。

1. 点状地理对象

在现实生活中,食物一般都会占据一定的面积,所以真正的点状事物很少。一些所谓的点状事物也是针对不同的比例尺而言的,那些占据一定面积的城镇、学校、医院等往往需要在地图上定位并显示,因此就把它们当作点状对象看待。在电子地图上,将点状符号定位于地理对象所对应的位置上。图 2-10 所示为几种点状符号。

图 2-10　几种点状符号

2. 线状地理对象

地图上的线状或带状符号多表示铁路、公路、河流、海岸、行政边界等,这些线状地理对象有单线、双线和网状之分。当然,对于线状对象和面状对象的区别,也和地图比例尺密切相关。在实际地面上,水面、路面等都可以是狭长的区域面状。图 2-11 所示为几种线状符号。

3. 面状地理对象

现实世界中的面状地理对象有连续分布和离散分布两种。

在呈现面状分布的地理对象中，有些有确切的边界，如建筑物；有些从宏观上看似乎有一条确切的边界，但是实际上并没有明显的边界，如土壤类型的边界，只能由专家们通过研究确定。显然，面状分布的地理对象一般用封闭的多边形符号表示。图2-12所示为几种面状符号。

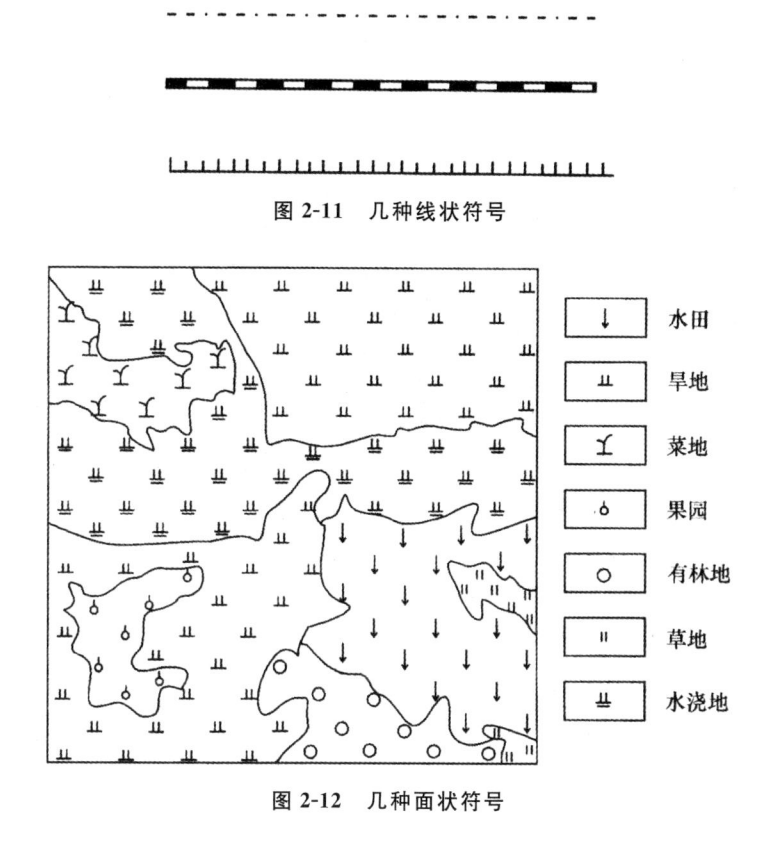

图2-11 几种线状符号

图2-12 几种面状符号

4. 体状地理对象

除了上面描述的三种地理对象以外，从三维观测的角度看，许多地理对象可以看作体状地理对象，如大家熟悉的云彩、高层建筑、地铁站等。这些地理对象除了在二维空间占有一定的平面大小外，在三维空间中还有一定的高度或厚度。

5. 遥感影像对地理空间的描述

遥感作为一门新兴技术,从 20 世纪 60 年代产生到现在,在人类社会各方面得到了广泛应用。

遥感影像对空间信息的描述主要通过不同的颜色和灰度来表示。这是因为地物的结构、成分、分布等不同,其反射和发射的光谱特性也各不相同,反映在遥感影像上就表现为不同的颜色和灰度信息。如图 2-13a 所示的遥感图像就反映了这个区域的地貌特征和断裂带的信息,如果用地图的方式表示,则如图 2-13b 和图 2-13c 所示。

(a)

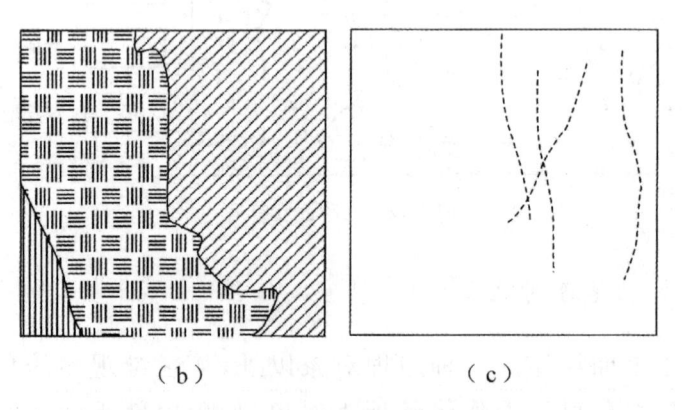

(b) (c)

图 2-13 遥感影像、地图对地理空间描述的对比
(a)遥感影像对空间信息的描述;(b)地貌信息;(c)断裂带信息

2.2 地图投影

2.2.1 地图投影概述

一旦确定用于模拟地球表面形状的参考椭球体,就可以精确描述地球表面上任意一点的空间位置。然而,地球椭球曲面数据不利于距离、方位、面积等数值的直接量算和分析。实际应用中经常使用的地图属于平面,符合人们视觉心理的感受,能够方便地进行空间量算和空间分析。因此,地图投影研究如何将地球椭球面上的经纬网按照一定的数学法则转绘到平面上的方法及其变形问题。

地图投影的实质是建立地球椭球面坐标到地图投影平面坐标的映射关系,如图 2-14 所示。地球椭球面上点的地理坐标与平面上对应点的平面坐标之间的函数关系可以用变换公式 $X=F_1(L,B)$ 和 $Y=F_2(L,B)$ 来计算,其中 (L,B) 代表椭球面上的大地经纬度坐标,而 (X,Y) 代表地图投影平面上的直角坐标。各种不同的投影就是按照一定的条件确定式中的函数形式 F_1、F_2。

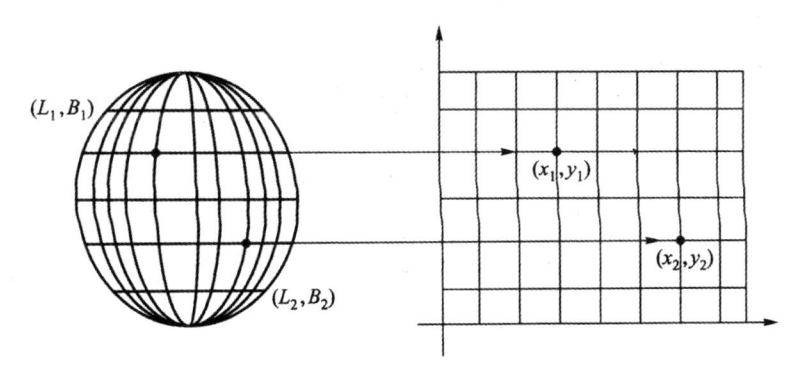

图 2-14 地球椭球面到地图平面坐标投影

2.2.2 地图投影的变形

由于地球表面是一个不可展的曲面,在将这个不可展的曲面转换成平面的过程中就必然产生投影变形,因此在地理信息系统的建立过程中,应选择适当的地图投影系统。

1. 长度比与长度变形

在地图投影所引进的各种变形中,长度变形是其他变形的基础,可用长度比与长度变形两个概念来描述,一个是相对量,一个是绝对量。

长度比用符号 μ 表示,为地面上微分线段投影后的长度 $d_{s'}$ 与其相应的实地长度 d_s 之比,即

$$\mu = d_{s'}/d_s$$

长度变形用符号 γ_μ 表示,指长度比与1的差值,即

$$\gamma_\mu = \mu - 1$$

当 $\gamma_\mu = 0$ 时,投影后长度没有变形;$\gamma_\mu < 0$,投影后长度缩小;$\gamma_\mu > 0$,投影后长度增加。

投影上的长度比随该点的位置与其方向而变化,在同一点的长度比称为极值长度比,极值长度比的方向也称为主方向。

2. 面积比与面积变形

面积比用符号 P 表示,为地面上微分曲面投影后的面积大小 $d_{F'}$ 与其相应的实地面积 d_F 的比,即

$$P = d_{F'}/d_F$$

面积变形用符号 V_P 表示,指面积比 P 与1的差值,即

$$V_P = P - 1$$

当 $V_P = 0$ 时,投影后面积没有变形;$V_P < 0$,投影后面积缩小;$V_P > 0$,投影后面积增加。

3. 角度比与角度变形

角度变形可从两个方面分析:一是方位角的变形;二是方向角的变形。

椭球面上一点相对于另一点的方位角指两点间的大圆弧与

过其中一点的经线间的夹角。而方向角是投影中研究角度变形更常用的一种角度,用 β 表示,其投影后的角度用 β' 表示,是投影前后按主方向起算的角度,故称为方向角。投影中一般所指的角度变形都是方向角变形。

由于在一点上不同大小的方向角可能产生的变化率不同,因此在投影中,一点上的角度变形的大小由其最大值来衡量,通常用符号 ω 表示。

角度变形定义为投影前后两个角度的差值,即
$$V_\beta = \beta' - \beta$$

一点上的最大角度变形用符号 ω 表示,则最大角度变形的计算公式为
$$\sin(\omega/2) = \sin(\beta - \beta') = (a-b)/(a+b)$$

式中,a、b 为极值长度比,即在一点上的长度比的最大值、最小值。

当 $\omega = 0$ 时,投影后角度没有变形;$\omega < 0$,投影后角度增大;$\omega > 0$,投影后角度缩小。

2.2.3 地图投影的分类

由于地图投影的种类繁多,相应的对地图投影的分类方法也很多,图 2-15 所示为常用的地图投影分类。

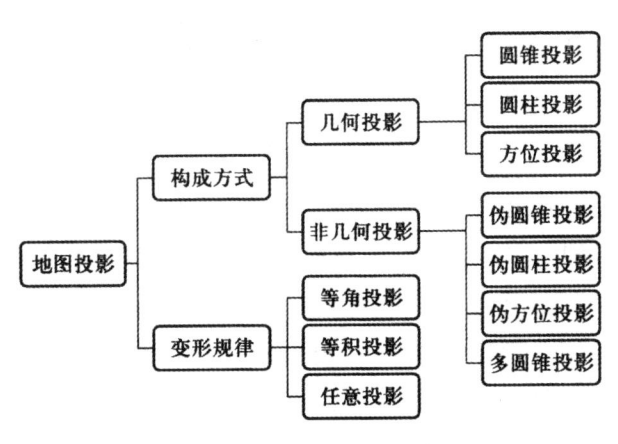

图 2-15 地图投影的分类

1. 按投影变形性质分类

地球椭球体是不可展曲面,而不同的地图投影具有不同的变形特点,因此,在投影过程中不可避免地会产生变形。地图投影可以根据变换过程中的变形规律进行分类:若角度和方向不发生变形,称为等角投影;面积不发生变形,称为等积投影;面积、角度、距离都存在变形,但变化幅度相对较小的,则称为任意投影。

(1)等角投影

等角投影如图 2-16 所示,投影前后任意两方向线的夹角无变形。角度不变就意味着地物的形状不会发生改变。例如,若在曲面上的建筑物是正交矩形,那么投影到平面上也是正交矩形。但有得必有失,等角投影既然保持角度不发生改变,就不可避免地导致面积的形变相应增大。

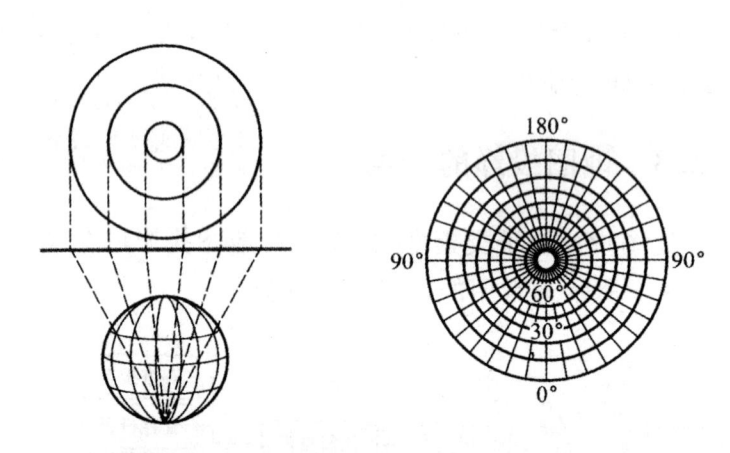

图 2-16 等角投影

等角投影适用于需要精确方位的专题地图,如交通图(道路方向应与实地一致)、地震图(地震发生方向应与实地一致)、气候图(季风方向、气旋移动路线等需要精确表达方位和角度)等。我国基本比例尺地形图均采用等角投影,从而确保地形图上的地理要素在各级比例尺上的几何相似性。

(2)等积投影

等积投影如图 2-17 所示,投影前后地物的面积保持不变。如实地量测的建筑物面积,与通过等积投影转换成平面坐标后计算所得的建筑物面积一致。尽管等积投影前后的建筑物面积保持不变,但建筑物形状可能会发生较大变化。等积投影适用于面积精度要求较高的自然和社会经济地图。如利用等积投影所编制的土地利用现状地图,在统计各种土地类型面积时会相当准确。

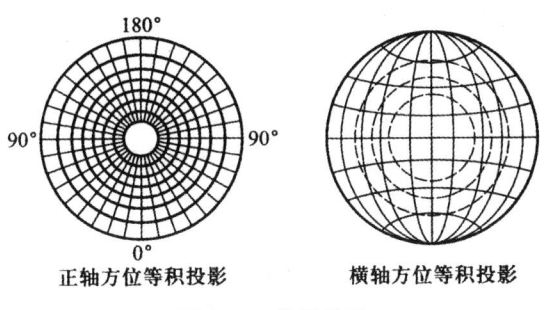

图 2-17　等积投影

(3)任意投影

任意投影如图 2-18 所示,投影前后沿某一特定方向上长度不变形,但在其他方向上的距离、角度和面积都可能发生变形的投影方式。由于等距投影的面积、角度均可能存在变形,但变形幅度都相对较小,所以适用于绘制无特殊要求而各种变形都相对较小的教学用图。

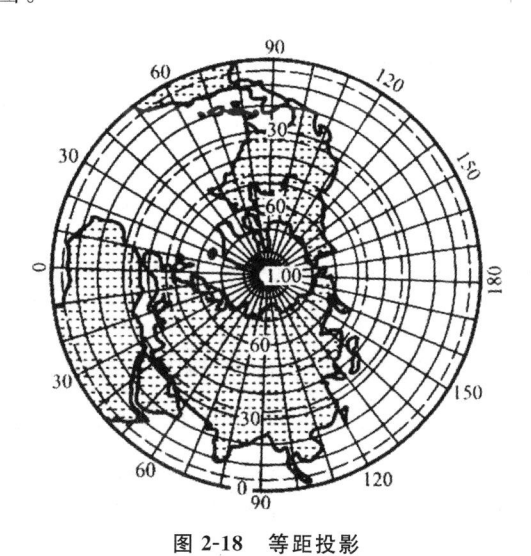

图 2-18　等距投影

2. 按地图投影的构成方法分类

按照构成方法,可以把地图投影分为几何投影和非几何投影。所谓几何投影是指以透视几何学原理而生成的投影。如拿灯泡放在地球仪的中间,把经纬网映在介质上,从而将球面展开成为平面所产生的投影变换方式。

(1) 几何投影

几何投影是以透视几何学原理为基础,借助于可以展开为平面的几何面进行投影,从而构成的经纬网格。几何投影可以采用圆锥体、圆柱体、平面等不同的投影介质面,分别构成所谓的圆锥投影、圆柱投影和方位投影,如图 2-19 所示。

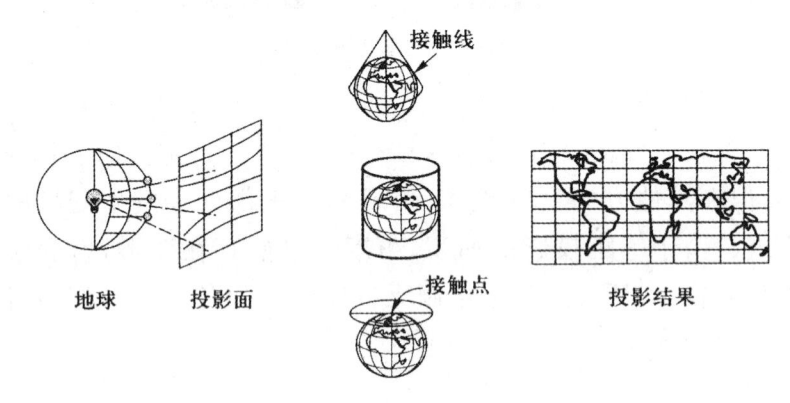

图 2-19 几何投影示意

几何投影可根据投影面与地球自转轴间的方位关系进一步划分,如图 2-20 所示。

①圆锥投影是以圆锥面作为投影面,与地球相切或相割而构成的投影,如图 2-21 所示。圆锥投影分为正轴圆锥投影、横轴圆锥投影和斜轴圆锥投影。

在圆锥投影中,正轴圆锥投影是 GIS 中常用的投影方式。正轴圆锥投影中的经线是以圆锥顶点为出发点的放射状直线,而纬线是以圆锥顶点为圆心的同心圆弧。正轴圆锥投影的变形特点是:圆锥与地球椭球体的切线(或割线)无任何变形,称作标准纬线;而离切线(或割线)越远的地方投影变形越大;等变形线(即形变变化量相等的曲线）表现为同心圆弧。因此，正轴圆锥投影适合表现沿东西方向延伸的中纬度地区。一方面，中纬度地区靠近切线（或割线），变形相对较小；另一方面，中纬度地区向东西方向延伸，则变形幅度近似，有助于保持地理要素的相对形态。

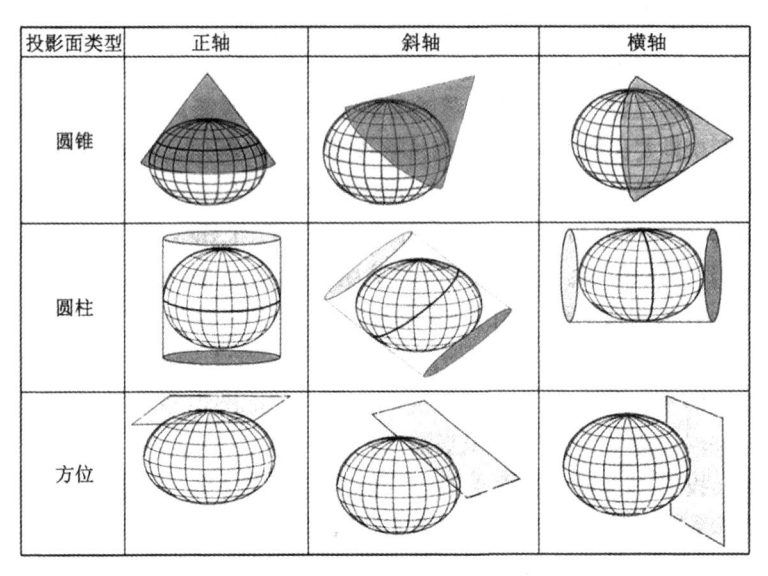

投影面类型	正轴	斜轴	横轴
圆锥			
圆柱			
方位			

图 2-20　各种几何投影

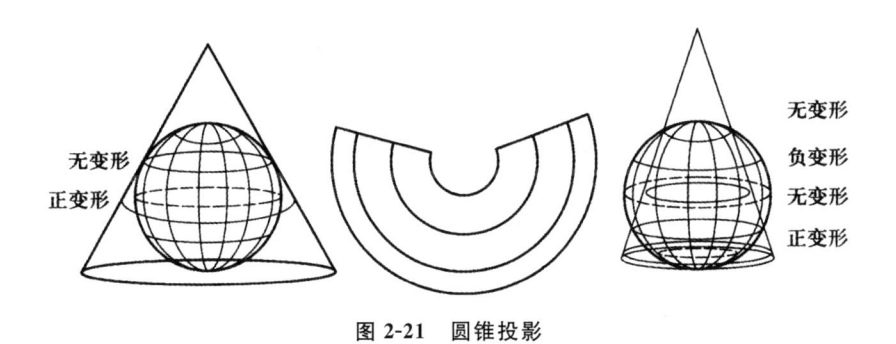

图 2-21　圆锥投影

②圆柱投影是以圆柱面作为投影面，与地球相切或相割而构成的投影，如图 2-22 所示。圆柱投影有正轴、横轴和斜轴之分，主要用到的是正轴与横轴圆柱投影。

在圆柱投影中，正轴圆柱投影的变形规律是：切线（或割线）无变形；随着远离切线（或割线），变形逐渐增大；等变形线表现为平行直线。因此，正轴圆柱投影在赤道附近的变形相对较小，适合用于编制赤道附近地区的地图。

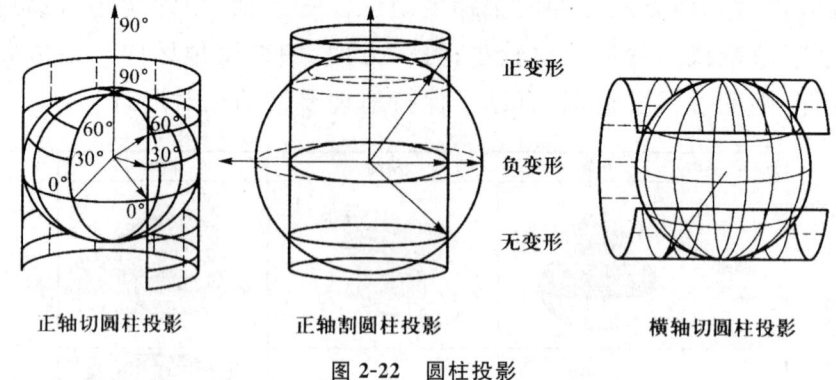

图 2-22 圆柱投影

③方位投影是以平面作为投影面,与球面相切或相割而构成的投影,如图 2-23 所示。常用的方位投影有正轴方位投影、横轴方位投影和斜轴方位投影。

正轴方位投影　经线:以极点为出发点的放射状直线
　　　　　　　纬线:以极点为圆心的同心圆

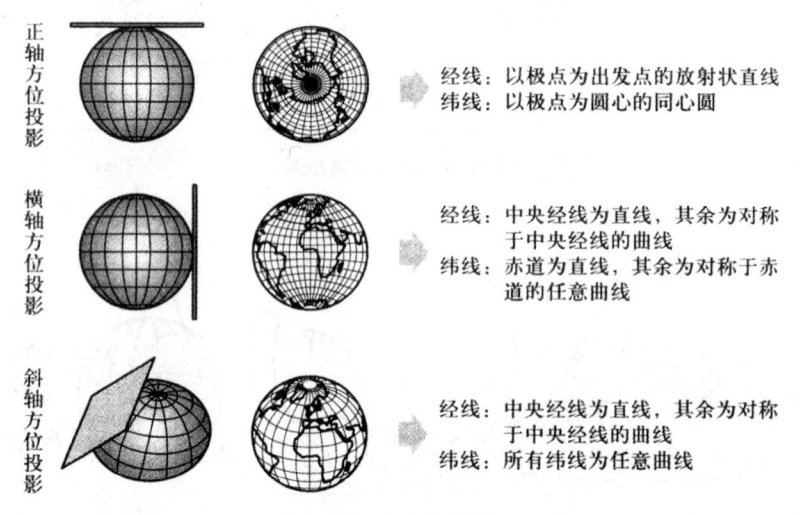

横轴方位投影　经线:中央经线为直线,其余为对称于中央经线的曲线
　　　　　　　纬线:赤道为直线,其余为对称于赤道的任意曲线

斜轴方位投影　经线:中央经线为直线,其余为对称于中央经线的曲线
　　　　　　　纬线:所有纬线为任意曲线

图 2-23 方位投影

在方位投影中,正轴方位投影的经线是以极点为出发点的放射状直线,而纬线是以极点为圆心的同心圆。正轴方位投影的变形规律是:在切线(或割线)处没有任何变形;离切线(或割线)处越远,变形越大;等变形线呈同心圆。

由于近乎圆形的区域能够和方位投影的等变形线吻合,可以更好地保持地理要素的形状和相对方位,因此正轴方位投影适合绘制南北半球图,横轴方位投影适合绘制东西半球图,而斜轴方位投影适合绘制中纬度近乎圆形的地区图。

(2)非几何投影

非几何投影不借助几何面,根据某些条件用数学解析法确定球面与平面之间点与点的函数关系。在这类投影中,一般按经纬线形状分为伪方位投影、伪圆柱投影、伪圆锥投影、多圆锥投影等。

3. 地球投影命名规则

①结合"投影面与地球自转轴间的方位关系+投影变形性质+投影面与地球相割(或相切)+投影构成方法"方式命名,如正轴等角切圆柱投影。

②用投影发明者的名字命名,如横轴等角切圆柱投影也称为高斯-克吕格投影。

2.3 空间坐标转换

2.3.1 大地坐标系统的转换

由于坐标系统各自的地球椭球体参数和原点不同,同一地理要素在不同坐标系中将会有不同的坐标值。因此,在实际应用中,经常需要把不同坐标系中的地理要素坐标转换到同一坐标系下,如图 2-24 所示。

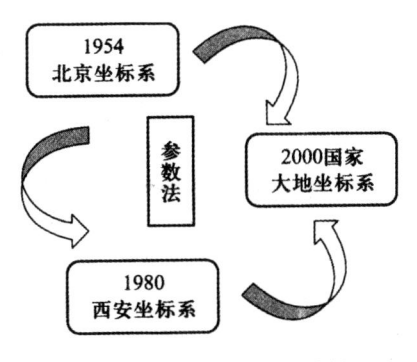

图 2-24 不同坐标系之间的转换

1. 坐标系转换步骤

不同坐标系之间的转换大致可以分为 4 个基本步骤。

① 找到两个坐标系之间的同名控制点。

控制点通常选取容易区分的地理要素,如道路交叉口、宝塔等。为提高坐标转换的精度,控制点应尽量均匀地分布于整个区域。

② 建立误差方程,进行误差计算和分析。

③ 将不同坐标系中的同名控制点坐标值代入误差联立方程组,计算出误差最小的转换参数。

④ 把原坐标系中的坐标值代入转换公式,从而换算在目标坐标系中的坐标值。

不同大地坐标系之间的转换,需要包括不同空间坐标系统间转换的 7 个空间参数(dx_0、dy_0、dz_0:反映椭球的空间偏移量;δ_x、δ_y、δ_z:反映坐标轴旋转情况的欧拉角变化;m:反映长度变化),同时需要包括由于坐标系统采用不同地球椭球体而产生的两个地球椭球转换参数(da:反映长半轴变化;$d\alpha$:反映椭球扁率变化)。

2. 大地坐标转换计算方法

在具体的大地坐标转换过程中,有七参数、五参数和三参数的计算方法。其中七参数的大地微分公式为

$$\begin{bmatrix} dB \\ dL \\ dH \end{bmatrix} = \begin{bmatrix} -\dfrac{\sin B\cos L}{M+H} & -\dfrac{\sin B\cos L}{M+H} & \dfrac{\cos B}{M+H} \\ -\dfrac{\sin L}{(N+H)\cos B} & \dfrac{\cos L}{(N+H)\cos B} & 0 \\ \cos B\cos L & \cos B\cos L & \sin B \end{bmatrix} \begin{bmatrix} dx_0 \\ dy_0 \\ dz_0 \end{bmatrix} +$$

$$\begin{bmatrix} -(1+2\alpha\sin 2B)\sin L & (1+2\alpha\cos 2B)\cos L & 0 \\ (1-2\alpha)\tan B\cos L & (1-2\alpha)\tan B\sin L & -1 \\ -N\alpha\sin 2B\sin L & N\alpha\sin 2B\cos L & 0 \end{bmatrix} \begin{bmatrix} \delta_x \\ \delta_y \\ \delta_z \end{bmatrix} +$$

$$\begin{bmatrix} \dfrac{\alpha\sin B}{M} & (1+\alpha\cos^2 B)\sin^2 B \\ 0 & 0 \\ -(1+2\alpha\sin B) & a(1-\alpha\cos^2 B)\sin^2 B \end{bmatrix} \begin{bmatrix} \mathrm{d}a \\ \mathrm{d}\alpha \end{bmatrix} +$$

$$\begin{bmatrix} -\alpha\sin 2B \\ 0 \\ N(1-2\alpha\sin^2 B) \end{bmatrix} m$$

其参数简化过程如图 2-25 所示。

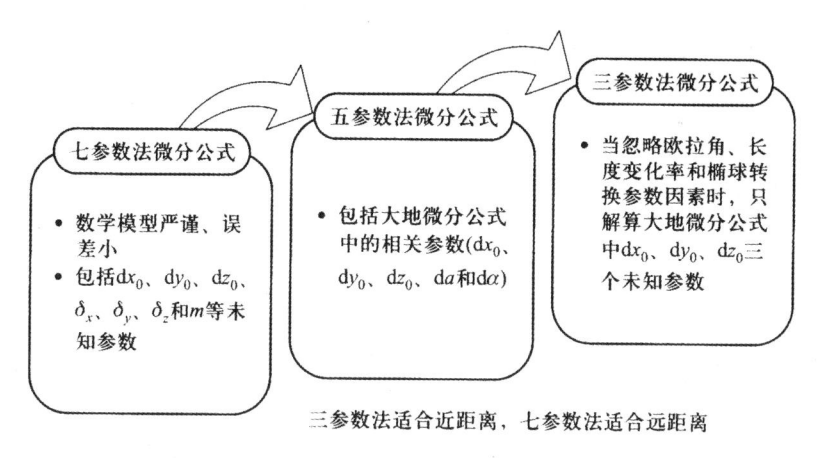

图 2-25 大地坐标关系转换的转换参数简化过程

（1）七参数方法

需要确定 $\mathrm{d}x_0$、$\mathrm{d}y_0$、$\mathrm{d}z_0$（坐标偏移量）、δ_x、δ_y、δ_z（欧拉角变化）和 m（长度变化率）等未知参数。七参数方法的数学模型严谨，误差较小。

（2）五参数方法

需要考虑椭球的空间坐标偏移量（$\mathrm{d}x_0$、$\mathrm{d}y_0$、$\mathrm{d}z_0$）和椭球参数的变化部分（$\mathrm{d}a$ 和 $\mathrm{d}\alpha$）等参数。例如，在 1954 北京坐标系和 1980 西安坐标系转换中，两种坐标系的椭球参数是已知的，因此可以将大地微分公式中的相关椭球参数作为常数项，从而改进五参数法公式。

（3）三参数方法

在精度要求不高的情况下，考虑到欧拉角、长度变化率和椭球转换参数等因素对坐标的影响相对较小,可以忽略相关因素,只解算大地微分公式中 dx_0、dy_0、dz_0 等未知参数。

如图 2-26 所示的两个三维空间直角坐标,可以采用七参数坐标转换模型实现 $O_1-X_1Y_1Z_1$ 到 $O_2-X_2Y_2Z_2$ 的变换。

$$\begin{bmatrix} X_1 \\ Y_1 \\ Z_1 \end{bmatrix} = \begin{bmatrix} \Delta X \\ \Delta Y \\ \Delta Z \end{bmatrix} + \begin{bmatrix} 1 & \varepsilon_z & \varepsilon_y \\ -\varepsilon_z & 1 & \varepsilon_x \\ \varepsilon_y & -\varepsilon_z & 1 \end{bmatrix} \begin{bmatrix} X_2 \\ Y_2 \\ Z_2 \end{bmatrix} + m \begin{bmatrix} X_2 \\ Y_2 \\ Z_2 \end{bmatrix}$$

式中,ΔX、ΔY、ΔZ 为两空间直角坐标系坐标原点的平移参数;ε_z、ε_y、ε_x 分别为绕 X 轴、Y 轴、Z 轴旋转的角度;m 为尺度的变化参数。

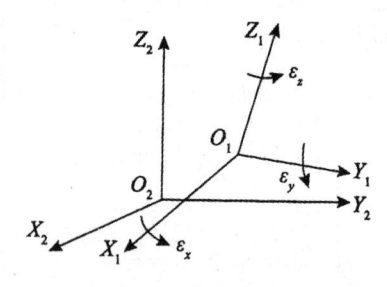

图 2-26 坐标旋转示意图

在七参数转换模型中,当 ε_z、ε_y、ε_x 为 $0°$,$m=1$ 时,即为数法的坐标轴 3 次旋转。

目前全球定位系统(GPS)的定位结果主要采用美国国防部研制的 1984 世界大地坐标系(WGS-84),而在实际工程应用中主要采用中国国家坐标系,或是在中国国家坐标系基础上所形成的独立坐标系。因此,在使用 GPS 定位结果时,就存在 WGS-84 坐标系与中国国家坐标系之间的坐标转换问题。坐标转换有两种方法,分别为以高精度 GPS 结果作为起算数据,与进行 GPS 基线向量网约束平差。

2.3.2 中国国家坐标系与地方坐标系的转换

为方便测绘工程使用,很多城市或者特定区域建立了各自的地方坐标系,即以区域内的某国家控制点为原点,以通过原点的经线为中央经线,所建立起来的独立坐标系。

中国国家坐标系与地方坐标系会存在坐标原点位置、坐标轴角度的差异,如图 2-27 所示,因此需要建立联立方程,进行两者之间的转换。

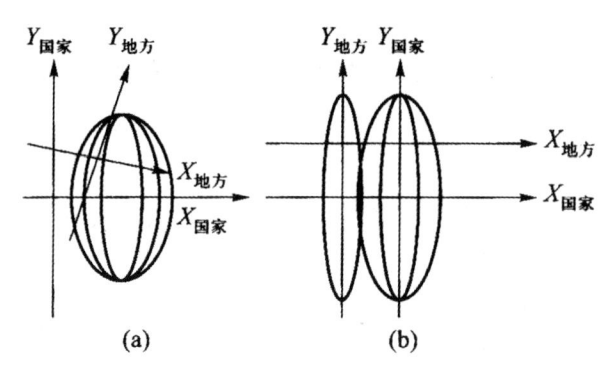

图 2-27 中国国家坐标系与地方坐标系的差异

中国国家坐标系与地方坐标系之间的基本转换步骤为:计算二者间的旋转角和坐标平移量,获得坐标系之间的转换公式,对坐标点进行转换。因此,中国国家坐标系与地方坐标系之间的转换关系可以表达为

$$X_{国家} = X_0 + X_{地方} \cos\alpha - Y_{地方} \sin\alpha$$
$$Y_{国家} = Y_0 + X_{地方} \sin\alpha - Y_{地方} \cos\alpha$$

在地图坐标转换过程中,由于一幅电子地图往往涉及上万个点、线和面的要素,而每个地理要素又由一系列的坐标组成,所以计算量巨大。如果采用手工输入方法,针对每个坐标点进行转换,则需要花费大量时间,因此可利用坐标转换的工具软件,对坐标文件进行批量处理,从而提高计算与转换的效率。

2.4 GIS中坐标系与投影的应用

2.4.1 高斯－克吕格投影及高斯平面直角坐标系

在各类投影中,离切线或割线越远的地区,投影变形就会越大。若把地球椭球面按一定规律进行多次投影,再裁剪切线(或割线)附近的区域,并按顺序合并起来,就能够保证地图投影的变形在一定范围内满足精度的要求,即高斯－克吕格投影,如图2-28所示。

高斯－克吕格投影由德国数学家、物理学家、天文学家高斯于19世纪20年代拟定,后经德国大地测量学家克吕格于1912年对投影公式加以补充确定,故称为高斯－克吕格投影。

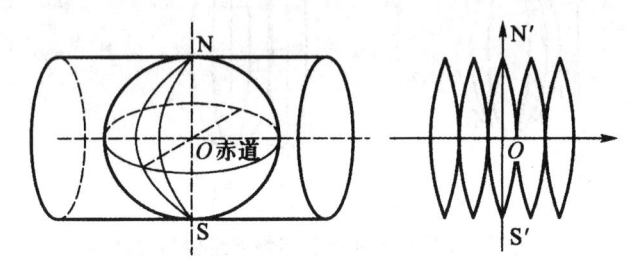

图 2-28 高斯－克吕格投影

高斯－克吕格投影的条件为:
①等角投影;
②中央经线上没有长度变形;
③中央经线和地球赤道投影成为直线且为投影的对称轴。

自1952年起,我国将高斯－克吕格投影作为国家大地测量和地形图的基本投影,亦称为主投影。高斯－克吕格投影的经纬线形状,如图2-29所示。中央经线为直线,而其余经线为向极点收敛的弧线;赤道为直线,而其余纬线为凸向赤道的曲线。投影变形的特征是:中央经线没有任何变形;经纬线投影后仍然保持正交;同一条经线上,纬度越低,变形越大;同一条纬线上,离中央经线越远,变形越大;等变形线为平行于中央经线的直线。

综上,高斯投影的最大变形处为各投影带的赤道边缘处。为了控制变形,我国地形图采用分带投影的方法。

为控制投影变形,高斯－克吕格投影一般每隔3°或6°的经差划分为互不重叠的投影带,如图2-30所示。其中,6°带则从0°开始,自西向东每6°分为一个投影带;而3°带则从东经1.5°开始,自西向东每3°分为一个投影带;两种分带方式的中心线重合。

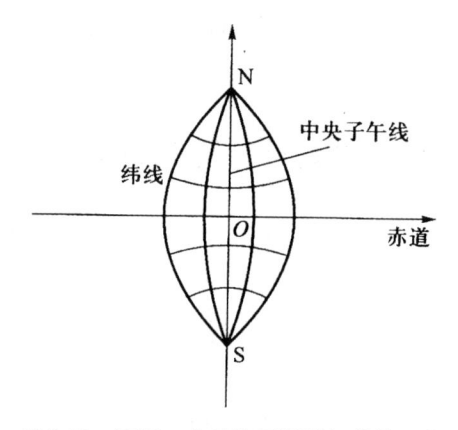

图 2-29 高斯—克吕格投影的经纬线形状

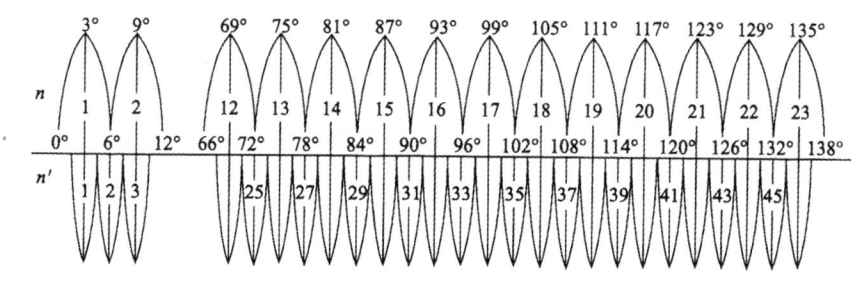

图 2-30 高斯投影的分带

2.4.2 墨卡托投影及墨卡托平面直角坐标系

墨卡托投影又称等角正轴圆柱投影,由荷兰地图学家墨卡托在 1569 年拟定。

墨卡托投影没有角度变形,由每一点向各方向的长度比相等,它的经纬线都是平行直线,且相交成直角,经线间隔相等,纬线间隔从标准纬线向两极逐渐增大。

墨卡托平面直角坐标系的建立:取零子午线或自定义原点经线与赤道交点的投影为原点,零子午线或自定义原点经线的投影为纵坐标 x 轴,赤道的投影为横坐标 y 轴,构成墨卡托平面直角坐标系,此投影标准纬线无变形。

墨卡托投影地图常用作航海图和航空图,如果循着墨卡托投影图上两点间的直线航行,方向不变可以一直到达目的地,因此它对船舰在航行中定位、确定航向都具有重要意义,给航海者带来很大方便。

2.4.3　Lambert 等角投影及 Lambert 平面直角坐标系

Lambert 等角投影在双标准纬线下是一正轴等角割圆锥投影,由德国数学家 J. H. Lambert 在 1772 年拟定。Lambert 投影采用双标准纬线相割,与采用单标准纬线相切比较,其投影变形小而均匀。

Lambert 投影常用于小比例尺地图。Lambert 等角投影坐标系以图幅的原点经线即中央经线作纵坐标 X 轴,原点经线与原点纬线即最南端纬线的交点作为原点,过此点的切线作为横坐标 Y 轴,最终构成 Lambert 平面直角坐标系。

第 3 章 地理空间数据

在 GIS 中表达地理空间数据,需要有一些条件、规则、方法和要求。地理空间数据模型是关于数据要素、关系和规则的描述。空间数据建模是根据定义的空间数据模型生成数据格式,并形成空间数据文件的过程。本章着重介绍和比较对地理空间要素的不同表达形式和方法,特别是在 GIS 中的表达要求、规则和方法以及地理空间数据模型的建立。

3.1 空间数据概述

3.1.1 地理空间数据的基本结构

1. 地理空间数据定义与特征

空间对象即 GIS 中所处理的客体,是现实世界中客观存在的实体或现象。为了对地球表面上的各种地理要素进行科学的管理、分析、模拟与预测,GIS 将地理实体(如山川、河流、房屋等)和现象的位置、形态、分布特征及属性等记录下来,并存储到计算机上。空间对象的形态往往极不规则,而且信息量很大。GIS 需要把空间对象抽象成点、线、面和体,以及相关组合等多种数据类型,以便存储和应用。

点对象可以表达按照地图比例尺缩小后仅呈现点状分布的实体或现象。例如,温度监测站的分布形态常用点对象来表示。线对象可以表达呈线状或带状分布的实体或动态现象,如物流配送的线路、城市的道路网等。面对象可以表达一些分布范围较大,且按照地图比例尺缩小后仍能明确地显示相关轮廓的实体或现象。面对象既可以连续地布满整个制图区域,也可以离散地分布于制图区域中,如土地利用类型、湖泊和水库等的分布。

部分地理现象,不仅需要在二维空间上表示其分布,还需要引入高度,以便进行阴影分析、可视区域分析等处理。体对象通常可以用来表达不仅具有长度和宽度,同时还具有高度属性的目标。例如,建筑物的三维模型、三维场景等。

地理实体的表达具有尺度效应。在大比例尺地图中,广州市可以利用具有明确范围的多边形来表达,而在世界地图中,广州市所占的范围较小,无法用多边形来明确表达相关边界范围,只能用点状符号来象征性地表达其空间位置。

在 GIS 中,地理数据是表示地理位置、分布特点的自然现象和社会现象等诸要素的文件。地理数据可以分为地理空间数据与非地理空间数据。顾名思义,地理空间数据是表示空间实体的位置、形状、大小及其分布特征的数据。而非地理空间数据主要用于表示空间实体的属性特征,是对地理空间数据的说明数据。

要完整地描述空间实体或现象的状态,一般需要同时有空间数据和属性数据。如果要描述空间实体或现象的变化,则还需记录空间实体或现象在某一个时间的状态。所以,一般认为空间数据具有 3 个基本特征,如图 3-1 所示。

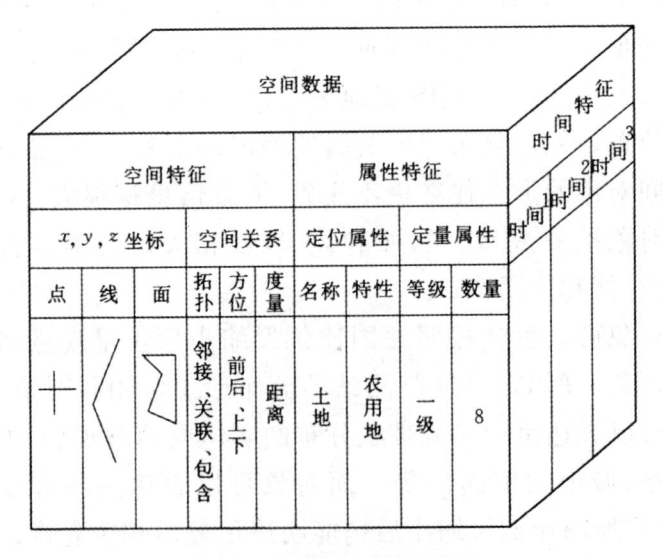

图 3-1 空间数据的基本特征

地理数据的特征表现为：

①空间特征：一方面可以表达空间物体的几何特征，如教学楼的面积、周长等几何指标；另一方面，还可以表达拓扑关系，即实体之间的空间关系，如第一教学楼与逸仙大道之间的关系为相邻关系等。

②属性特征：仅仅通过物体的几何形态，往往难以进行地物的描述。例如，仅凭一条线段，难以解释地物是道路或是河流。如果将空间信息和属性信息关联，附加专题特征，就可以方便地查询和应用。

③时间特征：地理空间数据是动态变化的信息，需要记录地理空间数据的采集时间，给地理空间数据添加一个"时间戳"。

2. 地理空间数据的分类

根据地理空间数据的来源，可以把地理空间数据分为四类，具体包括图形数据、图像数据、实体属性数据和统计数据。正是这四类地理空间数据的相互关联和相互依存，构成了地理空间数据的基本结构。

图形数据是指通过数字化仪、屏幕数字化等方式生成的数据；而图像数据主要指通过飞机、卫星等飞行器拍摄的遥感图像数据；实体属性数据是用于描述空间实体的专题信息数据，如道路的名称、长度、类型等要素信息，可以是实地采集的数据，也可以是根据已有资料通过电脑录入的数据；统计数据则是用于反映区域内具有整体特征的数据，如广东省范围内各市的总人口、GDP 水平、产量产值、医院总数等数据，一般可以从统计年鉴中查找获取。

3.1.2 空间数据的信息范畴

空间数据以数字化的形式表达空间实体，因此结合空间实体的特征，空间数据通常描述和表达地理空间实体的位置、形状、关系等空间特征信息，以及非空间的属性信息。空间数据适用于描述所有呈二维、三维甚至多维分布的关于区的现象,空间数据不仅能够表示实体本身的空间位置及形态信息,而且还能表示实体属性和空间关系(如拓扑关系)的信息。具体而言,空间数据包括3个信息范畴:几何数据、属性数据和时态数据。

1. 几何数据

根据空间实体的几何特征,空间对象可分为点对象、线对象、面对象和体对象,目前体对象还未形成公认的数据表达方法与数据结构。根据数据的实现形式不同,空间数据的几何数据分为矢量数据和栅格数据,如图3-2所示。

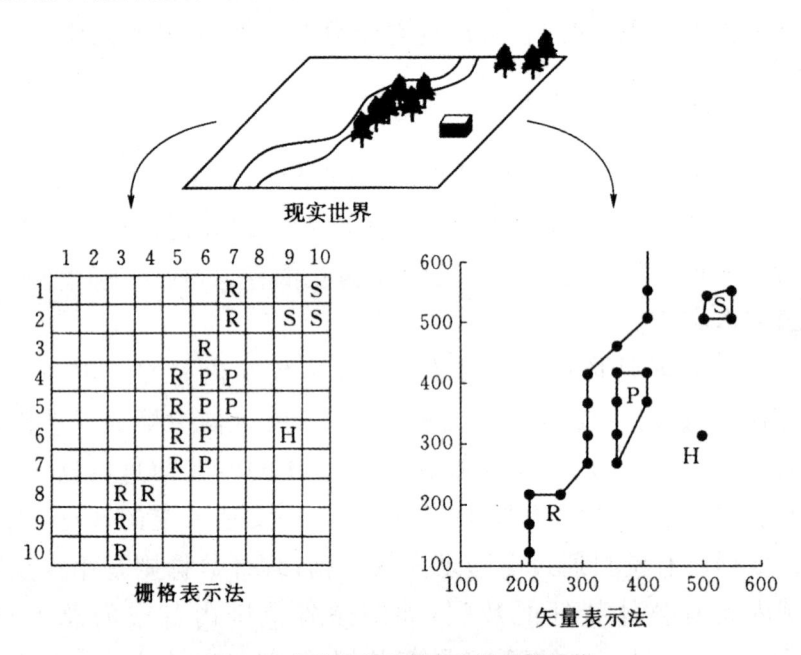

图3-2 栅格数据结构与矢量数据结构

矢量数据用于描述和表达离散地理空间实体要素。离散地理空间实体要素是指位于或贴近地球表面的地理特征要素,即地物要素。这些要素可能是自然地理特征要素,如山峰、河流、植被、地表覆盖等;也可能是人文地理特征要素,如道路、管线、井、建筑物、土地利用分类等;或者是自然或人文区域的边界。虽然存在一些其他的类型,但离散的地理特征要素通常表示为点、线和多边形。

点定义为因太小不能描述为线状或面状的地理特征要素的离散位置,如井的位置、电线杆、河流或道路的交叉点等。点可以用于表达地址的位置、GPS坐标、山峰的位置等,也可以用于表达注记点的位置等,如图3-3a所示。

线定义为因太细不能描述为面状的地理特征要素的形状和位置,如道路中心线、溪流等。线可以用于表达具有长度而没有面积的地理特征要素,如等高线、行政边界等,如图3-3b所示。

多边形定义为封闭的区域面,多边图形用于描述均匀特征的位置和形状,如省、县、地块、土壤类型、土地利用分区等,如图3-3c所示。

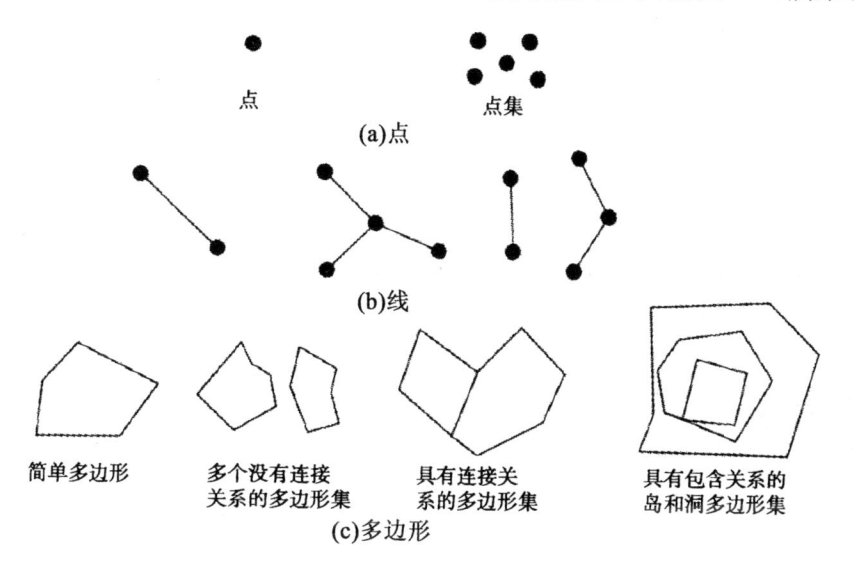

图 3-3 离散地理特征要素的点、线和多边形表达

矢量数据是用坐标对、坐标串和封闭的坐标串来表示点、线、多边形的位置及其空间关系的一种数据格式,如图3-4所示。

矢量数据结构对于有确定位置与形状的离散要素较为理想,但对于连续变化空间形象(如降雨量、海拔等)的表示不太理想。表示连续的现象最好选择栅格数据模型。栅格数据结构是最简单、最直观的空间数据结构,又称为网格结构(Raster 或 Grid Cell)或像元结构(Pixel),是指将地球表面划分为大小均匀、紧密相邻的网格阵列,每个网格作为一个像元或像素,由行、列号定义,并包含一个代码,表示该像素的属性类型或量值,或仅仅包含指向其属性记录的指针。因此,栅格结构是以规则的阵列来表示空间地物或现象分布的数据组织,组织中的每个数据表示地物或现象的非几何属性特征。

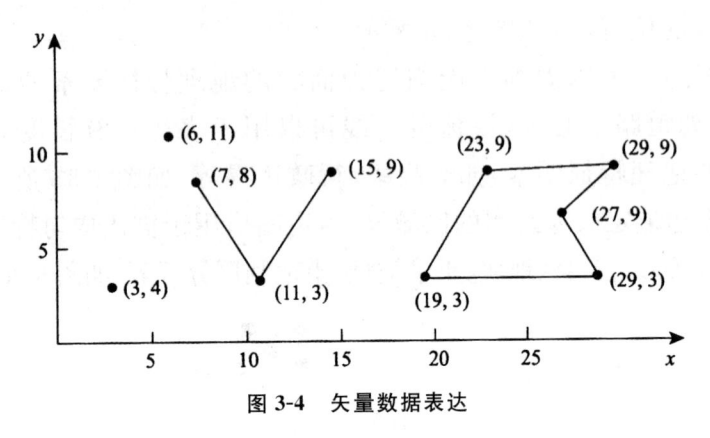

图 3-4 矢量数据表达

在如图 3-5 所示的栅格结构中,点用一个栅格单元表示;线状地物则用沿线走向的一组相邻栅格单元表示,每个栅格单元最多只有两个相邻单元在线上;面或区域用记有区域属性的相邻栅格单元的集合表示,每个栅格单元可有多于两个的相邻单元同属一个区域。任何以面状分布的对象(土地利用、土壤类型、地势起伏、环境污染等)都可以用栅格数据逼近。遥感影像就属于典型的栅格结构,每个像元的数字表示影像的灰度等级。

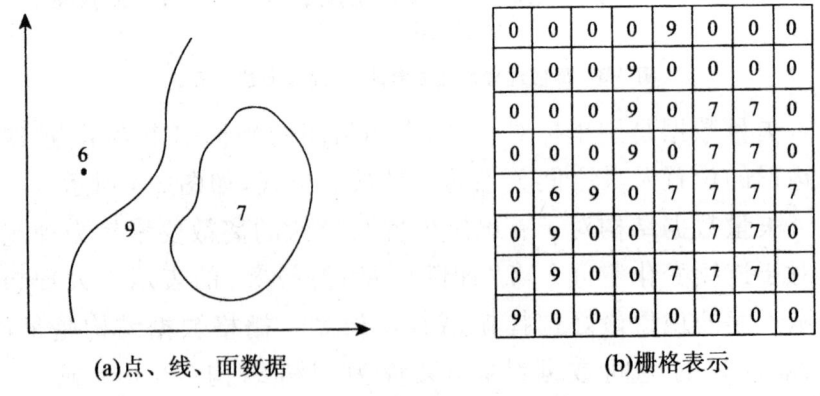

(a)点、线、面数据   (b)栅格表示

图 3-5 点、线、面数据的栅格结构表示

栅格结构的显著特点是:属性明显、定位隐含,即数据直接记

录属性的指针或属性本身,而所在位置则根据行列号转换为相应的坐标给出,也就是说定位是根据数据在数据集中的位置得到的。

栅格数据表达中,栅格由一系列的栅格坐标或像元所处栅格矩阵的行列号(I,J)定义其位置,每个像元独立编码并载有属性,如图 3-6 所示。栅格单元的大小代表空间分辨率,表示其表达的精度。在 GIS 中,影像按照栅格数据组织,影像像素灰度值是栅格单元唯一的属性值。栅格单元的值可能是代表栅格中心的取值,也可能是代表整个单元的取值,如图 3-7 所示。

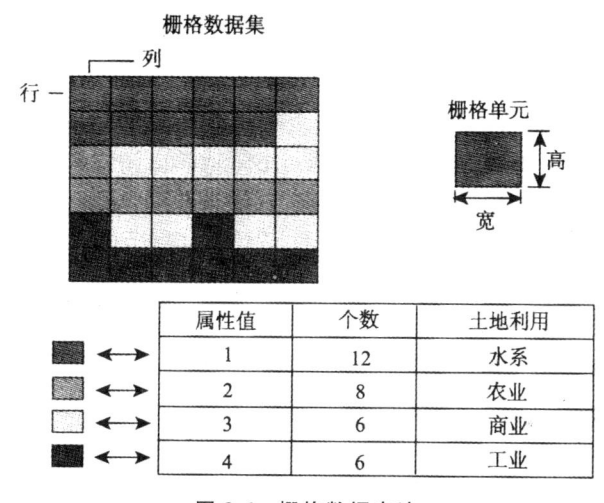

图 3-6 栅格数据表达

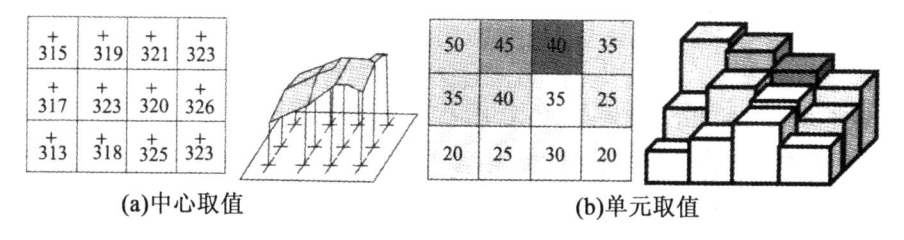

图 3-7 栅格单元的值

2. 属性数据

空间实体的属性特征用属性数据表达,通常属性是按照一系列简单的、基本的关系数据库概念的数据表来组织。描述属性数据被组织成数据表,表包含若干行。表中所有的行都具有相同的列,即字段。每个字段都对应一个数据类型,如整型、浮点型、字符型或日期型等。属性字段的数值类型可以是名义值、序数值、区间值和比率值的任一种。

(1)属性值是名义值

如果属性能成功地区分位置,则属性值是名义值,不意味着排序或算术含义,如电话号码可以用于位置的属性,但它本身没有任何算术上的数据含义,对电话号码进行加减算法或比较大小是没有意义的。把土地的分类用数字代替,是最常见的将名称变为数字的做法,这里数字没有算术含义,只是名义数字。

(2)属性值是序数值

如果属性隐含排序含义,则属性值是序数值。在这个意义上,类别 1 可能比类别 2 好,作为序数属性,没有算术操作的意义,不能根据数值的大小比较哪个更好。

(3)属性是区间值

这是一个定量描述的属性值,用于描述两个值之间的差别,如温差、高差等。

(4)属性值是比率值

这是定量描述的属性值,用于描述两个量的比值,如一个人的收入是另一个人收入的 2 倍。

(5)属性是循环值

这在表达属性是定向或循环现象时并不少见,循环值是定量描述的属性值,对其进行算术操作会遇到一些尴尬的问题,如会遇到 0°与 360°是相等的。

3.2 空间数据的空间关系表达

空间关系是指地理空间特征或对象之间存在的与空间特性有关的关系,是刻画数据表达、建模、组织、查询、分析和推理的基础。是否支持空间关系的描述和表达,是 GIS 区别于 CAD 等计算机图形处理系统的主要标志和本质所在。GIS软件对空间关系支持的功能强弱,直接影响GIS工程的设计、开发与应用。

就GIS表达的空间数据类型来讲,空间数据关系主要是指存在于矢量数据和栅格数据中的空间度量关系、空间拓扑关系、空间方位关系和一般关系。

3.2.1 矢量数据的空间关系

矢量数据的空间关系表达类型和方法是多样性的。但GIS软件一般会支持基本的空间关系表达功能。在空间数据显示和分析应用中,一些特定的空间关系,需要GIS应用软件的开发者建立。

1. 拓扑空间关系

拓扑空间关系是GIS中重点描述的地理特征或对象之间的一种空间逻辑关系。"拓扑"(Topology)一词来源于希腊文,它的原意是"形状的研究"。拓扑学是几何学的一个分支,它研究在拓扑变换下能够保持不变的几何属性,即拓扑属性。理解拓扑变换和拓扑属性时,可以设想一块高质量的橡皮板,它的表面是欧氏平面,这块橡皮可以任意弯曲、拉伸、压缩,但不能扭转和折叠,表面上有点、线、多边形等组成的几何图形。在拓扑变换中,图形的有些属性会消失,有些属性则保持不变。前者称为非拓扑属性,后者称为拓扑属性。拓扑关系就是描述几何特征元素的非几何图形元素之间的逻辑关系,即拓扑关系只关心几何图形元素之间的关系,而忽略几何图形元素的形状、大小、距离和长度等几何特征信息。根据拓扑关系绘制的图形称为拓扑图,图形元素之间的逻辑关系被描述,但几何特征信息被忽略,如计算机网络拓扑图或逻辑连接图,只描述了网络元素的逻辑连接关系,忽略了网络元素实际的形状和实际的距离。拓扑关系在GIS中,是以数据表数据文件的形式进行存储的。

在GIS中,拓扑关系主要用于描述点(节点,Node)、线(弧段)和多边形图形元素之间的逻辑关系。它们之间最常用的拓扑关系有关联关系、邻接关系、连通关系和包含关系。关联关系是指不同类图形元素之间的拓扑关系,如节点与弧段的关系,弧段与多边形的关系等。邻接关系是指同类图形元素之间的拓扑关系,如节点与节点、弧段与弧段、多边形与多边形等之间的拓扑关系。连通关系指的是由节点和弧段构成的有向网络图形中,节点之间是否存在通达的路径,即是否具有连接性,是一种隐含于网络中的关系,其描述通过连接关系定义。包含关系是指多边形内是否包含了其他弧段或多边形。下面是拓扑关系定义的一些例子。

(1)连接关系定义

弧段通过节点彼此连接,是弧段在节点处的相互连接关系。弧段和节点的拓扑关系表现了这种连接性。从起点到终点定义了弧段的方向,所有弧段的端点序列则定义了弧段与节点的拓扑关系。计算机就是通过在弧段序列中找到弧段之间的共同节点来判断弧段与弧段之间是否存在连接性。如图3-8所示,由于弧段①与③享有共同节点,计算机可以确定跟踪弧段①并直接转到弧段③,跟踪①可以间接到达弧段⑤,直接是不行的,因为没有共同节点。

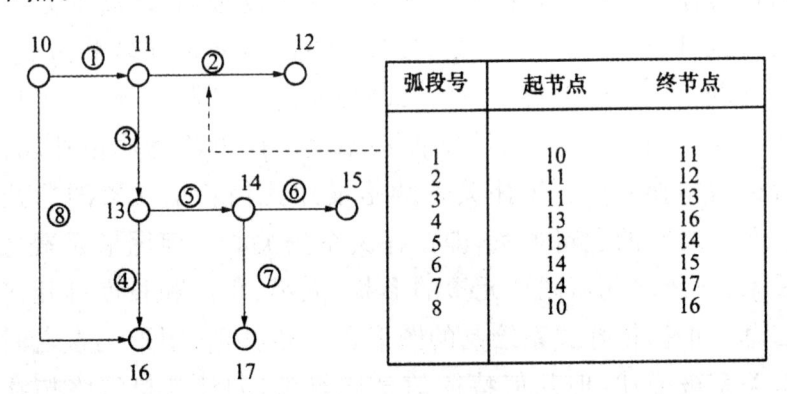

弧段号	起节点	终节点
1	10	11
2	11	12
3	11	13
4	13	16
5	13	14
6	14	15
7	14	17
8	10	16

图3-8 连接关系定义

(2)关联关系定义

这里以弧段和多边形的关联关系为例。多边形由弧段序列组成,如图3-9所示,多边形F由弧段7、8、9、10组成,其中弧段7形成了多边形的内岛。

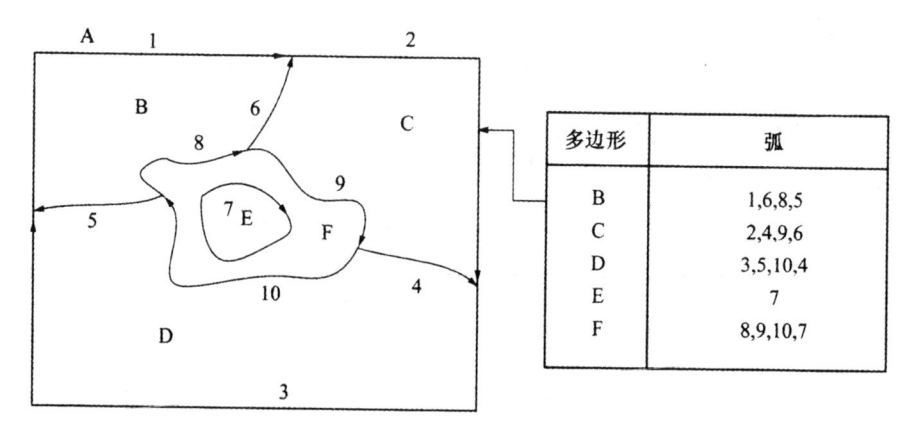

图 3-9 关联关系定义

（3）邻接关系定义

弧段具有方向性，且有左多边形和右多边形，通过定义弧段的左、右多边形及其方向性来判断左、右多边形的邻接性。弧段的左与右的拓扑关系表现了邻接性。一个有方向性的弧段，沿弧段方向有左边和右边之分。计算机正是依据弧段的左边和右边的关系来判断位于该弧段两边多边形的邻接性。如图 3-10 所示，B 多边形和 C 多边形分别在弧段 6 的左边和右边，因此它们具有邻接性。

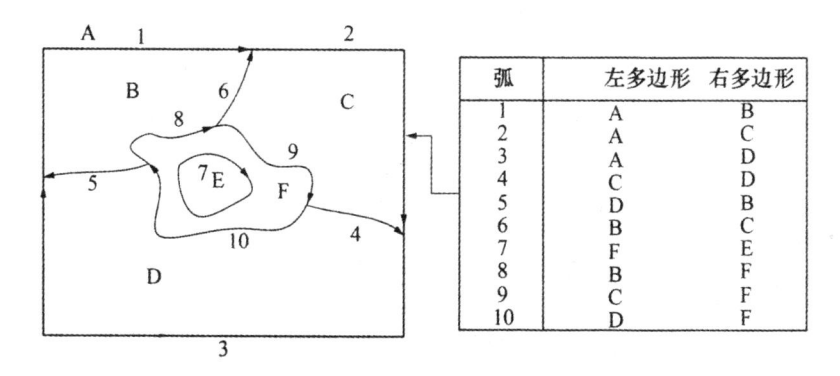

图 3-10 邻接关系定义

除了上述特殊的空间拓扑关系，空间拓扑关系也可用来描述空间实体之间的其他空间拓扑关系，如图 3-11 所示。

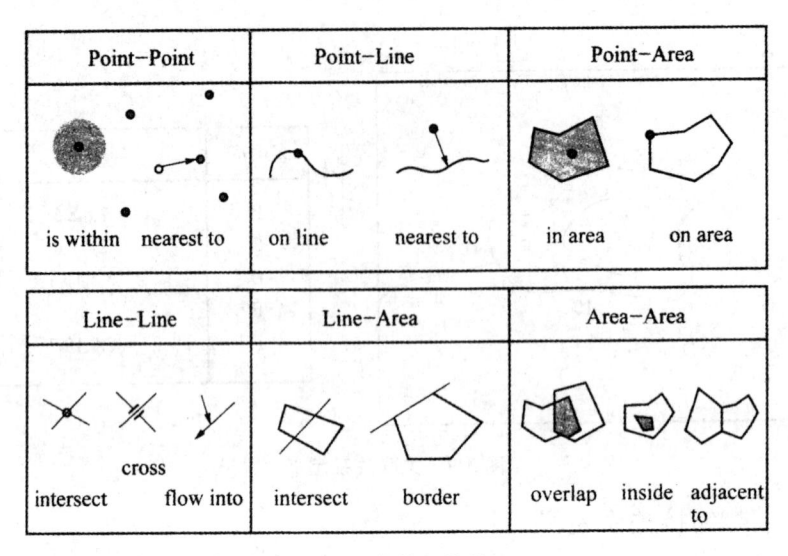

	Point-Point	Point-Line	Point-Area
	is within　nearest to	on line　nearest to	in area　on area
	Line-Line	Line-Area	Area-Area
	cross intersect　flow into	intersect　border	overlap　inside　adjacent to

图 3-11　其他拓扑关系

在 GIS 中,拓扑关系一般都使用存储空间位置的关系数据库的数据表格形式存储,如前面介绍的连接性、邻接性、多边形区域定义等。但是,也可用矩阵的形式表达这些关系。多边形的区域定义可表示为关联矩阵,多边形的邻接性可表示为邻接矩阵,如图 3-12 所示。

```
    A B C D E F              1 2 3 4 5 6 7 8 9 10
A   0 1 1 1 0 0         A    1 1 1 0 0 0 0 0 0 0
B   1 0 1 1 0 1         B    1 0 0 0 1 1 0 1 0 0
C   1 1 0 1 0 1         C    0 1 0 1 0 1 0 0 1 0
D   1 1 1 0 0 1         D    0 0 1 1 1 0 0 0 0 1
E   0 0 0 0 0 1         E    0 0 0 0 0 0 1 0 0 0
F   1 1 1 1 1 0         F    0 0 0 0 0 0 1 1 1 1
       (a)邻接矩阵                  (b)关联矩阵
```

图 3-12　简单有向图的邻接和关联矩阵

拓扑关系除了术语上的使用之外,在数字地图的查错方面也很有用途。拓扑关系检查可以发现未正确接合的线、未正确闭合的多边形。这些错误如果未被改正,可能会影响空间分析的正确性。例如,在路径分析时,断开的道路,会导致路径的错误选择。

空间拓扑关系对提高空间分析的速度也是至关重要的,通过拓扑关系可以直接查找图形之间的关系,而不必通过比较大量的坐标来判断图形之间的关系,比较坐标以及条件判断确定图形关系是费时的,特别是在进行有向网络路径跟踪或区域边界跟踪分析时,更是如此。

2. 空间方位关系

空间方位关系描述空间实体之间在空间上的排序和方位,如实体之间的前、后、左、右,以及东、南、西、北等方位关系。同拓扑关系的形式化描述类似,也具有多边形—多边形、多边形—点、多边形—线、线—线、线—点、点—点等多种形式上的空间关系。

计算点对象之间的方位关系比较容易,只要计算两点之间的连线与某一基准方向的夹角即可。同样,在计算点与线对象、点与多边形对象之间的方位关系时,只需将线对象、多边形对象转换为由它们的几何中心所形成的点对象,就可转化为点对象之间的空间方位关系。所不同的是,要判断生成的点对象是否落入其所属的线对象和多边形对象之中。

计算线对象之间以及线—多边形、多边形—多边形之间的方位关系的情况是复杂的。当计算的对象之间的距离很大时,如果对象的大小和形状对它们之间的方位关系没有影响,则可转化为点,计算它们之间的点对象方位关系。但当距离较小并且外接多边形尚未相交时,算法会变得非常复杂,目前没有很好的解决办法。

3. 空间度量关系

空间度量关系用于描述空间对象之间的距离关系。这种距离关系可以定量描述为特定空间中的某种距离。这是几何图形中存在的固有关系,无须专门建立。

4. 一般空间关系

比如一个地块与其所有者之间的关系,这种空间关系是图形中不存在的。地块的所有者不是一个图形特征,在地图上不存在。用一般关系描述地块和所有者之间的关系。另外,一些地图上的特征具有关系,但它们之间的空间关系是不清楚的,如一块电表位于一个变压器的附近,但它与变压器不接触。电表和变压器也许在拥挤的范围内,不能根据它们的空间邻近性可靠地定义它们之间的关系。这两个例子如图 3-13 所示。

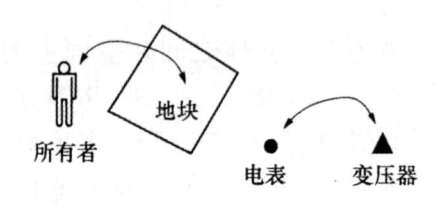

图 3-13 一般关系的例子

3.2.2 栅格数据的空间关系

栅格数据由于特殊的栅格单元排列关系,在表达点、线、面数据时,其空间关系的几何和拓扑关系比矢量数据简单,如图 3-14 所示。

对于栅格数据,几何定义如图 3-14a 所示,拓扑关系如图 3-14b 所示。

点对象的关系是按照栅格的邻域关系推算的。线对象是通过记录位于线上的像素顺序表示的。面对象通常是按"游程编码"顺序表示的。

与矢量数据相比,栅格数据模型的一个弱点之一就是很难进行网络和空间分析。例如,尽管线很容易由一组位于线上的像素点来识别,但作为链的像素的链接顺序的跟踪就有点困难。多边形情况下,每个多边形很容易识别,但多边形的边界和节点(至少多于 3 个多边形交叉时)的跟踪很困难。栅格拓扑的一些定义和应用如下:

①栅格方向定义,如图 3-15a 和 b 所示。

第 3 章 地理空间数据

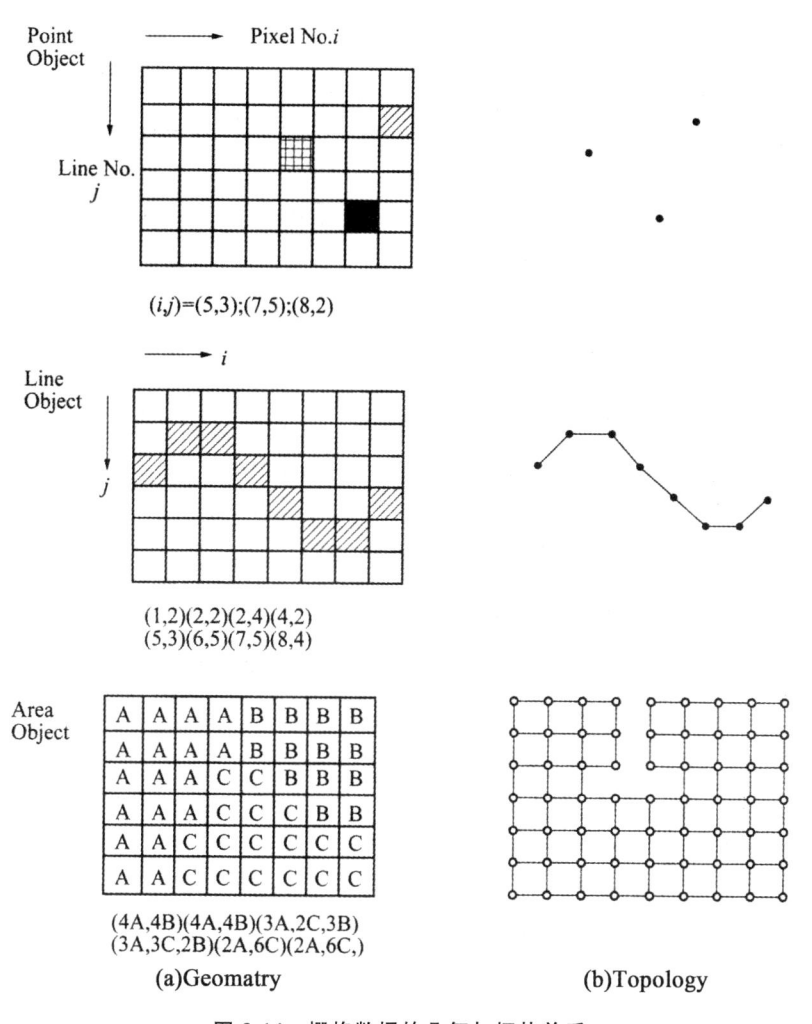

Point Object
Pixel No. *i*
Line No. *j*

(*i,j*)=(5,3);(7,5);(8,2)

Line Object

(1,2)(2,2)(2,4)(4,2)
(5,3)(6,5)(7,5)(8,4)

Area Object

(4A,4B)(4A,4B)(3A,2C,3B)
(3A,3C,2B)(2A,6C)(2A,6C,)

(a)Geomatry　　　　　　　　(b)Topology

图 3-14　栅格数据的几何与拓扑关系

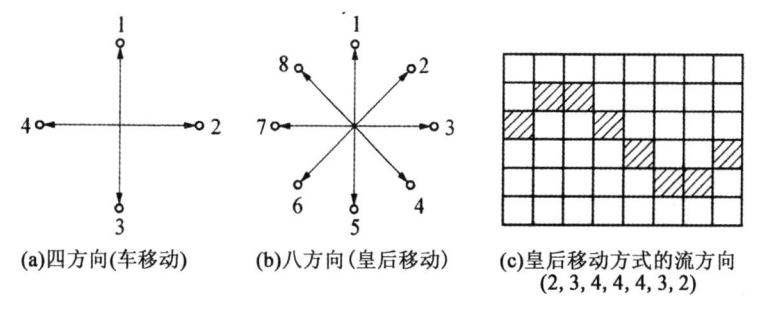

(a)四方向(车移动)　(b)八方向(皇后移动)　(c)皇后移动方式的流方向
(2, 3, 4, 4, 4, 3, 2)

图 3-15　方向定义

②栅格数据的拓扑特征,如图3-16a所示。

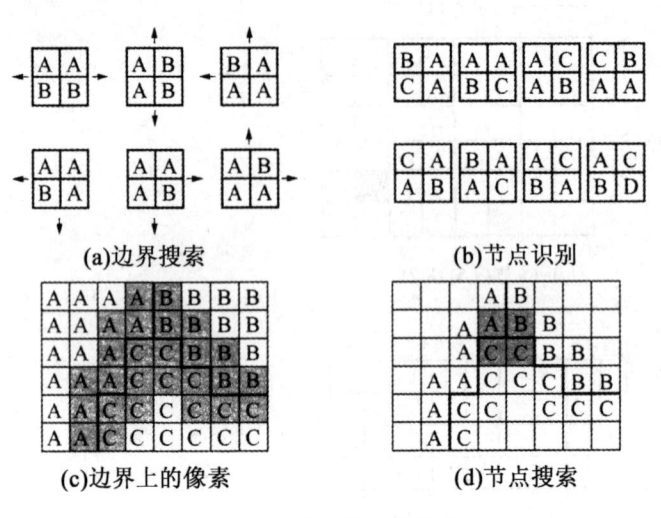

图3-16 节点和边界搜索

边界被定义为2×2像素的窗口,具有两个不同的类型,如图3-16a所示。如果窗口按照图3-16a的方向跟踪,则边界可以被识别。

③节点。在多边形中的节点被定义为2×2像素的窗口,在图3-16b中多于3个不同的类型。图3-16c、d是识别节点和边界上像素的例子。

3.3 地理空间数据模型

3.3.1 矢量数据模型

矢量数据是以点、线和多边形为基本表达特征元素,并用以表达具有形状和边界的离散对象。特征元素具有精确的形状、位置、属性和元数据,以及与之有关的可用的空间关系和行为。矢量数据模型是以特征数据集合特征类存储特征元素的。

1. 几何元素与特征定义

按照特征对数据建模具有以下优点:

①特征按照具体属性、关系和行为存储为不同的实体,这有助于建立一个丰富的模型以获取一组地理特征的完整信息。

②特征具有精确的位置和良好定义的几何形状,这有助于 GIS 软件的空间操作。

③特征在地图上可以按照任意的颜色、线宽、填充类型或其他制图符号绘制,这可以符号化显示特征属性来产生地图,也可以以任意比例尺打印地图。

特征也特别适合对人工对象进行建模。这是因为道路、房屋、机场或其他人工对象具有明显的和良好定义的边界。

特征表达的基础是它的几何元素或形状。每个特征都具有与之联系的几何或形状。在数据结构中,几何元素是按照被称为"形状"的特征类的空间场存储的。在几何数据模型中,几何元素有两种类型,一类是由特种形状定义的,另一类是由形状的组合定义的。

特征可由点、点集、线、多边形等几何元素之一产生。外接矩形是一种描述几何元素的空间范围的几何元素。面向对象的数据模型与面向特征的数据模型的重要区别和优点就是简单几何元素和复杂几何元素可以组合为一个特征类,即复合对象。一个折线几何元素的特征类可以由单个部分或多个部分的折线组成。一个多边形几何元素的特征类可以由单个部分或多个部分的多边形组成。这对特征形状的建模提供了极大的灵活性,并简化了数据结构。

点(Point)和点集(Muhipoint)是零维几何元素。点具有 x,y 坐标,一个可选项 z 或 m,分别对应于构建三维的位置或线性参考系统的测量值。点数据还有一个识别码(ID)。点用于表达小的特征,如井或测量点的位置。点集是点的无序集合。点集特征是表达一组具有共同属性的点,如一组井形成的一个独立单元,如图 3-17 所示。

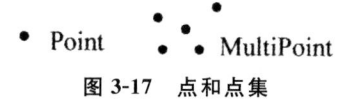

• Point ⋮ • MultiPoint

图 3-17 点和点集

折线(Polyline)是一组可能不连接或连接的链或路径(Path)的有序集合,是一维几何元素,用于表达所有线性特征几何元素,如图 3-18 所示。

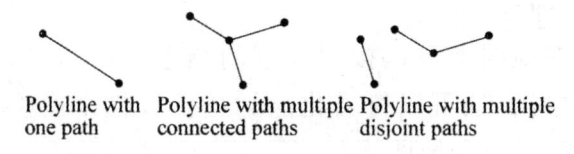

图 3-18 折线

折线用于表达道路、河流或等高线。简单的线性特征仅用有一条链的折线表达,复杂的线特征则用多条链的折线表达,如路径。

多边形是部分由它们的包含关系定义的环的集合,是二维几何元素,用于表达所有的面特征几何元素。简单的面特征由单个环的多边形表达。

当环是嵌套的时候,内部环和岛环相互交替。多边形中的环可以不连接,但不能覆盖,如图 3-19 所示。

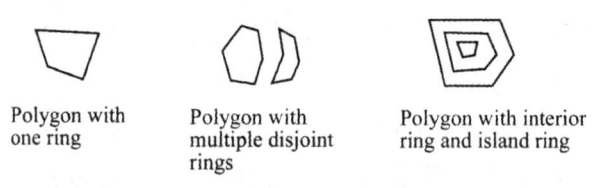

图 3-19 多边形

外接矩形表达特征的空间范围,由平面矩形的最大最小坐标定义,也可以由三维的最大最小坐标定义,矩形的边界平行坐标系统的坐标轴,如图 3-20 所示。

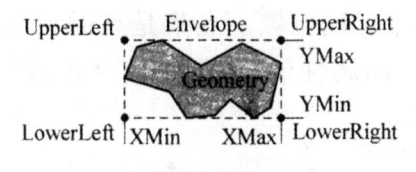

图 3-20 外接矩形

所有的几何元素都有外接矩形,用于特征的快速显示和空间选择操作。

线段(Segment)、链(Path)和环(Ring)是特征形状的组合几何元素。线段是由一个起点和一个终点组成,且点之间由一个函数定义的曲线,如图 3-21 所示。

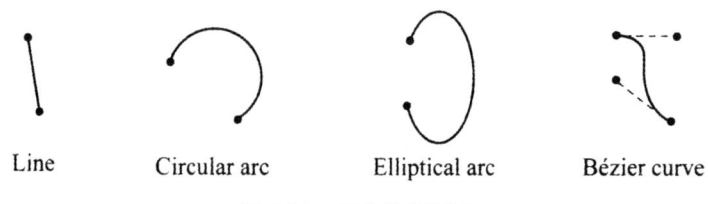

图 3-21 组合几何元素

线段有直线段、圆弧、椭圆弧和 Bezier 曲线四种类型。

直线段是由两个端点定义的直线段,是线段的最简单类型。线段用于表达直线结构,如公路、地块的边界等。

圆弧是圆的一部分。圆弧最常用的地方是表达道路的转弯,并广泛用于坐标几何(COGO)。但它作为特征的一部分时,与要连接的线段是相切的。

椭圆弧是椭圆的一部分。不经常用于表达特征,但可以用于近似过渡的图形,如公路斜坡的一部分。

Bezier 曲线是由 4 个控制点定义的曲线,是由三次多项式定义的参数曲线,常用于表达光滑的特征,如河流和等高线等。在注记时也经常使用。

链是相连接的线段的序列。链中的线段是不相交的。一条链可以由任意多的线、圆弧、椭圆弧或 Bezier 曲线组成。链用于构造折线,如图 3-22 所示。

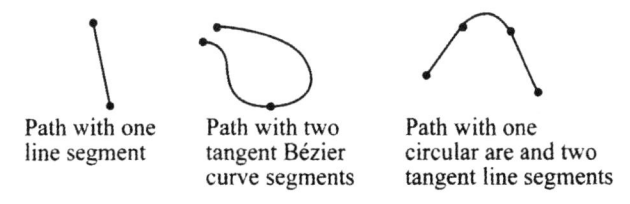

图 3-22 链或路径

通常由链组成的线段彼此之间是相切的。这意味着线段是按照相同的角度连接的。例如,道路是典型的直线和圆弧组成的。当一条线和圆弧连接时,是以同样的角度,或彼此相切连接的。等高线也是如此,是由 Bezier 曲线相切连接的。

环是一条闭合的链,具有明确的内部和外部,如图 3-23 所示。

图 3-23 环

构成环的链的起点坐标和终点坐标是一样的,环被用于构造多边形。

特征或对象具有以下特点:

①特征具有形状,如点、线和多边形。

②特征具有空间参考,如地理坐标或投影坐标。

③特征具有属性。

④特征具有子类,如建筑物分为居住、商业和工业建筑物等。

⑤特征具有关系,如非空间对象之间的关系,房屋和户主的关系。

⑥特征属性取值可以被约束在一个范围内。

⑦特征可以通过规则加以验证。

⑧特征之间具有拓扑关系。

⑨特征具有复杂的行为。

2. 对象的几何模型

面向对象的矢量数据的几何模型如图 3-24 所示,用 UML 表达了几何元素的构造关系。这个模型对程序设计者非常有用,同时也将数据模型细化到了特征形状的结构关系。

3. 类定义

面向对象的数据模型是数据集、特征类、对象类和关系类的集合,是按照无缝图层组织和管理地理数据的。它不是将地理区域划分为切片的单元;相反,是使用有效的空间索引来表达连续的空间范围。数据集有3种基本类型,即特征数据集、栅格数据集和TIN数据集,分别用于表达矢量、栅格和TIN数据。

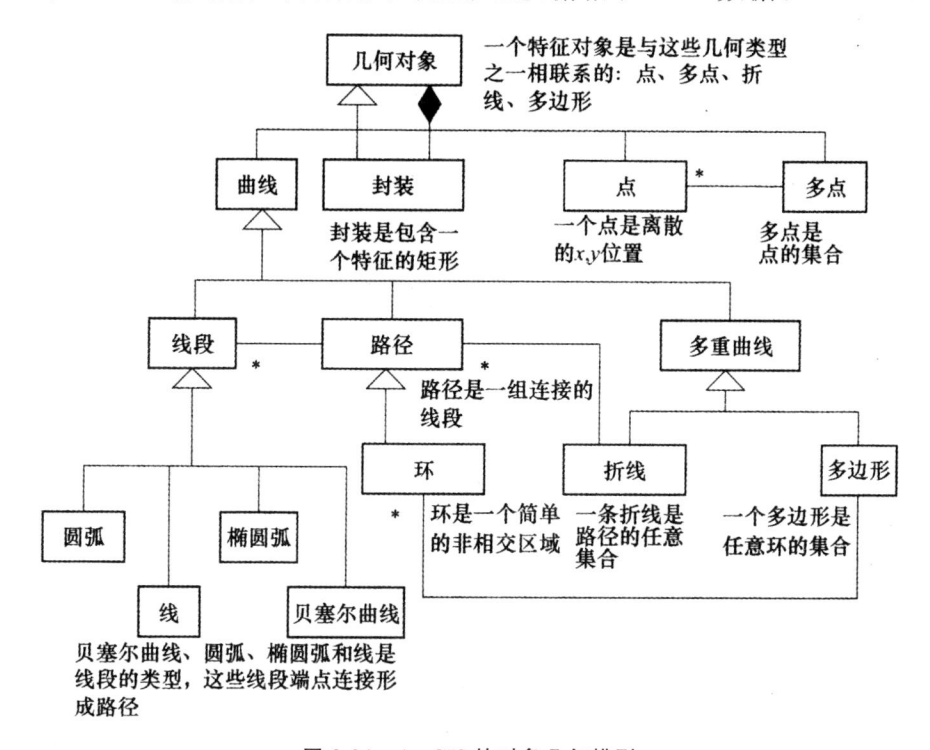

图 3-24　ArcGIS的对象几何模型

特征数据集是特征类的集合,具有共同的坐标系统。可以选择组织一个简单的特征类,位于特征数据集内或外,但拓扑特征类必须包含在特征数据集内,以保证处于一个公共的坐标系统。

栅格数据集要么是简单数据集,要么是由多波段或分类值形成的组合数据集。

TIN数据集是由一组具有三维坐标顶点组成的不规则三角形构成的,用于表达一些类型的连续表面。

对象类是数据模型中的与行为有关的数据表。对象类保留了描述与地理特征有关的对象的信息,但不是地图上的特征。例如,对象类可能是地块的所有者。据此,可以在数据库中建立地块的多边形特征类与所有者对象类之间的联系。

特征类是具有相同几何类型的特征的集合,包括简单特征类和拓扑特征类。

简单特征类包括彼此之间没有任何拓扑联系的点、线、多边形或注记特征,即在一个特征类中的点是一致的,但不同于来自其他特征类的线的端点。这些特征可以独立编辑。

拓扑特征类是与一个图形绑定的,这个图形是一个对象,绑定了具有拓扑关系的一组特征,如 ArcGIS 的几何网络。

关系类是存储了特征之间,或两个特征类对象之间,或表之间关系的一个表。关系模型依赖于对象之间的关系。通过关系,可以控制当一个对象被删除或改变时,与之相关的对象的行为。图 3-25 表示的是对象类的定义关系。

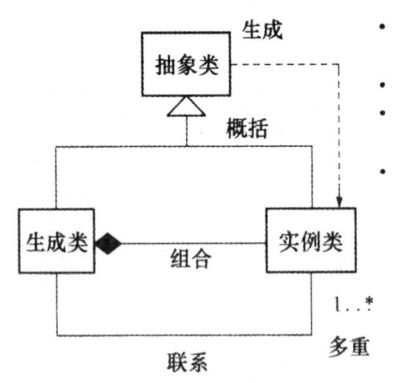

- 一个抽象类是其他类被继承的特性和方法的规范标准,不能从一个抽象类产生对象;
- 可以从一个生成类直接产生对象;
- 可以从一个继承类,通过调用另一个类的方法,继承生成的对象;
- 简单的多重联系:1,或 0.1,即 0 或 1,*是 0 对任意整数,1...*是 1 对任意整数

图 3-25　对象类的定义关系

4. Coverage 数据模型特征和拓扑关系

Coverage 数据模型是空间数据、属性数据和与特征有联系的拓扑关系的结合体。空间数据使用二进制文件存储,属性数据和拓扑关系用关系数据库表存储。Coverage 数据模型包含的特征类是同类的特征集合,如图 3-26 所示。

Coverage 的主要特征类型有点、弧段(线、ARC)、多边形和节点。这些特征具有拓扑联系。弧段形成多边形的边界,节点形成弧段的端点,标志点形成多边形的内点(中心点)。点具有两重意义,一是实体点,二是标志点。Coverage 的第二类特征是控制点(Tic)、链接(Link)和注记。控制点用于地图的配准,链接用于特征的调整,注记用于在地图上标识特征。

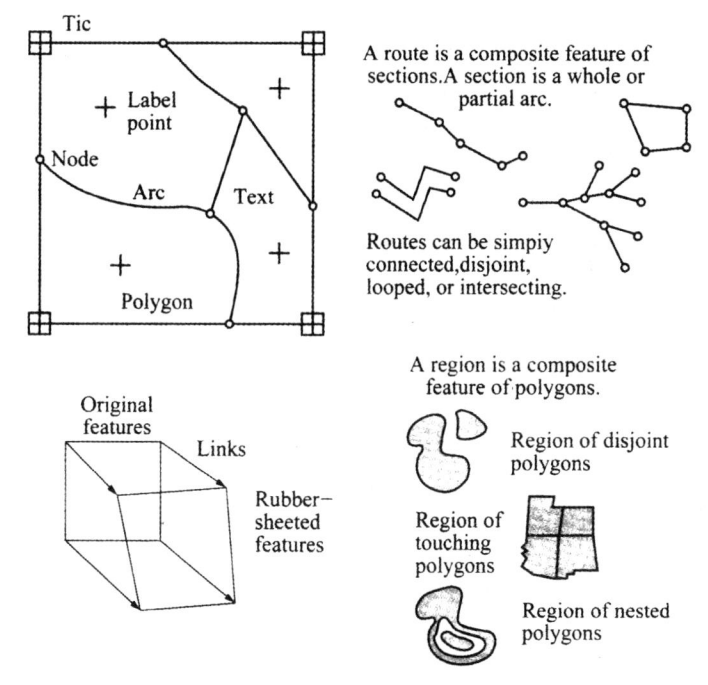

图 3-26　Coverage 的特征

Coverage 也包含一些组合特征。路径是与测量系统有关的弧段的集合。路径的最常用例子是交通运输系统。区域(Region)是多边形的集合,它们可能是邻接的、非连接的或重叠的。区域用于土地利用或环境应用。

5. Shapefile 数据模型

具有拓扑关系的数据集提供了丰富的地理分析和地图显示的基础。但一些地图使用者更愿意使用较为简化的简单特征数据格式。简单特征类用点、线、多边形存储特征形状,但不存储拓扑关系。这种结构的最大优点是简单和显示快速;缺点是不能强化空间约束。例如,当制作一幅土地分类图时,希望保证形成地块的多边形不重叠,或彼此之间没有缝隙,简单特征类型不能保证这类空间完整性。但简单特征类可以形成大的、有效的地理数据集,因为体容易创建,并能有效用于地图的背景图层。

Shapefile 主要由包含空间和属性数据的 3 个主要文件构成，也可能包括任选具有索引信息的其他文件。这些文件由图 3-27 所示的特征组成一个特征类。可以是点、点集、折线或多边形组成的同类特征的集合。点文件包含一些具有点几何元素的特征，点具有独立坐标对。点集文件包含点集几何特征，多个点表达一个特征。线文件包含折线几何元素。折线由链组成，是一组线段的简单连接，链可以是不连接的、连接的或相交的。多边形文件包含多边形几何元素的特征。多边形包含一个或多个环。环是封闭的链，但自身不相交。多边形中的环可以不连接、嵌套或彼此相交。属性数据表存储在嵌入式 dBASE 文件。其他对象的属性存储在另外的 dBASE 表中，可以通过属性关键字与 Shapefile 文件关联。

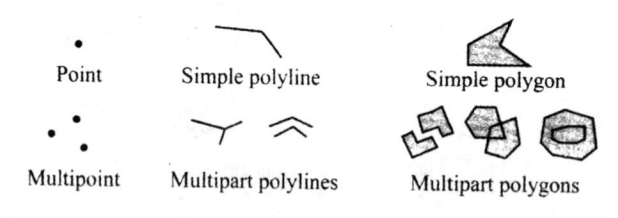

图 3-27 组成 Shapefile 特征类的特征

Coverage 模型与 Shapefile 模型的主要区别是，前者具有拓扑关系，后者没有拓扑关系；前者有多个类，后者只有一个类。

6. CAD Drawings

大量的地理数据按照 CAD Drawings 文件组织。CAD 文件的一个特点是特征被典型地分解为许多图层。CAD 文件的图层与地图的图层具有不同的意义。在 CAD 文件中，它表达一组类似的特征。在地图上，它表达对一个地理数据集或与绘图方法有关的特征类的引用或参照。CAD 数据集是 CAD Drawings 文件的目录表达。它被分解为 CAD 特征类。每个特征类聚集了点、线、多边形和注记的图层的全部。如果一个 CAD 数据集由 17 个图层构成(3 个点层、8 个线层、4 个多边形层、2 个注记层)，那么它们将构成一个点特征类、一个线特征类、一个多边形特征类和一个注记特征类。

3.3.2 栅格数据模型

栅格数据具有不同的类型,栅格数据模型具有不同的存储格式。

1. 栅格数据来源

栅格数据表达影像或连续数据。栅格数据的每个单元(或像素)是测量的量。栅格数据集最常用的数据源是卫星影像、航空影像、某个特征的照片,如建筑物的照片,或扫描的地图文件、矢量转换成的栅格数据等。栅格数据擅长存储和操作连续数据,如高程、污染物浓度、环境噪声水平、水位等。

2. 栅格数据类型

栅格数据有两个基本的类型,专题数据和影像数据。专题数据可能用于土地利用的专题分析,影像数据可能用于其他地理数据的地图和导出专题数据。

专题栅格数据的每个单元(像素)的值可能是一个测量值或分类值。制图时,表达为专题地图,包括空间连续数据和空间离散数据。

空间连续数据的栅格单元值可能是高程、污染浓度、降雨量等。从一个单元到另一个单元,其值是连续变化的和具有共性的,可以建模为某些表面模型,其单元值是单元中心的采样值。

空间离散数据表达的是类或数据的分类,如土地所有者类型或植被分类。从一个单元到另一个单元的值是相同的或激烈变化的。数据类型表现为具有共同值的一组分区,如土地利用图或林分图。栅格单元的值表示整个单元的值。

栅格数据可用于对离散的点、线和多边形特征进行表达。

影像数据是由成像系统获取的数据。成像系统记录栅格数据是基于一个或多个波段的光谱反射值或辐射值。相片主要记录红、绿、蓝波段的光谱反射值,卫星影像则有更宽的光谱反射或辐射范围,用于分析地学表面或植被。

栅格数据主要用于底图、土地和地表覆盖分类、水文分析、环境分析、地形分析等。

3. 栅格数据建模

栅格数据由栅格单元构成。每个单元具有统一的单位,表达地表上的一个定义的区域,如一平方米或一平方公里。每个单元的值表达这个位置的光谱反射或辐射值,或其他特性取值,如土壤类型、人口数据或植被分类等。单元的其他值用属性表存储。

栅格单元的属性值定义了单元位置上的分级、分组、分类或测量值。栅格单元的值是数值型的,如整数或浮点数。

当栅格单元的值是整数时,它可能是一个更为复杂的识别代码,如4可能代表一个土地利用网格上的4个独立的居住单元个数,与这4个值相联系的可能是一系列属性,如平均的商业价值、平均的居住人数或调查编码等。

栅格单元值(或代码)之间通常具有一对多的关系,并将栅格单元的个数赋给这个代码。例如,在土地利用网格上,有400个单元或许与值4有关(代表单一家庭住宅),150个单元与值5有关(代表商业分区)。

代码值在栅格数据中可以出现多次,但在属性表中仅出现一次,用于存储与代码有关的附加属性。这种设计减少了存储和简化了数据更新。对于一个属性的单个变化,可以用于数百个值。

栅格单元的数值类型有名义型、序数型、区间型、比率型等。

名义数据值标识和区分不同的实体。这些值用于建立与单元有关的位置上的地理实体的分级、分组、个数或分类。这些值可能是一个实体的品质值,也可能不是一个品质值,可能与一个固定的点或线性尺度没有关系。土地利用的代码、土壤类型或其他属性特性都属于这一类取值。

序数值定义了一个实体相对于另一个实体的排序。值代表实体所处的排位,如第一、第二、第三等。但它们没有大小或相对的比例之分。它们可以区分实体的品质,如这个比那个更好等。

区间值表示在一个尺度上的测量值,如每天的时间、温度变化、pH 值等。这些值位于一个标定的尺度上,与实际的零点没有关系。区间值之间可以相互比较,但与零点的比较没有意义。

比率值是相对一个固定的或有意义零点尺度上的测量值。可以对这些值进行数学运算,以获得预测或有意义的结果,常用于年龄、距离、权重或植被指数等。

栅格数据是按照栅格数据所表达的类型分层组织和存储的。在 GIS 数据库中,对于分层的栅格数据的存储结构有三种基本方式,如图 3-28 所示。

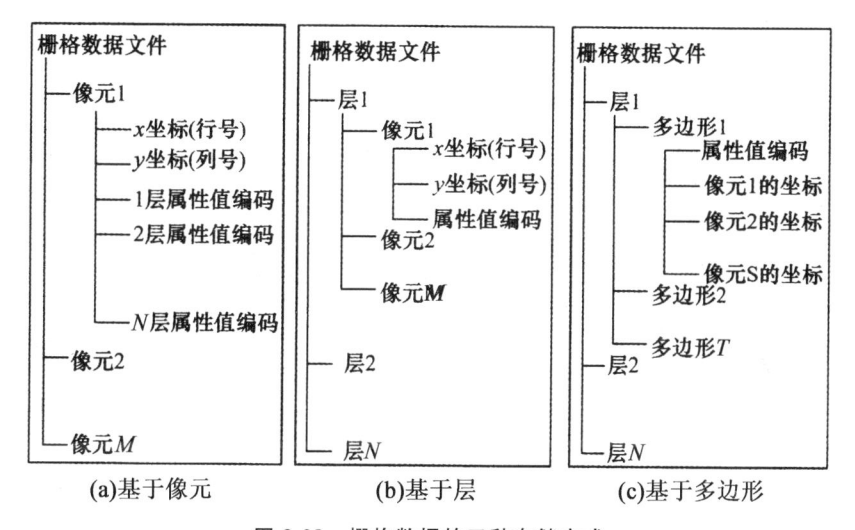

图 3-28 栅格数据的三种存储方式

① 基于像元。以像元作为独立存储单元,每个像元对应一条记录,每条记录中的记录内容包括像元坐标及其属性值的编码。不同层上同一个像元位置上的各属性值表示为一个数组。

② 基于层。以层作为基础,每层又以像元为序,记录坐标和属性值,一层记录完后再记录第二层。

③ 基于多边形。以层作为基础,每层以多边形为序,记录多边形的属性值和充满多边形的各像元坐标。

在数据无压缩存储的情况下,栅格数据按直接编码顺序进行存储。所谓直接编码,是将栅格数据看成一个数字矩阵,数据存储按矩阵编码方式存储。栅格单元的记录顺序可按图 3-29 所示的顺序记录。

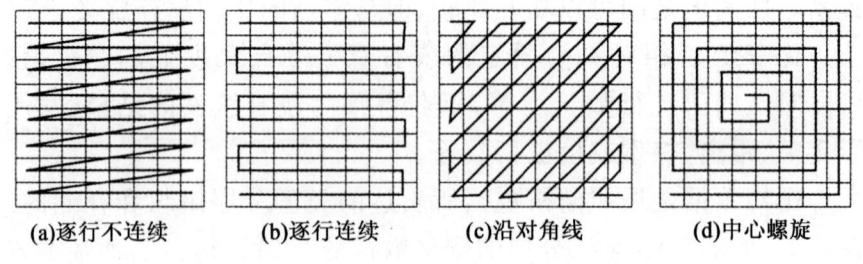

(a)逐行不连续　　(b)逐行连续　　(c)沿对角线　　(d)中心螺旋

图 3-29　栅格数据单元的存储顺序

根据栅格单元的邻近性特点,栅格单元的记录顺序可以按照特定的编码顺序记录,如 MORTON 编码、HILBERT 编码或 GRAY 编码等,如图 3-30 所示。

MORTON编码　　　　HILBERT编码　　　　GRAY编码

图 3-30　栅格数据单元的编码存储顺序

3.3.3　连续表面数据模型

表面数据的来源和表达方式主要有如图 3-31 所示的几种形式。

连续表面用于表达有限点数的具有 Z 值的连续场。连续表面数据模型常用的有两种类型,即栅格数据模型和不规则三角网(TIN)模型。常见的应用是对如地形变化这类连续值的建模表达。

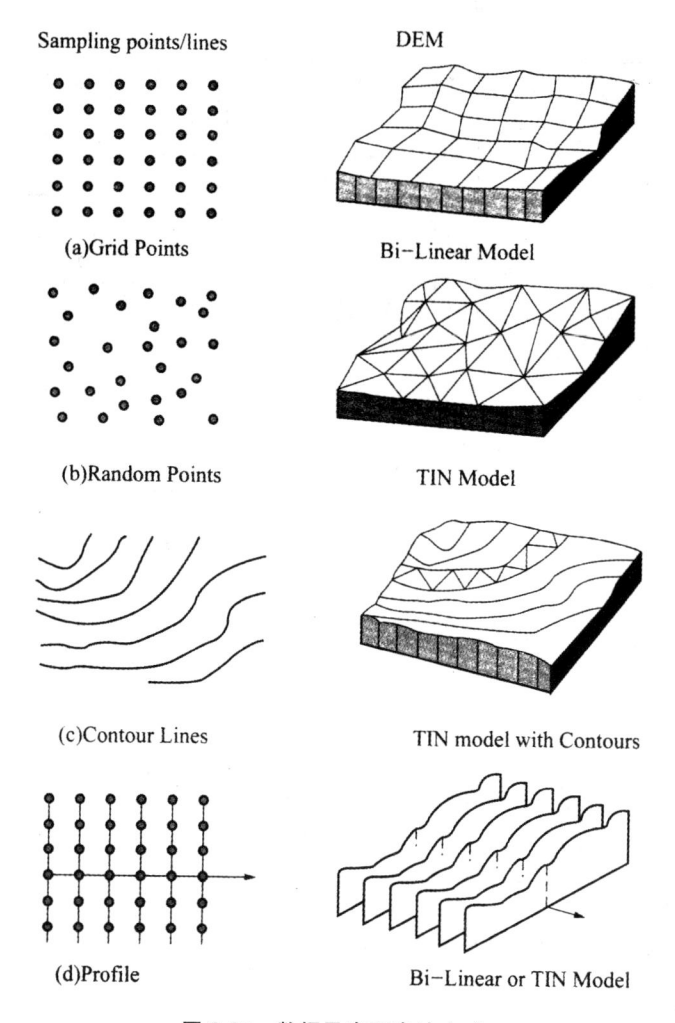

图 3-31 数据及表面表达方式

栅格数据按照采样的位置或 Z 值的插值将表面表达为规则的网格。TIN 将不规则的采样点，按照每个顶点都具有 (x,y,z) 三维坐标的三角形构造成不规则三角网表达为表面。

1. 表面的栅格数据表达

栅格数据采用对具有 Z 值的位置按照均匀间隔的栅格将表面表达为网格，值的位置是网格中心，是数据矩阵形式的，如图 3-32 所示。任意位置的表面估值可以通过网格点的 Z 值直接插值获得,如图 3-33 所示。

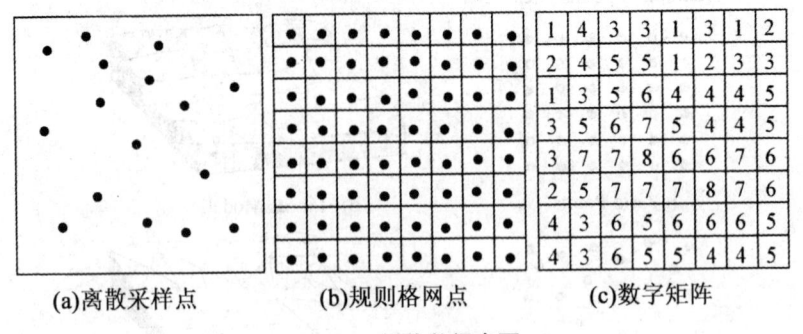

(a)离散采样点　　(b)规则格网点　　(c)数字矩阵

图 3-32　栅格数据表面

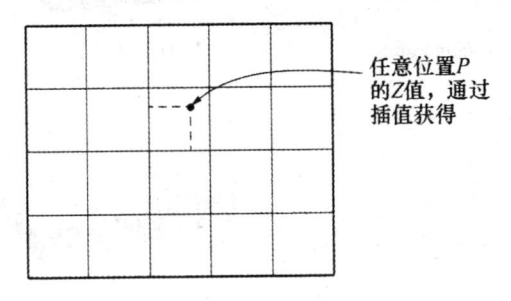

图 3-33　插值示意

栅格单元的大小称为空间分辨率,表示对表面表达精度。使用栅格数据表达表面具有较低的成本,如地形变化的 DEM 数据。栅格数据支持丰富的空间分析功能,如空间一致性、邻近性、离差、最小成本距离、通视性等分析,以及坡度、坡向、体积等计算,可以表现出较快的计算性能。

栅格数据表达表面的缺点是像谷底线、山脊线等特性线不能很好地融入表面不连续性的表达中。一些重要的特征点的位置,如山峰,在采样时可能丢失,这会影响表面的精细表达。

栅格数据适合小尺度的制图应用,位置精度不要求很高,表面特征不要求精细表达。

2. 表面的 TIN 数据表达

表面可以用连续的、不重叠的三角面表达。表面任意位置的值可以通过简单的或多项式插值获得。

由于在地形变化表达时，TIN 的采样点是不规则的，所以对数值变化剧烈的区域采集密集的点，变化平缓区域采集较为稀疏的点，这样有利于产生高精度的表面模型，如数字地形表面。TIN 模型保留了原始表面特征的形状和精确位置。区域特征，如湖泊和岛，可以通过一组闭合的三角形边界表达。线性特征，如谷底线、山脊线，可以通过一组连接的三角形边界表达，山峰可以表达为三角形的顶点。特性线可以作为表面建模的约束条件，实现表面模型的精细建模。

TIN 支持各种表面数据分析，其缺点是不是即时可得的，需要进行数据采集。TIN 适合大尺度的制图应用，位置和表面形状需要精确表达的场合。栅格数据和 TIN 表达表面如图 3-34 所示。

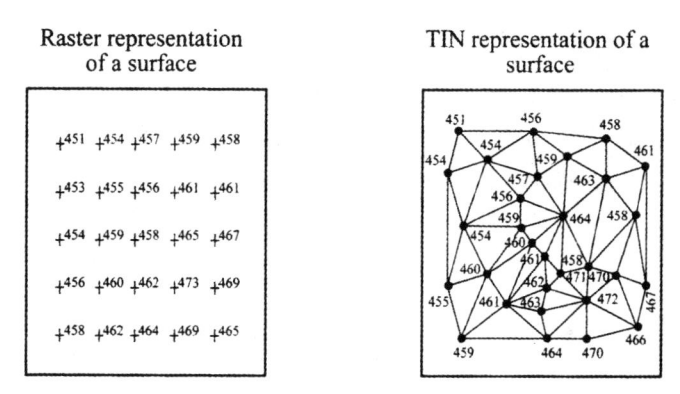

图 3-34　栅格和 TIN 表达

TIN 的定义。构成 TIN 的每个三角形都由具有 (x,y,z) 坐标的 3 个点组成，是一个空间三角面。由这些三角面相互连接，不重叠构成三角网络，如图 3-35 所示。

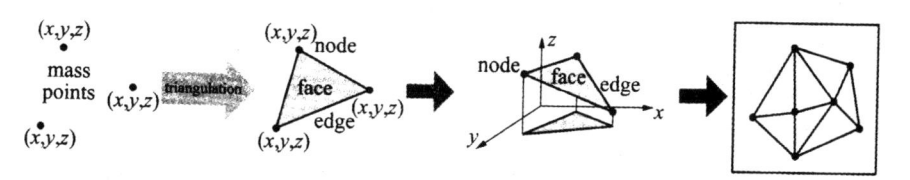

图 3-35　TIN 的构建过程

如果给定一组离散的数据点，构建三角网的可能结果会有多种，不同的方法构建的 TIN 精度有差别。使用狄罗尼多边形作为约束和优化,是其中的一种方法,如图 3-36 所示。

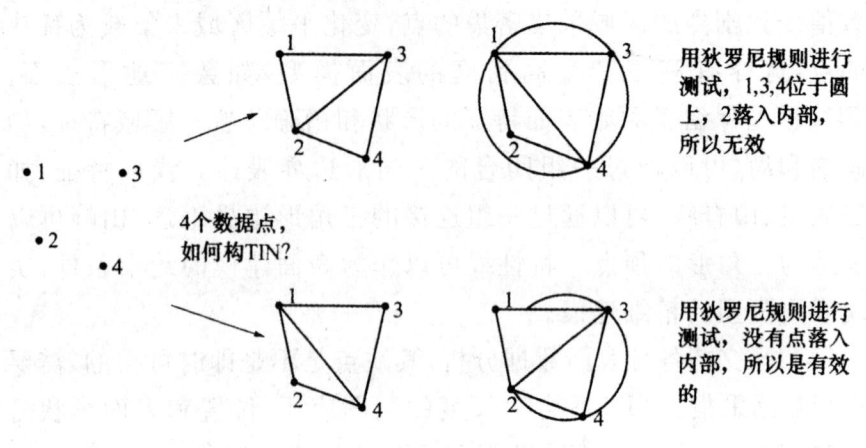

图 3-36　三角网的狄罗尼构建规则

狄罗尼构建规则是对任意一个三角形,根据 3 个顶点绘制一个圆,内部不包含任何其他的三角形顶点。

TIN 除了存储三角网的顶点坐标数据外,还应存储三角形之间的拓扑关系,如图 3-37 所示。

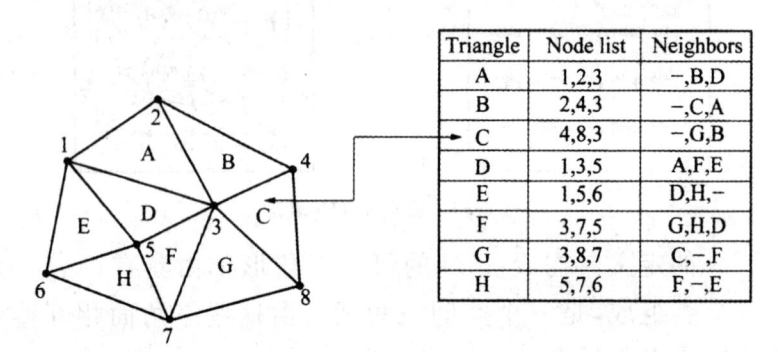

Triangle	Node list	Neighbors
A	1,2,3	-,B,D
B	2,4,3	-,C,A
C	4,8,3	-,G,B
D	1,3,5	A,F,E
E	1,5,6	D,H,-
F	3,7,5	G,H,D
G	3,8,7	C,-,F
H	5,7,6	F,-,E

图 3-37　拓扑关系表达

3. 表面模型的精细化建模

在创建 TIN 时,可以加入一些表面的特征元素作为约束条件,使表达的表面模型更精确、精细和符合实际情况。这些特征元素包括山峰、控制点、等高线、谷底线、山脊线、河流、湖或其他可使用的约束特征元素。这些特征元素的添加会改变 TIN 的表面形状,它们与数据点一同构成 TIN 表面,如图 3-38 所示。

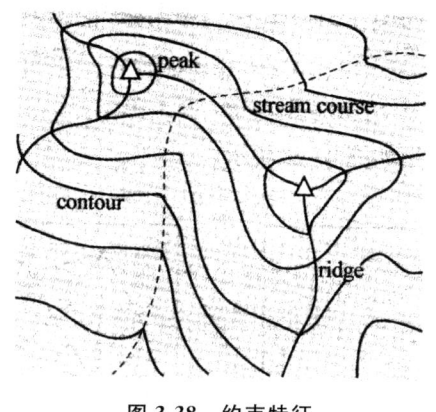

图 3-38 约束特征

点特征具有测量的 Z 值,构网后作为三角形的顶点按原位置和值被保留。

线特征是自然的线性特征线,有两种类型:硬线和软线。硬线是坡度不连续的分界线,如河流的中心线、山脊线、谷底线等。表面总是连续的,但它的坡度变化不一定。硬线保留了表面的剧烈变化特征,改善了对 TIN 的分析和显示。软线允许添加线性特征的边界,但不代表它是表面的坡度不连续性的变化的地方。如添加一条道路到 TIN,但它不会明显改变表面的局部坡度,坡度变化不受它的影响,不参与构网。

面特征是一些多边形区域,有四种类型:置换多边形、擦除多边形、剪裁多边形和填充多边形。置换多边形的边界和内部被赋予了同一个 Z 值,用于替换表面中某个区域的数据点。擦除多边形用于标记多边形的内部所有区域,构网时,仅在这个多边形外部的数据点才参与构网。在进行体积计算、绘制等值线或插值计算时,忽略这些区域。剪裁多边形标记多边形的外部所有区域,构网的数据点仅局限在内部和外部分别构网,是构网的分界线。填充多边形对多边形区域赋给一个整数属性值,不替换 Z 值,不擦除也不剪裁,仅起到补充数据点的作用。

TIN 模型是每个数据点具有单一的 Z 值表面,有趣的是 TIN 表达的表面,其数据点在三维空间,但三角面的拓扑网络被约束在二维空间。因此,有时将 TIN 表面称为 2.5 模型。这种说法还不够准确,准确的说法应该是表面具有在三维空间可量测的点,但每个点仅具有一个 Z 值,Z 值是平面位置 (x,y) 的函数,应称为函数表面。因此,TIN 是一个单值函数的例子,给定一个输入值的位置,仅可以插值得到一个 Z 值。TIN 的一个轻量的限制是不能表示偶尔出现的负斜率表面,如斜率跳变的悬崖或洞穴。这需要使用一些技术来进行处理。特征约束精细化建模的效果如图 3-39 所示。

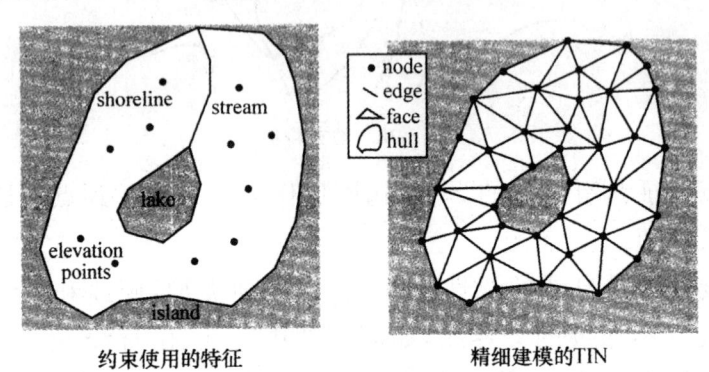

图 3-39 精细化建模

特征约束在建模中的作用如图 3-40 所示。

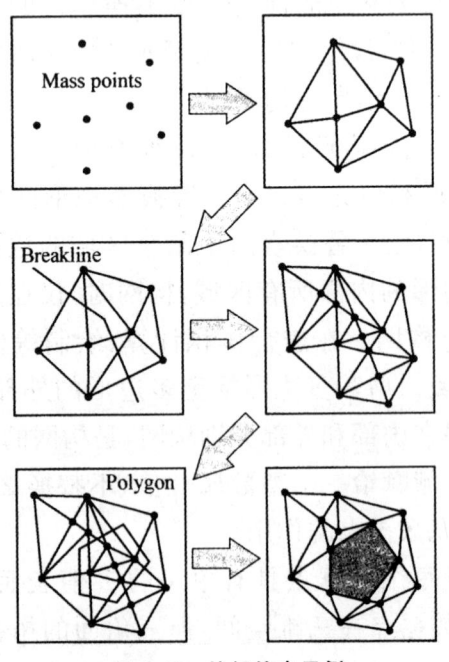

图 3-40 特征约束示例

3.3.4 网络数据模型

网络是 GIS 的一种特殊数据,是建立网络数据分析的基础。网络分析是 GIS 的重要应用分析内容之一。存在于现实世界的网络有多种类型,如电网、电信网、地下管网、河网、路网等。

一个支持网络分析的网络数据模型,由几何网络和逻辑网络两部分组成。几何网络,由线性系统的一组特征组成,是边界和连接点的集合。边界和连接点称为网络特征元素,表现为图形和属性表,如图 3-41 所示。边界特征元素是网络的线性特征元素,如管线、电力线、电线、河流等,一条边界有两个节点。网络的连接点元素是网络线元素彼此互连的连接节点,如装配接头、阀门、消防栓、开关、保险丝、仪表、回合点、测试站点、水质检测设施等,一个节点可以连接任意多的边界。逻辑网络,是与几何网络相联系的,定义非图形化的网络关系,如图 3-41 所示。它与几何网络最大的区别是没有坐标、没有几何特征,但有元素。逻辑网络描述几何网络元素之间可能存在的关系,可能的关系包括一对一、一对多等。元素是与特征相联系的,编辑特征,影响元素。逻辑网络表现为联系表。

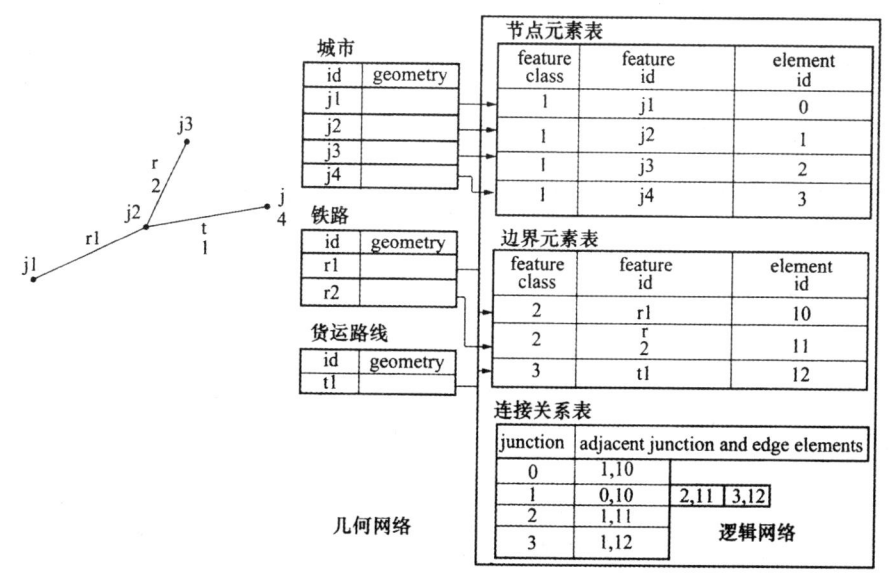

图 3-41 交通系统的几何网络

一个几何网络可以包含任意多的特征元素类。上述例子中，有一个连接点特征类（城市）和两个边界特征类（铁路和公路）。

逻辑网络对应于几何特征，ID 是特征类的标识编码，每个特征类与一个特定的特征 ID 编码对应。逻辑网络对它的元素产生自己的元素 ID 编码。

对网络数据进行建模时，包括以下内容。

1. 简单边界的连接关系

当几何网络的边界连接关系较简单时，可以直接建立逻辑网络，如图 3-41 所示的情况。有时也需要对管段进行简单的分割处理，如图 3-42 所示的情况，将一根管段，通过节点简单分为 3 个管段。

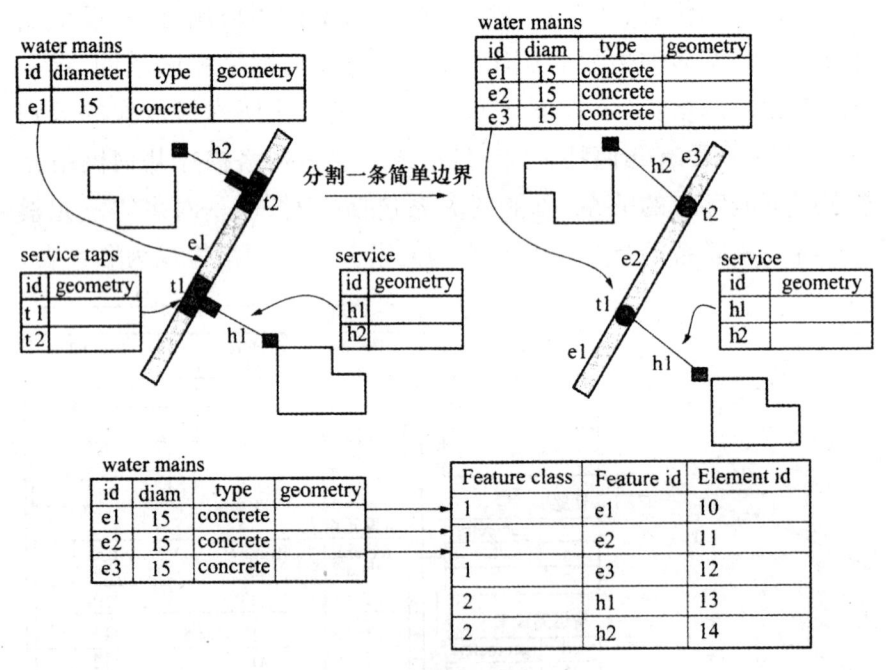

图 3-42　简单边界连接处理

在上述的例子中，有一条主供水管线向两个供水区域供水，根据网络建模的要求，需要在两个供水阀门处增加两个连接点。作为简单边界处理，只需要增加节点，将一条管线简单分为 3 条管段即可。几何特征与逻辑元素之间只有一对一的关系。形成的网络称为简单逻辑网络。本例中仅涉及边界元素，未涉及连接点的情况。

2. 复杂边界连接

构成逻辑网络的管段不能简单分为 3 段，需定义子管段与主管段的关系（图 3-43）。

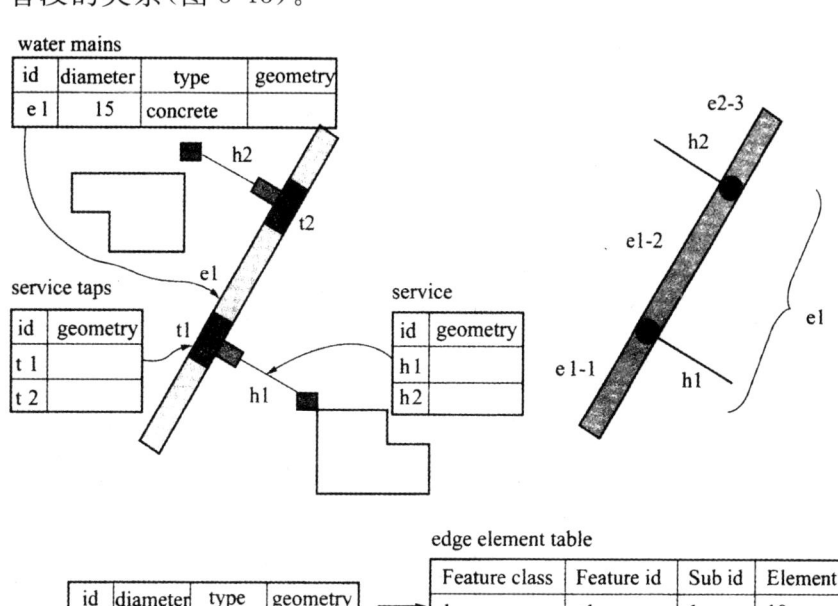

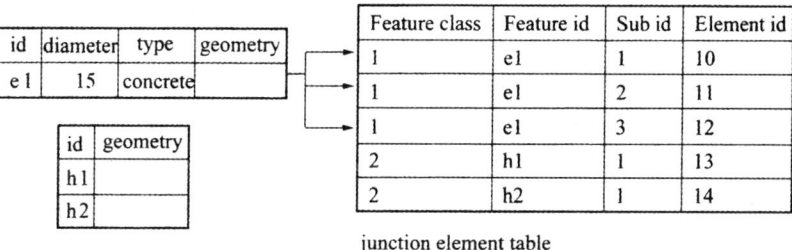

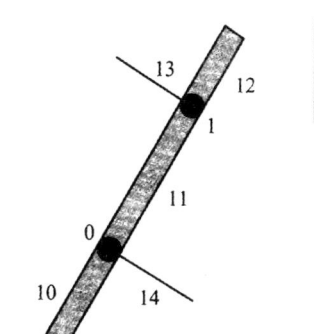

图 3-43 复杂边界连接处理

上述例子中,作为一种复杂边界处理,主供水管线从一条边界特征产生了3个边界元素。每个边界元素被赋予相应的3个子编码(e1-1,e1-2,e1-3)。逻辑网络也作了相应的改变。几何特征与逻辑元素之间只有一对多的关系,形成的网络称为复杂逻辑网络。

3. 复杂的连接点

对于复杂的连接点,需要进行几何和逻辑上的处理,如图3-44所示。

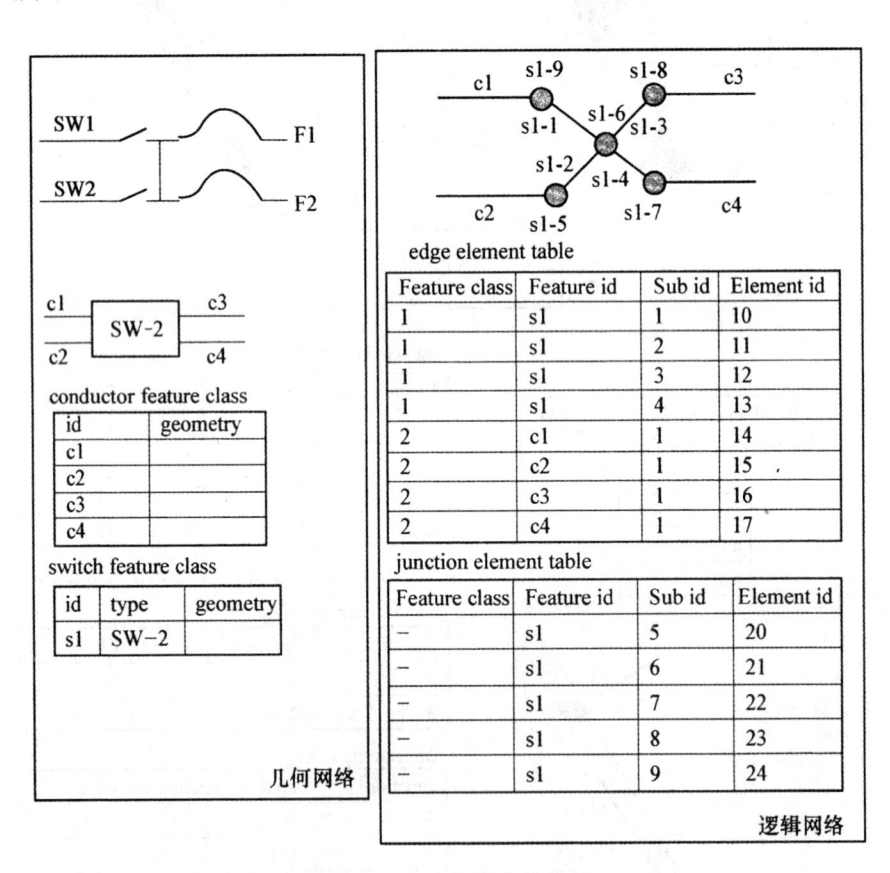

图 3-44 复杂连接点的处理

复杂的连接点处理经常出现在电力网络中。图3-44的例子是两个开关与保险丝的连接情况。在几何网络中,开关被表示为简单的"口"形符号,并标以开关类型 SW-2,以及两条输入和输出线路。在逻辑网络中,这个开关被分解为 4 个边界元素和 5 个连接点元素。

4. 流向定义

对于具有流向的线特征,需要定义流向,如图 3-45 所示。有时可以通过改变节点的顺序实现。

在几何网络中,所有的边界特征都有数字化方向。在上述的河流网络的例子中,水流的方向总是指向汇流点,其方向可能与数字化方向同向,也可能反向。如图 3-45 中的 e1 为反向,e2、e3 为同向。流向属性的定义在逻辑网络的边界元素表中,可能的取值只有两种可能:同向与反向。流向信息的定义是严格的,它影响网络分析的正确性。

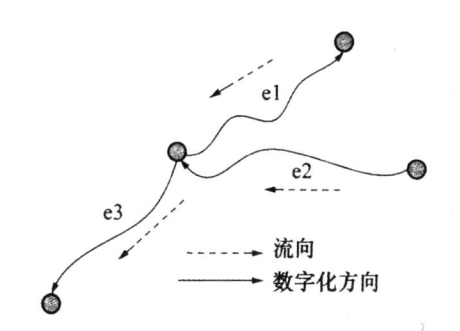

edge feature class

id	geometry
e1	
e2	
e3	

edge element table

Feature class	Feature ID	Sub ID	Element ID	Flow direction
1	e1	1	10	against
1	e2	1	11	with
1	e3	1	12	with

图 3-45 流向定义处理

5. 网络其他属性定义

在进行网络分析时,需要定义网络元素的权重(消费代价、成本),网络标志点(网络分析路线的必经点),网络障碍点(网络元素失效的位置)等,如图 3-46 所示。

权重存储在逻辑网络边界表中。上述例子中的管线直径、长度、经过的时间、速度等都可视为权重元素。图中"△"符号表示网络障碍节点,即资源不允许通过的点。"╉"符号为网络标志点,允许资源通过的必经路线或点 c 网络标志点可分为连接点标志点和边界元素标志点。边界元素的网络标志点还可设置分配资源的百分比值。

pipes

id	diameter	length	geometry
e1	15	65.1	
e2	15	60.3	
e3	15	59.2	
e4	8	48.6	
...			

edge element table

Feature class	Feature id	Sub id	Element id	diameter	length
1	e1	1	0	15	65.1
1	e2	1	1	15	60.3
1	e3	1	2	15	59.2
1	e4	1	3	8	48.6
...					

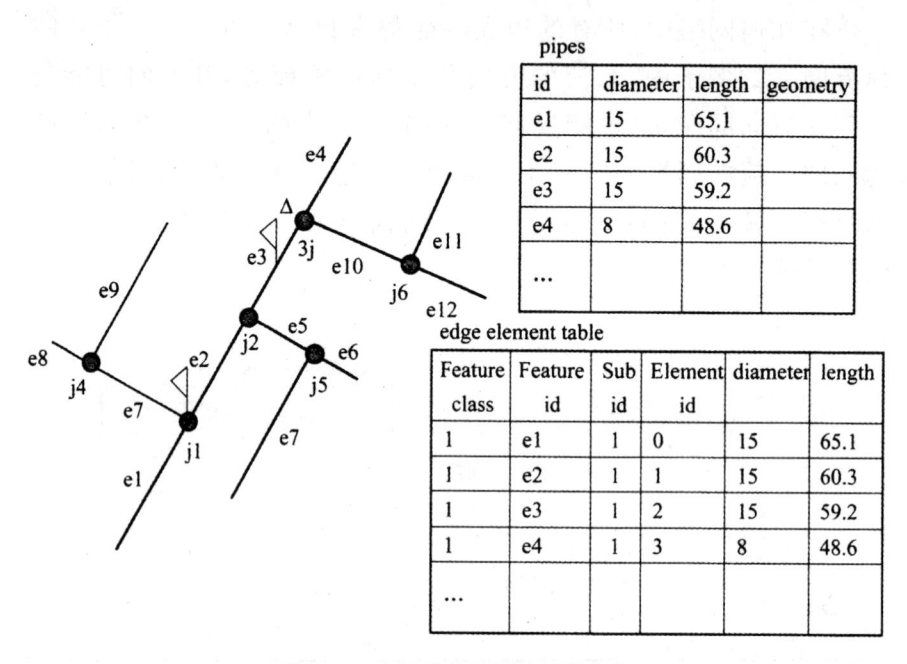

图 3-46 权重及其他网络元素定义

动态分段数据结构是图层与线性量测系统,如里程标志系统结合形成的一种数据结构。在 ArcInfo 中,使用区段、路径和事件3 个基本元素来描述。区段指线图层的弧段和沿弧段的位置。因为线图层的弧段是由一系列真实世界坐标(x,y)构成的,并以真实世界坐标来量测。路径是区段的集合,区段表示诸如高速公路、自行车道、河流等线性对象。与路径关联的属性数据称为事件。诸如路况、事故、限速等事件,均以里程标志类的线性系统量算。但只要事件具有其位置,事件与路径就能联系起来。图 3-47

和表 3-1～表 3-4 说明的是在名为 ROADS 的线图层中，路径 109 是如何编码为 Bikepath 路径系统的。在该图层中含有以细线表示的具有拓扑结构的弧段。以粗阴影线表示路径 109 是 3 个区段的集合，其 ID 号依次为 1、2、3。

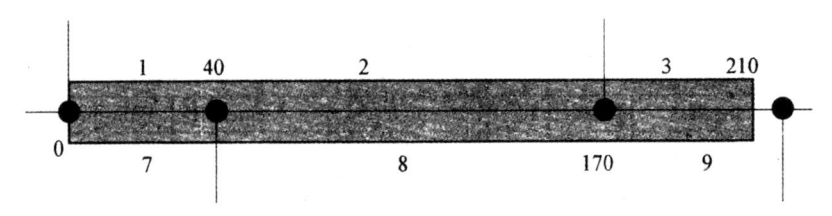

图 3-47 动态分段

表 3-1 区段表

路径链路号	弧段链路号	起始测度	终点测度	起始位置	终点位置	Bikepath#	Bikepath-ID
1	7	0	40	0	100	1	1
1	8	40	170	0	100	2	2
1	9	170	210	0	80	3	3

表 3-2 路径表

Bikepath#	routelink-ID
1	109

表 3-3 点事件表

Bikepath-ID	位置	属性
109	40	停车标志

表 3-4 线事件表

Bikepath-ID	起始位置	终点位置	属性
109	100	120	悬崖

区段表记录了 ROADS 图层中的区段和弧段的联系。区段 1 涉及弧段 7 的全长，因此，起始位置为 0%，终点位置为 100%。

区段 1 的起始测度为 0,因为它是路径 109 的起点,它的终点测度为 40。区段 2 与区段 1 类似,包括弧段 8 的全长,起始、终点测度由区段 1 延续。区段 3 覆盖了弧段 9 的 80%,因而终点位置为 80%。路径表给出了路径的机器编码 1 和用户编码 109。

第4章 地理空间数据的获取

GIS 的数据源有很多,如地图数据、遥感数据、文本资料等。空间数据是地理信息系统的血液,而地理信息系统是围绕空间数据的采集、存储以及分析展开的,因此空间数据的获取直接影响地理信息系统应用的潜力、成本和效率。

4.1 地面测量与地图数字化

4.1.1 地面测量

地面测量即野外直接测量,是获取空间数据的重要途径之一。20 世纪 80 年代以来,用于野外直接测量的仪器有了比较迅速的发展。以全站仪为代表的电子速测仪器已取代传统的光学经纬仪、水准仪和平板仪,使得基于电子平板测量的野外直接采集方法成为空间数据获取的重要方法之一。

1. 全野外数据采集特点

全野外数据采集设备是全站仪加电子手簿或电子平板配以相应的采集和编辑软件,作业分为编码和无码方法,如图 4-1 所示。

全野外数据采集测量工作包括图根控制测量、测站点的增补和地形碎部点的测量。采用全站仪进行观测,用电子手簿记录观测数据或经计算后的测点坐标。与传统平板仪测量工作相比,全野外数字测图具有以下一些特点。

① 全野外数字测量在野外完成观测,不需要手工绘制地形图,测量的自动化程度大大提高。

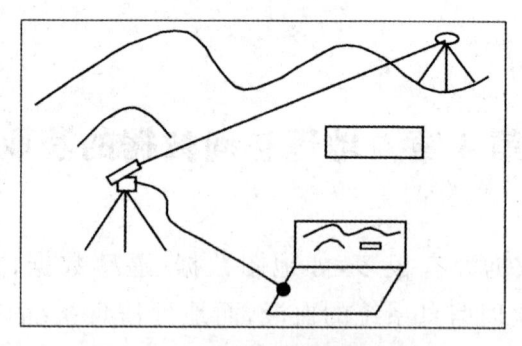

图 4-1 电子平板仪的测量示意图

②数字测图工作的地形测图和图根加密可同时进行。

③全野外数字测图在测区内部不受图幅的限制，便于地形测图的施测，减少了很多常规测图的接边问题。

④虽然一部分规则轮廓点的坐标可以用简单的距离测量间接计算出来，但地面数字测图直接测量地形点的数目仍然比平板仪测图有所增加。地面数字测图中地物位置的绘制直接通过测量计算的坐标点，因此数字测图的立尺位置选择更为重要。

全野外数据采集精度高，没有展点等误差，碎部点平面与高程精度均比传统平板仪成图高数倍，测量、数据传输和计算自动进行，避免了人为错误。

2. 作业过程

全野外地理信息数据采集与成图分为 3 个阶段：数据采集、数据处理和地图数据输出。通常工作步骤为：布设控制导线网，进行平差处理得出导线坐标，采用极坐标法、支距法或后方交会法等获得碎部点三维坐标。此外，也可采用边控制边进行碎部测量的方法，之后平差获得控制成果，再对碎部坐标进行统一转换计算。地面数字测图流程如图 4-2 所示。

4.1.2 地图数字化

地图数字化是将传统的纸质或其他材料上的地图(模拟信号)转换成计算机可识别图形数据(数字信号)的过程，以便进一

第 4 章　地理空间数据的获取

步计算机存储、分析和输出。其主要种类有手扶跟踪数字化和扫描数字化。

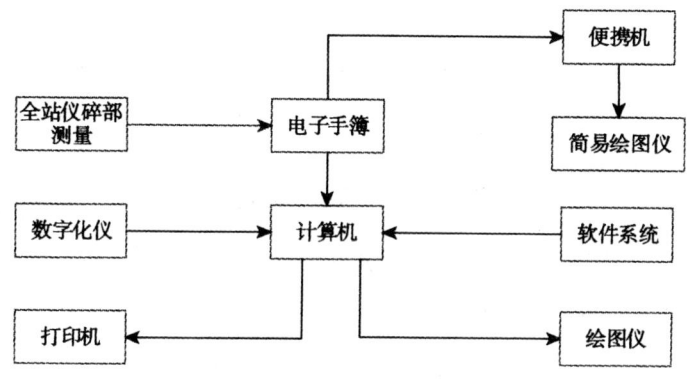

图 4-2　地面数字测图流程

1. 手扶跟踪数字化

(1) 连接数字化仪

由于不同的数字化仪硬件接口不完全相同，所以在进行数字化仪连接时有一系列参数需要设置。图 4-3 所示为 GeoStar 软件连接数字化仪的参数设置对话框。其中通信口、数字化仪型号、通信的波特率、数据停止位、奇偶校正位等是基本参数。数字化板感应原点、数据流方式、分辨率、输出格式等属于高级参数的设置。一般情况下，按照说明书，设置基本参数即可。

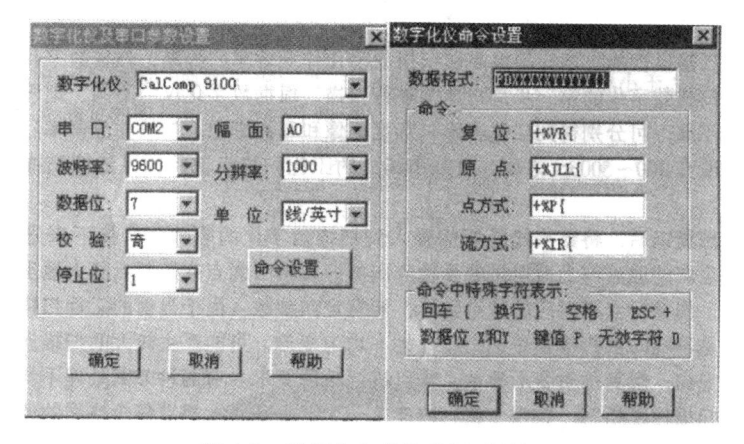

图 4-3　图板定向参数设置对话框

数字化仪参数设置有如下两种方式：

①硬设置，软件已规定了各种仪器的通信接口的参数和数字化板上的硬件位设置方式；

②硬件上的设置不动，只要在软件接口中设置基本参数和高级参数。

(2)图板定向

定向的地面坐标(X_i,Y_i)为图板上地图的图廓点或大地控制点，用数字化仪的游标十字丝对准相应的图廓点或控制点，系统自动读取这些坐标(x_i,y_i)，将这两组坐标按照下列方程式列出误差方程：

$$x_i=a_0+a_1X_i+a_2Y_i$$
$$y_i=b_0+b_1X_i+b_2Y_i$$

采用最小二乘法可解算变换参数。若要考虑图形的非线性变形，可采用双线性或二次多项式变换公式。

图板定向后，软件系统一般报告定向误差，若误差超限，则重新定向。

(3)图形数字化

图形数字化通常采用流方式作业，即将十字丝置于曲线的起点并向计算机输入一个按流方式数字化的命令，让它以等时间间隔或 X 和 Y 方面以等距离间隔记录坐标，操作员则小心地沿曲线移动十字丝并尽可能让十字丝经过所有弯曲部分。在曲线的终点，用命令或按钮告诉计算机停止记录坐标。

此外，有些 GIS 软件在数字化仪上还设置了其他功能。如图板菜单，将系统的部分功能菜单设置在图板上或者将地物分类编码及符号贴在图板上，用户点取符号编码即选择了该类地物。为注记方便，一些常用的字符也贴在图板上，如厕所、沙、塘等，直接使用数字化板进行汉字注记。

2. 扫描数字化

(1)扫描地图

根据数字化仪、地图种类和用户要求的不同，可得到二值影像、灰度影像和彩色影像。目前市场上的工程扫描仪都能满足地图扫描分辨率的要求。

(2) 图形定向

将图廓点或控制点的大地坐标输入到计算机内,用鼠标点取对应的像点坐标,解算定向参数。

在图形定向过程中,有如下两种方案处理不均匀变形误差:

① 扫描标准网格,在每个网格内建立一个误差方程,解算每个网格的改正参数存入计算机,以后用该扫描仪每扫描一张图纸,用这一系列(每个网格)的改正参数,进行误差纠正。

② 扫描有公里网格的地形图时,输入每个网格的大地坐标,即可消除扫描仪和图纸的不均匀误差。

(3) 地图扫描数字化

地图扫描数字化有两种方式:自动矢量化和交互式矢量化。对于分版的等高线图、水系图、道路网等采用自动矢量化效率较高,一般先将灰度影像变换成二值影像,如果是彩色影像还要先进行分版处理,再从多级的灰度影像到二值影像。而对于城市的大比例尺图,可能只有采用交互式矢量化,采取人机交互的方式,对地图上每个图形实体逐条线划进行矢量化。

为了提高作业效率,有些软件增加计算机自动化的功能,如使用 GeoScan 软件,在一个多边形内或外点取一点,计算机能自动提取多边形拐点的坐标。对于一些虚线或陡坎线,系统也能自动跳过虚线或陡坎线的毛刺进行自动跟踪。此外该软件还增加了数字和汉字识别功能,大大提高了地图数字化的作业效率。

4.2 摄影测量

4.2.1 基本原理

摄影测量包括航空摄影测量和地面摄影测量。地面摄影测量一般采用倾斜摄影或交向摄影,航空摄影一般采用垂直摄影。

航空摄影测量的原理如图 4-4 所示。

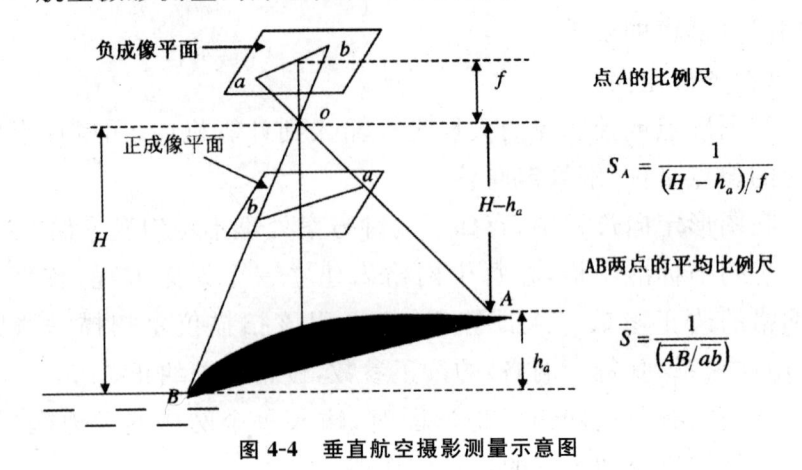

图 4-4　垂直航空摄影测量示意图

航空摄影测量一般采用量测用摄影机,为便于量测胶片,每张相片的四周或四角设有量测框标。如图 4-5 所示,由对边框标的连线相交的点,是相片的几何中心。

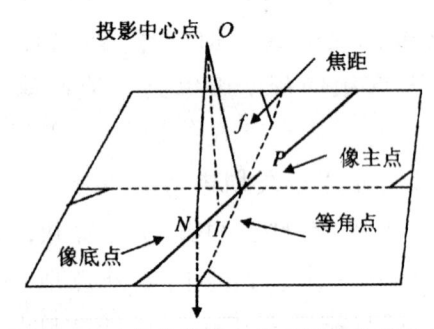

图 4-5　航空相片的像主点、像底点和等角点

航空相片上存在两种主要误差:相片倾斜误差以及由于地形起伏引起的投影误差。航空相片最大的误差是投影差,即地形起伏造成的点位移。由于摄影相片是中心投影,根据中心投影原理可得任一像点比例尺的计算公式为

$$S=1/(H_a/f)=1/[(H-h)/f]$$

式中,H_a 是某一点的航高,H 是绝对航高,h 是该点的高程,f 是相机的焦距。

如图 4-6 所示,设某点 A 的参考平面 A_0 的航高为 H,该点对应的高程为 h_a,相片上该点到像底点的距离为 n_a,则该点的投

影差为

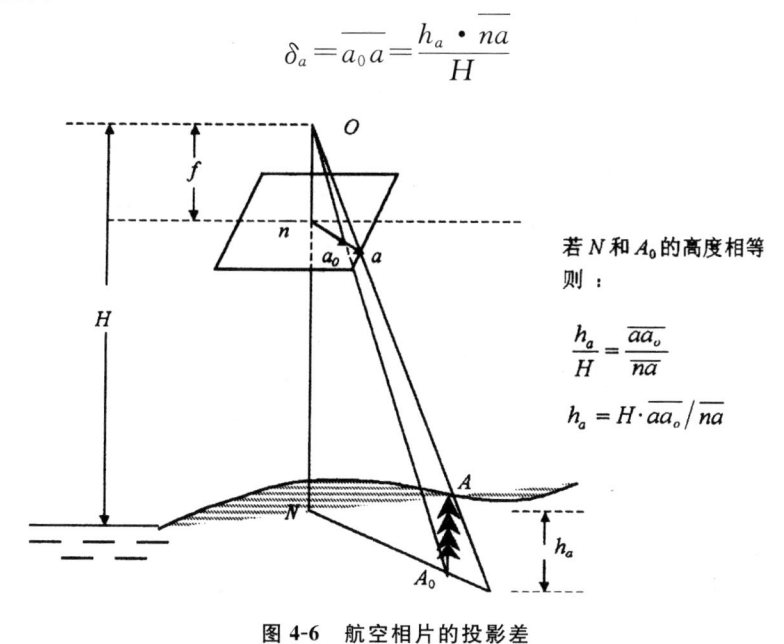

$$\delta_a = \overline{a_0 a} = \frac{h_a \cdot \overline{na}}{H}$$

若 N 和 A_0 的高度相等则：

$$\frac{h_a}{H} = \frac{\overline{aa_o}}{\overline{na}}$$

$$h_a = H \cdot \overline{aa_o} / \overline{na}$$

图 4-6　航空相片的投影差

4.2.2　摄影测量的方式

1. 立体摄影测量

摄影测量有效的方式是立体摄影测量，它对同一地区同时摄取两张或多张重叠的相片，在室内的光学仪器上或计算机内恢复它们的摄影方位，重构地形表面，即把野外的地形表面搬到室内进行观测。立体摄影测量原理的示意图如图 4-7 所示。

2. 解析摄影测量

解析摄影测量除用于解析空中三角测量的像点坐标观测以外，主要用于数字线画图的生产。如测量一条道路，仅需用测标切准道路中心点，摇动手轮和脚盘，得到测标轨迹的坐标，即为道路的空间坐标数据。

解析摄影测量方法是获取高精度数字高程模型的重要手段。最直接最精确的方法是直接量测每个网格的高程值，设定 X、Y

方向的步距，人工立体切准网格高程点，可直接得数字高程模型。

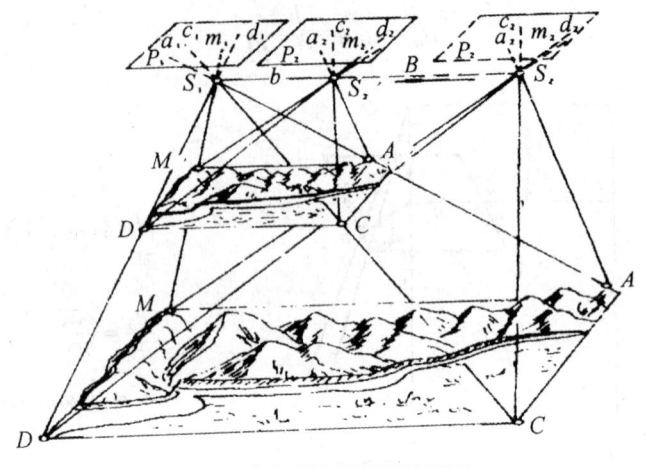

图 4-7 立体摄影测量的原理

3. 数字摄影测量

数字摄影测量继承立体摄影测量和解析摄影测量的原理，在计算机内建立立体模型。由于相片进行了数字化，数据处理在计算机内进行，所以可以加入许多人工智能的算法，使它进行定向。此外，还可以自动获取数字高程模型，进而生产数字正射影像。甚至，数字摄影测量可以通过加入某些模式识别的功能，从而自动识别和提取数字影像上的地物目标。

我国用数字摄影测量方法生产数字高程模型和数字正射影像的技术已经成熟，并且处于领先地位，如武汉测绘科技大学和中国测绘科学研究院都推出了实用系统。在数字线画图的生产中，一般采用人机交互方法，类似于解析测图仪的作业过程。

4.3 遥感

4.3.1 遥感数据

航空相片是一种特殊而又应用最广泛的遥感数据，现将航空相片与遥感数据列表进行比较，然后进一步介绍各类遥感数据的特点。较之野外测量或野外观测,遥感数据有下列优点。

①空间详细程度高。

②增大了观测范围。

③能够进行大面积重复性观测。

④能够提供大范围的瞬间静态图像。

⑤大大加宽了人眼所能观察的光谱范围。

非摄影遥感数据与航空相片资料相比具有的特点归纳见表4-1。

表4-1　非摄影遥感与航空相片资料比较

项目	航空相片	航空遥感	卫星遥感
传感器	照相机	多光谱扫描仪 热红外扫描仪 雷达	多光谱扫描仪 热红外扫描仪 雷达
数据载体	胶片、相片	磁带、硬盘、光盘、胶片、相片	磁带、硬盘、光盘、胶片、相片
光谱敏感范围	0.3～0.9nm	0.1nm～1m	0.1nm～1m
光谱分辨率	≥50nm	一般大于3nm	一般大于3nm
光谱波段数	1～3	1～288	1～384
空间分辨率	可达毫米级	20cm～20m	最高可达0.82m
单幅影像覆盖范围	400m×400m 20km×20km	一般大于20km×20km	6km×6km 至整个半球
对光照条件的要求	10:00～14:00 地方时	当光谱小于1m时 日出至日落间 3～16mm时 昼夜均可,受云影响 微波雷达可全天候	当光谱小于1m时 日出至日落间 3～16mm时 昼夜均可,受云影响 微波雷达可全天候
对于气候条件的要求	风暴天不宜	风暴天不宜 阴雨天对雷达无妨	操作于大气层外 不受天气条件影响
数据获取频率	受限于光照和天气条件	受天气条件限制	30分钟至26天

续表

项目	航空像片	航空遥感	卫星遥感
对辐射能量量化的难易程度	难	易	易
摄影方式	中心投影	多中心、多条带	多中心、多条带
几何质量	高	低	低

注：表中数值范围不能随意组合，如卫星遥感空间分辨率可高达 0.82m，而光谱波段可达 384 个。并不意味着有 384 个波段的传感器，其空间分辨率为 0.82m，事实上有 0.82m 空间分辨率的卫星影像只有一波段。而 384 个波段的传感器空间分辨率为 15m，欲知每个卫星传感器的详细资料可参阅宫鹏等（1996）或向数据生产商及其代理商索要。数值范围均是估算出来的，实际范围可能略有出入。

从表 4-1 中可以看出非摄影数据较航空相片易于数字化存储和处理，光谱敏感范围大大加宽，光谱分辨率提高，光谱波段大为增多。光谱分辨率较高的传感器称为成像光谱仪，这类仪器获取的图像上每一点都可以制成光谱曲线加以分析，如图 4-8 所示。

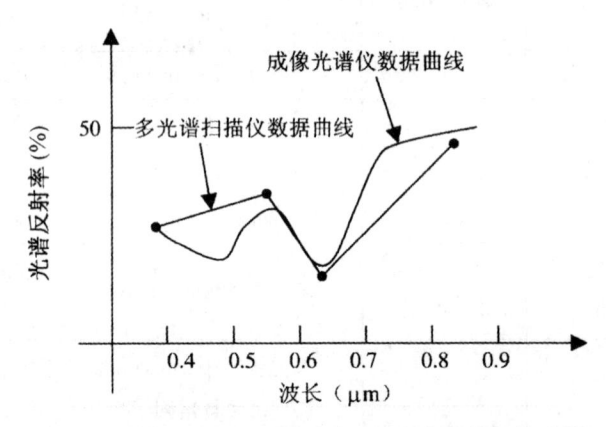

图 4-8 成像光谱仪数据与陆地卫星多光谱数据的比较

遥感中常使用的电磁辐射能的光谱范围如图 4-9 所示。其中，可见光和近红外较适于植被分类和制图，热红外适于温度探测，雷达图像较适于测量地面起伏和对多云地区进行制图，在微波范围也有微波辐射计等传感器，适于土壤水分制图和冰雪探测。

第 4 章 地理空间数据的获取

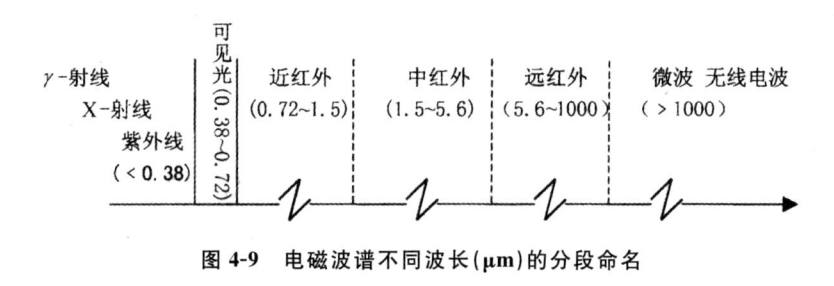

```
γ-射线   可见光   近红外      中红外    远红外      微波  无线电波
X-射线   (0.38~  (0.72~1.5)  (1.5~5.6) (5.6~1000) (>1000)
紫外线    0.72)
(<0.38)
```

图 4-9 电磁波谱不同波长(μm)的分段命名

4.3.2 遥感图像的空间分辨率

航空相片比例尺反映航空相片上对地物记录的详细程度,数字遥感资料则靠空间分辨率来表示,分辨率大的遥感影像记录着更为详细的空间信息。

一般传感器的空间分辨率由其瞬时视场的大小决定,即由传感器内的感光探测器单元在某一特定的瞬间从一定空间范围内能接收到一定强度的能量而定,通过下式得到:

名义分辨率＝图像某行对应于地面的实际距离/该行的像元数

雷达是一种自身发射电磁能又回收能量的主动式系统,其图像有两种分辨率。

①由其发送信号脉冲持续的时间和信号传播方向与地面的夹角决定的,称为距离分辨率。该方向与飞行方向的地面轨迹在平面上几乎垂直。当雷达信号向其飞行底线方向传播信号时,这种分辨率达到无穷大。而在雷达侧视方向随着信号与偏离地底线的角度的增高距离分辨率不断改善,这种成像雷达称为侧视雷达。距离分辨率随地物离雷达的地面距离增加而提高。

②由雷达波束的宽度和地物离飞行底线的距离决定的,这种分辨率被称为方位分辨率。该分辨率量测的是沿平行于飞行底线方向的分辨能力。方位分辨率随着地物离雷达的地面距离的增加而降低。

4.3.3 扫描式传感器特性

扫描式传感器与垂直摄影和倾斜摄影的几何特性如图 4-10

所示。从图中可以看出,水平面上的直线在扫描传感器所得到的图像上会变形,而且任何垂直于平面的物体都在图像上沿垂直于飞行方向向远处移位。

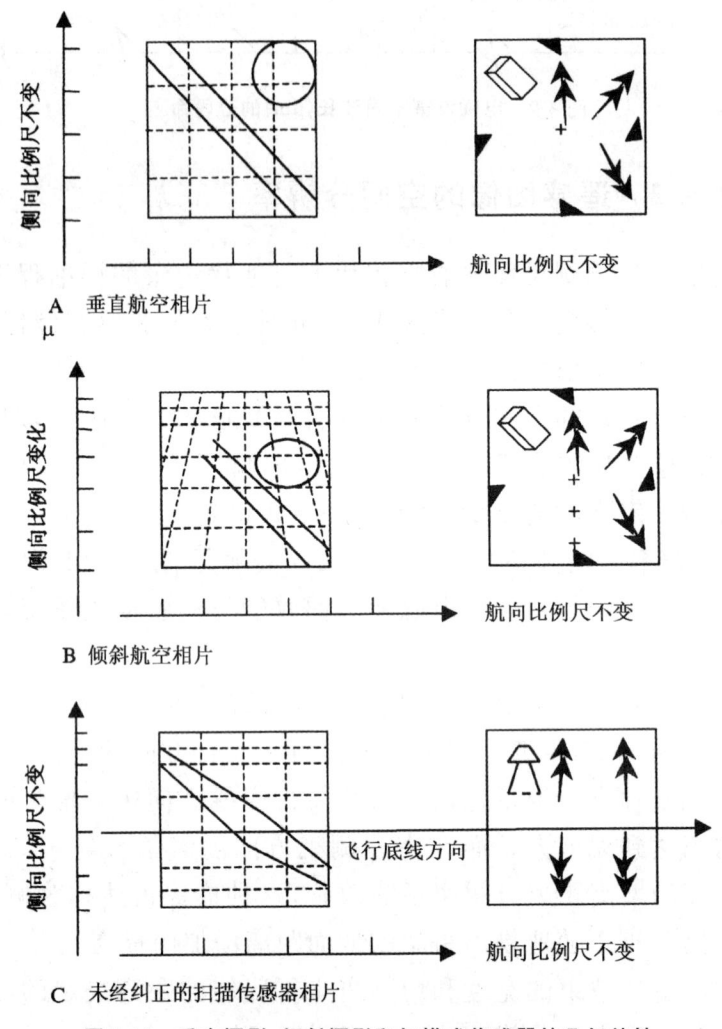

A 垂直航空相片
μ

B 倾斜航空相片

C 未经纠正的扫描传感器相片

图4-10 垂直摄影、倾斜摄影和扫描式传感器的几何特性

当飞行方向与太阳方位平行时,所得图像上森林或高层建筑的阴影可得到均衡分布,即一棵树或一座楼房阴阳面的影像均可得到,这是比较理想的情况。而当飞行方向与太阳方位垂直时,会得到具有阴阳两个条带的图像,即在飞行底线的一侧物体影像基本来自阳面,而在另一侧则基本来自阴面,这会增加对物体的

识别难度。对具有垂直中心投影的航空相片来说,飞行方向与太阳方位无关。

4.3.4 侧视雷达特性

侧视雷达图像航向的变形较复杂,在无起伏的平原地区,同样大小的地物离雷达的距离越近,其在图像上的尺寸越小,而当地形起伏时面向雷达的山坡回射信号强而背坡弱。有时甚至会出现由山顶到山麓的成像倒错,如两排山在垂直中心投影下本应按山峰—山谷—山峰的空间次序排列,在雷达图像上却会以山峰—山峰—山谷的次序排列,如图 4-11 所示。

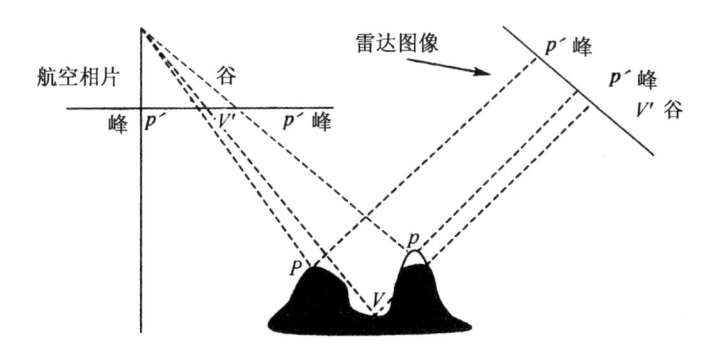

图 4-11 雷达图像的几何特性

由于雷达图像复杂的几何特性,使得水平方向上的几何纠正比航空相片和扫描式遥感影像的几何校正难度大得多,因而雷达影像直接用于专题制图时不多,但是利用雷达影像进行高度测量却可以达到很高精度,这一技术称为雷达干涉测量学。

4.3.5 常用的卫星数据

世界上常用的卫星数据是美国的陆地卫星(Landsat)专题制图仪(TM)、诺阿气象卫星的甚高分辨率辐射仪(NOAA-AVHRR)和法国 SPOT 卫星的高分辨率传感器(HRV)数据。其数据波段、空间分辨率、覆盖范围和对同一地点重访周期见表 4-2。

表 4-2　几种主要对地观测卫星的传感器特性

卫星传感器	波段范围(tan)	空间分辨率	覆盖范围	重访周期	主要用途
Landsat TM	0.45～0.52(蓝) 0.52～0.60(绿) 0.63～0.69(红) 0.76～0.90(近红外) 1.55～1.75(中红外) 10.4～12.4(热红外) 2.05～2.35(远红外)	波段1～5,7 为30m 120m	185km×185km	16天	水深、水色 水色、植物状况 叶绿素、居住区 植物长势 土壤和植物水分 云及地表温度 岩石类型
NOAA AVHRR	0.58～0.68(红) 0.72～1.10(近红外) 3.55～3.93(热红外) 10.3～11.3(热红外) 11.5～12.5(热红外)	1.1km	2400km×2400km	0.5天	植物、云、冰雪 植物、水陆界面 热点、夜间云 云及地表温度 大气及地表温度
SPOT-HRV	0.50～0.59(绿) 0.61～0.68(红) 0.79～0.89(近红外) 0.51～0.73(可见光)	20m 20m 20m 10m	60km×60km	26天 局部重访 2～3天	水色、植物状况 叶绿素、居住区 植物长势 制图

下一代卫星传感器都致力于增加波段、提高分辨率。Landsat 和 SPOT 可从设在北京的中国陆地卫星地面站获得,而 NDAA 影像则可从国家气象中心和许多省气象局或大学(如武汉测绘科技大学)获得。

对于大范围乃至全球变化研究,重要的是美国宇航局发射的中等分辨率成像光谱仪(MODIS),其有 36 个波段覆盖 0.4～14.5μm 的光谱范围。MODIS 在星下点的空间分辨率为 250m(波段1～2),500m(波段3～7),1000m(波段8～36)。这种传感器可以同时探测大气、云、水汽、臭氧、海洋、冰雪、陆地表面等的光谱特性,可以用提取到的大气特征信息,校正对地表覆盖敏感的光谱波段图像,从而使陆地表面制图与全球变化信息的提取更加可靠。

4.3.6 遥感图像处理系统

1. 遥感图像处理系统中遥感数据的流程

能够从宏观上观测地球表面的事物是遥感的特征之一,所以遥感数据几乎都是作为图像数据处理的。图 4-12 所示为处理系统中遥感数据的流程,图 4-13 所示为处理内容的概要。

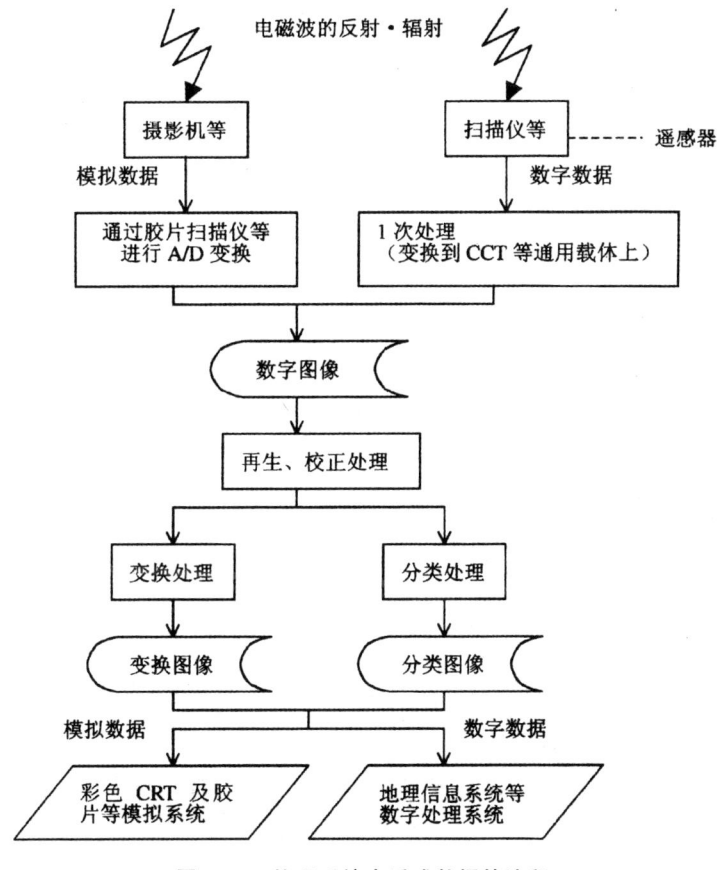

图 4-12 处理系统中遥感数据的流程

2. 遥感图像处理系统的基本功能

以武汉测绘科技大学研制的遥感图像处理系统 Geolrnager 为例,遥感图像处理系统的基本功能如下。

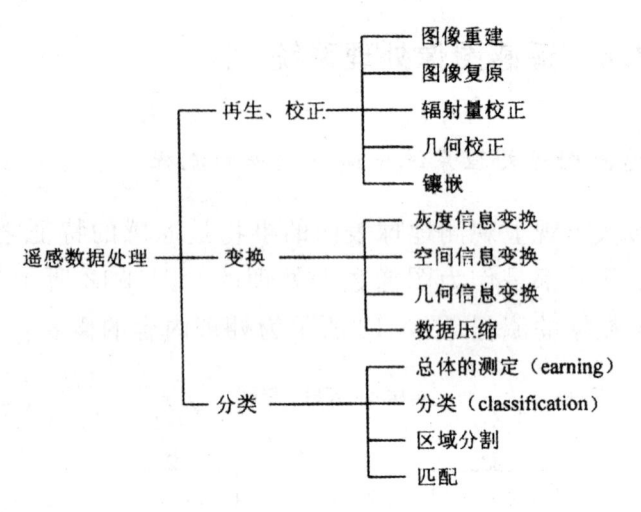

```
                            ┌─ 图像重建
                            ├─ 图像复原
              ┌─ 再生、校正 ──┼─ 辐射量校正
              │             ├─ 几何校正
              │             └─ 镶嵌
              │             ┌─ 灰度信息变换
遥感数据处理 ──┼─ 变换 ──────┼─ 空间信息变换
              │             ├─ 几何信息变换
              │             └─ 数据压缩
              │             ┌─ 总体的测定（earning）
              └─ 分类 ──────┼─ 分类（classification）
                            ├─ 区域分割
                            └─ 匹配
```

图 4-13　遥感数据处理的内容

(1) 图像浏览

图像建立多级金字塔,可以快速缩放和漫游。

(2) 图像编辑

任意形状裁减、粘贴,可以画直线、椭圆、矩形、多边形等。

(3) 图像运算

分为:逻辑运算、比较运算、代数运算等。

(4) 图像变换

方法有:傅里叶(逆)变换、彩色(逆)变换、主分量(逆)变换等。

(5) 图像融合

方法有:加权融合、彩色变换融合、主分量变换融合等。

(6) 遥感图像制图

包括图框设计与图廓整饰信息的输入,地图注记等。

(7) 文件管理

可以打开、关闭图像数据文件,打印输出图像,多种图像数据格式的转入转出,包括:TGA,TIFF,GIF,PCX,BSQ,BMP,BIL,RAW,IMG 等。

(8) 图像统计

可以对多幅图像统计,对多个波段的同一个多边形区域进行统计,可以统计图像之间的相关系数、协方差阵、协方差阵的特征值和特征向量等。

(9)图像分类

方法有:最大似然法、最小距离法、等混合距离法、多维密度分割等;分类后处理方法有:变更专题、统计各类地物面积。

(10)图像增强

方法有:线性拉伸、分段线性拉伸、指数拉伸、对数拉伸、平方根拉伸、LUT 拉伸、饱和度拉伸、反差增强、直方图均衡、直方图规定化等。

(11)图像滤波

方法有:均值滤波、加权滤波、中值滤波、保护边缘的平滑、均值差高通滤波、Laplacian 高通滤波、梯度算子、LOG 算子、方向滤波、用户自定义卷积算子等。

(12)图像几何处理

有图像旋转、镜像、参数法纠正、投影变换、仿射变换纠正、类仿射变换纠正、二次多项式纠正、三次多项式纠正、数字微分纠正、图像镶嵌、图像与图像配准等。

4.4 属性数据获取

属性数据是对目标的空间特征以外的目标特性的详细描述,包含对目标类型的描述和目标的具体说明与描述。

4.4.1 属性数据的输入

随着多媒体技术的发展,属性数据不再局限于字符串和数字,图片、录像、声音和文本说明等也常作为空间目标的描述特性,所以可作属性数据收集和处理。

属性数据一般采用键盘输入:

①对照图形直接输入;

②预先建立属性表输入属性,或从其他统计数据库中导入属

性,然后根据关键字与图形数据自动连接。

4.4.2 属性数据的分类

国家资源与环境信息系统规范将数据分为社会环境、自然环境和资源与能源三大类共 14 小项,并规定了每项数据的内容及基本数据来源。

1. 社会环境

(1)城市与人口

①城镇人口,分县人口总数;人口普查办公室;

②自然村密度(大小,数目,按第Ⅲ级网格);地形图;

③人口分布(按第Ⅲ级网格);人口普查办公室。

(2)交通网

①铁路(双轨,单轨,车站,专用线,长度,运输能力与省界、公路等的交叉点);铁道部;

②公路(省级,县级,公社简易公路,桥梁与省界、铁路和主要河流的交叉点);交通部;

③航运(港口,泊位,船舶吨位,通航路线,水深,季节变化);交通部;

④航空(航线,航班,航空港,运输能力);民航总局。

(3)行政区划

①国界、省、市、县级界线与面积(多边形);外交部、民政部、国家测绘局等;

②省、市、县级管辖区(按第Ⅴ级网格点);城乡建设与环境保护局等;

③城市规划区(按Ⅴ级网格点);

④自然保护区管辖范围;林业部等;

⑤工矿区(油田,禁区,饲养场,旅游点,名胜文物保护区);城乡建设与环境保护局、林业部等。

(4)地名

①城市名称及其中心坐标；

②各县名称及县城中心坐标；

③主要河流、湖泊、山峰、港湾名称及坐标；

④自然地理单元及其区域坐标(山脉、流域、盆地、高原)；地名委员会。

(5)文化和通信设施

①学校、医院等；文化部、教育部、卫生部等；

②科学试验站网点(气象,水文,地震台站等)；

③邮电通信网点；邮电部。

2. 自然环境

(1)地形

①海拔高程(按Ⅴ级格式网点)；

②山峰高程,水库、湖面高程；

③湖泊,水库,水深,大陆架以及海深；

④地形图与遥感资料检索；国家测绘局。

(2)海岸及海域

①分县海岸长度,线段坐标；

②分县岛屿岸线、面积、长度、坐标；

③基本海况:滩涂面积,潮汐,台风,常年风向,底质,温度,海浪等；国家海洋局。

(3)水系及流域

①流域划分界线及面积($100km^2$ 以上与省界交点,控制站点,水库坝址及坐标,分段节点)；

②流域辖区(按第Ⅲ级网格)；

③水系交汇点(坐标,面积)及干、支流等级,长度(交叉点坐标)；水利电力部。

(4)基础地质

①地表岩类或沉积层及其时代；原地质矿产部；

②断层性质(特别是活动性质);原地质矿产部、地震局;

③地球物理观测点(重力、地磁、地震等);原地质矿产部、石油部;

④人工地震(浅层、中层和深部,包括海上);地震局、中国科学院;

⑤地球化学观测点及其特性;石油部、地质矿产部、地震局、煤炭部、中国科学院等;

⑥环境地质(地盘沉降,土壤承压力,滑坡泥石流,崩塌等);原地质矿产部、中国科学院;

⑦地震烈度区划;国家地震局。

3. 资源与能源

(1)土地资源

①地貌类型(包括海岸和浅海);中国科学院、农牧渔业部;

②土壤类型(包括土壤肥力等);中国科学院等;

③土地利用类型;国家测绘局、农牧渔业部、林业部等;

④灾害(风沙,盐碱,台风,雪害,水土流失,旱涝,霜冻,寒潮);气象局、水电部、农牧渔业部、中国科学院等。

(2)气候和水热资源

①辐射量,日照量和云量(按第Ⅲ级网格);中国气象局;

②热量资源(年最高温、最低温、年均温,月均温,积温等);中国气象局;

③降水(年最高,年最低,年、月平均,积雪量等);中国气象局;

④风能;中国气象局;

⑤陆地水文(最高,最低流量,年、月平均流量,含沙量,洪峰,污染等);水电部;

⑥冰川,雪被,冻土;中国科学院、交通部、水电部;

⑦湖泊,水库,港湾;

⑧地下水;水利电力部等。

(3)生物资源

①主要作物,分年的耕作面积,亩产,灌溉面积等;农牧渔业部;

②森林类型、面积,树种,蓄积量、采伐、更新面积;林业部;

③草场类型、面积、产草量、载畜量;农牧渔业部;

④淡水养殖与渔业(种类、面积、产量等);农牧渔业部;

⑤病虫害,减产频率和程度;农牧渔业部;

⑥野生植物,野生动物资源;农牧渔业部、林业部。

(4)矿产资源

①煤炭,泥炭(类型、储量、矿区矿点,生产能力);

②石油、天然气,油页岩(类型、储量、油田、生产能力);

③黑色金属(分类、储量、矿山、生产能力);

④有色金属(分类、储量、矿山、生产能力);

⑤稀土元素(分类、储量、矿山、生产能力);

⑥非金属(分类、储量、矿山、生产能力)。

原地质矿产部、原煤炭部、原石油部、原冶金部、有色金属总公司等。

(5)海洋资源

①海洋能源;

②海洋养殖与水产;

③海底矿产资源;

④海涂资源。

国家海洋局等。

4.5 空间数据获取技术发展

4.5.1 三维激光扫描

数字化快速发展的时代,人们对各种应用需求不断深入,三维数据的采集已成为一种新的需求和趋势。

然而,当有时需要采集海量点云为 GIS 提供数据源,描述复杂结构的表面时,单点定位测量方法和摄影测量方法都有不足,如采集效率低、三维建模过程复杂、景深不足等,三维激光扫描技术的出现为解决问题提供了很好的方法。

借助于计算机软件处理,用点、线、多边形、曲线、曲面等形式将立体模型描述出来,便可以实现三维实体在计算中的快速重建。地面三维激光扫描系统是一种集成了多种高新技术的新型空间信息数据获取手段,其工作原理如图4-14所示。

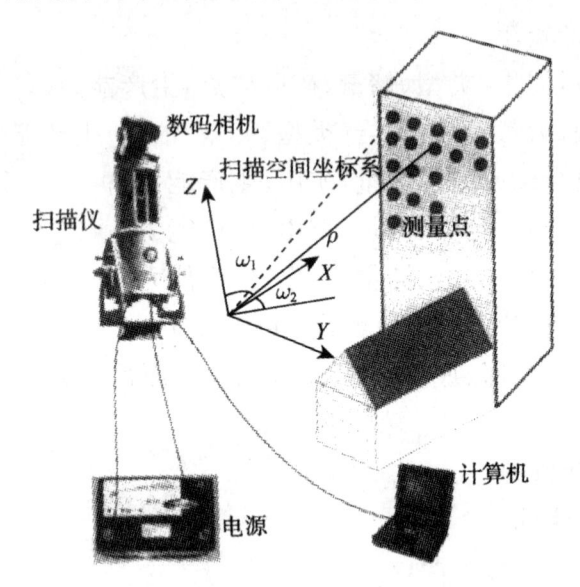

图4-14 地面三维激光扫描仪工作原理

4.5.2 合成孔径雷达(SAR)

合成孔径雷达是一种利用微波进行感知的主动传感器,也是微波遥感设备中发展最迅速和最有成效的传感器之一。和光学传感器、红外传感器等传感器相比,合成孔径雷达成像不受天气、光照条件的限制,可对目标进行全天候的侦察。

此外,不同波段、不同极化、不同体制的SAR系统的出现,使得人们不仅可以灵活地、全方位地实现对地观测,而且可以实现干涉测量(InSAR)、地面运动目标指示(GMTI)、隐藏目标探测等多种功能,随着空间技术的发展,多基SAR系统、由多颗卫星组成的星座SAR系统、极化干涉SAR(Pd-In-SAR)等新系统的出现,也极大地丰富了对地观测的手段,丰富了空间数据源。

海洋卫星的成功发射标志着 SAR 已进入了空间遥感领域。1978 年 6 月 27 日，美国国家航空航天局发射了海洋卫星 1 号（SEASAT-A），首次将合成孔径雷达送入宇宙空间，对地球表面 1 亿 km² 的面积进行了观测，并用无线电传输方式把 SAR 数据送回地面。通过对该卫星图像解译，人们获得了大量过去未曾得到过的海洋信息，这引起了地球科学家们的极大兴趣和重视。

20 世纪 90 年代，随着先后 5 颗 SAR 卫星被发射升空，并进行多次的航天飞机成像试验，SAR 系统进入了蓬勃发展阶段。1951 年 3 月，苏联发射了"钻石 1 号"（ALMAZ-1）星载 SAR；1991 年和 1995 年，欧洲太空局（ESA）分别发射了"欧洲遥感卫星 1 号"（ERS-1）和"欧洲遥感卫星 2 号"（ERS-2）；日本于 1992 年发射了"日本地球资源卫星 1 号"（JERS-1）；加拿大于 1995 年发射了"雷达卫星 1 号"（RADARSAT-1）。这些雷达都工作在单一频段、单一极化态，而 ALMAZ-1 与 RADARSAT-1 可以工作在不同的入射角，且 RADARSAT-1 还增加了 SCANSAR 模式，使其一次观测区域增大到 500km。

4.5.3 GPS 演变 GNSS

全球导航卫星系统（GNSS）是以人造地球卫星作为导航台的星基无线电导航系统，可为全球陆地、海洋、天空的各类军用载体提供全天候、高精度的位置、速度和时间信息。

GNSS 是对美国的全球定位系统（GPS）、俄罗斯的格洛纳斯系统（GLONASS）、欧洲的伽利略（Galileo）和中国的北斗卫星导航系统（BDS）等单个卫星导航定位系统的统一称谓，也可指代它们的增强型系统。现有的增强系统主要分为以下两类。

①陆地增强系统（GBAS），如美国的海事差分 GPS（MDGPS）、澳大利亚的陆基区域增强系统（GRAS）；

②利用地球静止或同步卫星建立的星基增强系统（SBAS），如美国的广域增强系统（WAAS）、欧洲的静地星导航重叠服务（EGNOS）等。

1. GNSS 的系统构成

GNSS 由空间星座部分、地面监控部分和用户设备部分组成。

(1)空间星座部分

空间星座部分的主体是运行在轨道上的一定数量的卫星,每一颗卫星一般配置有多台高稳定的原子钟,其中的一台被选中作为时钟和频率标准的发生器,它是卫星的核心设备,卫星各个信号层次的产生和播发都直接或间接地由该频率标准源驱动,从而使得所有这些信号层次在时间上保持同步。

在地面监控部分的监控下,不同卫星之间的时钟相互保持同步。卫星所发射的导航信号除了蕴含着信号发射时间信息以外,它还向外界传送卫星轨道参数用来帮助接收机获得定位的数据信息。

(2)地面监控部分

地面监控部分负责整个系统的平稳运行,通常至少包括若干个组成卫星跟踪网的监测站、将导航电文和控制命令播发给卫星的注入站和一个协调各方面运作的主控站,其中主控站是整个 GNSS 的核心。

地面监控部分主要执行如下一些功能:计算各颗卫星的轨道运行参数;监视卫星发生故障与否,发送调整卫星轨道的控制命令;计算各颗卫星的时钟误差,以确保卫星时钟与系统时间同步;跟踪整个星座卫星,测量它们发射的信号;更新卫星导航电文数据,并将其上传给卫星;计算大气层延时等导航电文中所包含的各项参数;启动备用卫星,安排发射新卫星等。

(3)用户设备部分

用户设备部分通常指 GNSS 接收机,其基本功能是接收、跟踪 GNSS 卫星导航信号,通过对卫星信号进行频率变换、功率放大和数字化处理,求解出接收机本身的位置、速度和时间。

2. GNSS 的信号结构

尽管 GPS、GLONASS、Galileo 和 BDS 4 个系统的信号参数不尽相同,但总体上信号结构可分成载波、伪码和数据码。

(1) 载波

载波是无线电中 L 波段不同频率的电磁波,其主要作用是传送伪码和数据码,即首先把伪码和数据码调制在载波上,然后再将调制波播发出去,此外载波还可以作为一种测距信号来使用。

(2) 伪码

伪码由"0"和"1"组成,是一种二进制编码,对电压为 ±1 的矩形波,正波形代表"0",负波形代表"1",一位二进制数为 1bit 或一个码元。

不同系统的伪码具有不同的码元宽度、码率和周期等特征参数。伪码的主要功能是测定从卫星到接收机间的距离,因此也被称为测距码。

(3) 数据码

数据码指由 GNSS 卫星向用户播发一组包含卫星星历、卫星工作状态、时间系统、卫星时钟运行状态、轨道摄动改正、大气折射改正等重要数据的二进制码,是导航电文。它是利用 GNSS 进行导航定位时一组必不可少的数据。

3. GNSS 定位方法

GNSS 定位的基本原理本质上都是相同的,定位精度主要取决于定位模式和观测值类型。

(1) 单点定位

单点定位的本质是空间测距交会。当用户接收机在某一时刻同时测定接收机天线至 4 颗卫星的距离 ρ_1、ρ_2、ρ_3、ρ_4 时,只需以 4 颗卫星为球心,测得的距离为半径,即可交会出用户接收机天线的空间位置,其数学模型为

$$\rho_i = [(X_i - X)^2 + (Y_i - Y)^2 + (Z_i - Z)^2]^{1/2}, i = 1, 2, 3, 4$$

式中,X,Y,Z 为卫星的三维坐标;X_i,Y_i,Z_i 为待测点的三维坐标。因此只要利用数据码计算出当前时刻卫星的空间位置,并同时测定距离,即可计算出位置。

GNSS 信号中伪码和载波都能够实现测定卫星到接收机天线距离的功能,因此相应有伪码单点定位和载波单点定位。

①伪码单点定位。利用伪码观测值、广播星历所提供的卫星星历以及卫星钟改正数建立观测方程,由于误差的影响较为显著,定位精度一般较差,所以这种定位方法在车辆、船舶的导航以及资源调查、环境监测、防灾减灾等领域中应用较为广泛。

②载波单点定位。使用载波观测值,同时还需要高精度卫星星历和卫星钟差及各种精确的误差改正(如地球固体潮改正、海潮负荷改正、引力延迟改正等),可以达到很高的定位精度。实践表明,静态观测 24h 的平面坐标精度可优于 1cm,高程精度可优于 2cm。随着对精密单点定位研究的深入,在未来用户只需用一台接收机即可在全球范围内直接获得高精度的三维坐标。

(2)相对定位

相对定位确定同步观测相同的 GNSS 卫星信号的若干台接收机之间的相对位置。在相对定位的过程中同步观测的接收机所引起的许多误差可以消除或大幅度减弱,从而获得很高精度的相对位置。同样地,根据所用观测值的不同,相对定位也可以分成伪码相对定位和载波相对定位。

①伪码相对定位。通过差分处理,削弱了误差的影响,精度明显提高。根据相对定位距离长短和观测质量好坏,伪码相对定位可达到分米到米级的定位精度。

②载波相对定位。在动态测量的情况下通常称为 RTK 测量。RTK 测量是一种采用载波观测值的实时动态相对定位技术,通过与数据通信技术相结合,能够实时地提供测站点在指定坐标系中的三维定位结果,并达到厘米级精度。载波相对定位是 GNSS 用于 GIS 数据采集时使用的最为重要的方法,极大地方便了需要高精度动态定位服务的用户,因此在工程放样、数字化测

图、地籍测量等工作中应用广泛。

在RTK定位系统中,基准站接收GPS卫星信号并通过无线电数据链实时向移动站提供载波相位观测值和测站坐标信息,移动站接收GPS卫星信号和基准站发送的数据,通过数据处理模块使用动态差分定位的方式确定出移动站相对于基准站的坐标增量,然后根据基准站的坐标求得用户的瞬时绝对位置。

网络RTK(多基准站RTK)是在常规RTK、计算机技术、通信网络技术的基础上发展起来的一种实时动态定位新技术。与常规RTK技术相比,网络RTK技术最大的优点是有效作用范围广、定位精度高,可实时提供厘米级的定位,另外其可靠性、可用性等也较常规RTK有较大的提高。

第 5 章 地理空间数据处理与质量控制

地理空间数据是 GIS 的重要组成部分，如何实现其在计算机中的存储和处理是 GIS 开发的核心问题之一。本章主要介绍对地理空间数据的处理与质量控制，包括对空间数据的编辑、空间拓扑关系及其自动建立、几何变换、常用数据结构的相互转换、空间数据的压缩以及空间数据的质量控制。

5.1 空间数据编辑

空间数据编辑的任务主要有两个方面：一是修改数据生产过程中产生的错误表达；二是将各种形式表达的数据编辑为 GIS 数据建模所要求的表达方式。

5.1.1 数据表达错误的编辑

在数据生产中，或多或少会存在一些错误的表达，这就需要通过数据编辑处理加以改正。图 5-1 所示为常见的表达错误，这些错误主要是位置不正确造成的。

数据表达错误涉及节点、弧段和多边形三种类型。其中，节点错误主要是节点不达、超出和不吻合等。伪节点的情况不一定是错误，可能是表达的折线的角点超出所规定的个数（如 5000 个）造成的。如果节点连接的两条折线的角点个数没有超出一条折线所规定的个数，且两条折线同属一个特征，则这个节点是伪节点，应该删除它。若是节点超出，问题就转化为线的问题，应删除超出的线段。此外，直线悬空也未必一定是错误，如城市的立交道路，如果必须相交，则应增加交点节点。节点不吻合的现象经常发生,应该将不吻合的多个节点做黏合处理。

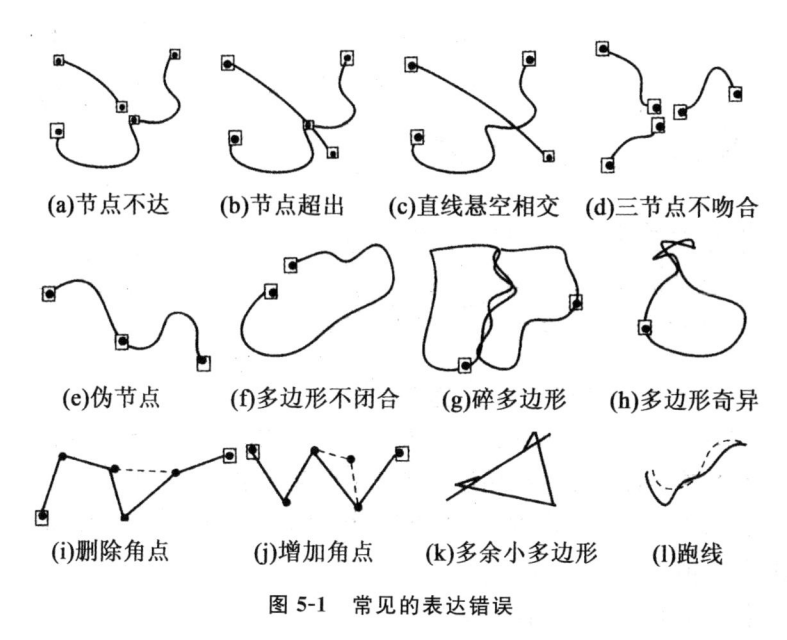

(a)节点不达　(b)节点超出　(c)直线悬空相交　(d)三节点不吻合

(e)伪节点　(f)多边形不闭合　(g)碎多边形　(h)多边形奇异

(i)删除角点　(j)增加角点　(k)多余小多边形　(l)跑线

图 5-1　常见的表达错误

多边形不闭合,则是一条折线,会失去多边形的含义。碎多边形和奇异多边形可能是数字化过程产生的,应加以改正。删除和增加角点,会改变线性特征的形状,应加以适当处理。多余的小多边形必须删除,跑线需要重新数字化或测量。

然而,数据表达错误远不止这些,一些特殊的表达错误需要按照节点、弧段和多边形错误改正方法进行改正,有时需要更为复杂的操作才能完成,如线分割一条线,再删除其某一部分。

5.1.2　空间数据的拓扑编辑

空间对象之间存在空间关系,如几何关系、拓扑关系、一般关系等。如果存在逻辑表达不合理,则也需要进行编辑改正。拓扑编辑主要是基于拓扑规则进行的,在 GIS 软件中,先产生拓扑类,根据拓扑类,定义拓扑规则,按照拓扑规则验证拓扑表达关系是否正确。图 5-2 所示为一些常用的拓扑规则。

(a)来自同一图层的
线或多边形不重叠

(b)来自同一图层的
线或多边形不相交

(c)来自两个图层的
特征必须一致

图 5-2　常用的拓扑规则

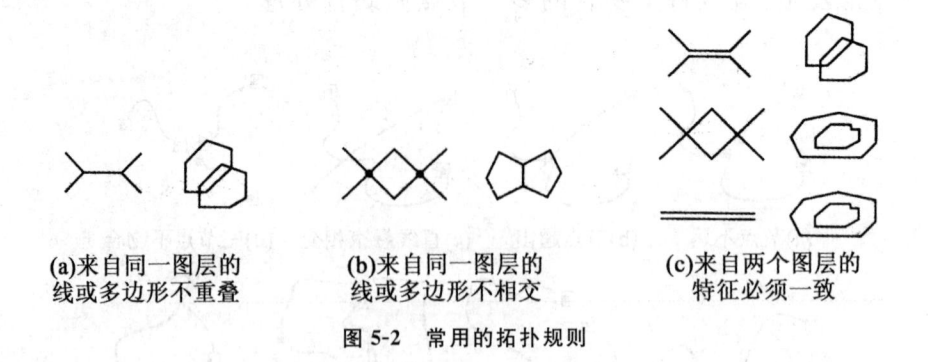

5.1.3　空间数据的值域约束编辑

在空间数据的错误编辑或形状编辑过程中，会影响其属性取值。这也需要一些规则来给编辑后的特征对象进行赋值。属性取值采用值域约束规则，包括范围域、编码域和缺省值等。

范围域通过设置最大和最小值域，对对象或特征类的数字取值进行规则验证，适用于文本、短整型、长整型、浮点型、双精度和日期型的数据类型。

特征的许多属性是分类属性。例如，土地利用类型可以采用一个值的列表作为约束规则，如"居住""工业""商业""公园"等。可以使用代码域随时更新列表约束规则。

在数据输入时，一个经常出现的情形是，对于某个属性，经常使用相同的属性取值。使用属性的缺省值规则，可以为特征类在产生、分割或合并时的子类赋缺省值。例如，选择"居住"为缺省值，当地块产生、分割或合并时进行赋值，适用于文本、短整型、长整型、浮点型、双精度和日期型的数据类型。

一旦设置了上述的值域约束规则，在对象被分割和合并时，就可以为子对象进行赋值。例如，当一个地块被分割为两个时，新的地块的属性取值可能是基于它们各自面积所占的比例赋值。或者将某个属性值直接复制给这两个地块，或者将缺省值赋给新的对象。当合并对象时，新对象的属性值可以是缺省值、求和的值或加权平均值。

5.2　空间拓扑关系与自动建立

5.2.1　空间拓扑关系

在 GIS 中,要想真实地反映地理实体,不仅要包括实体的位置、形状、大小和属性,还必须反映实体之间的相互关系,包括邻接关系、关联关系和包含关系。

如图 5-3 所示,A、B、C、D 为节点;a、b、c、d、e 为线段(弧段);P_0、P_1、P_2、P_3、P_4 为面(多边形)。

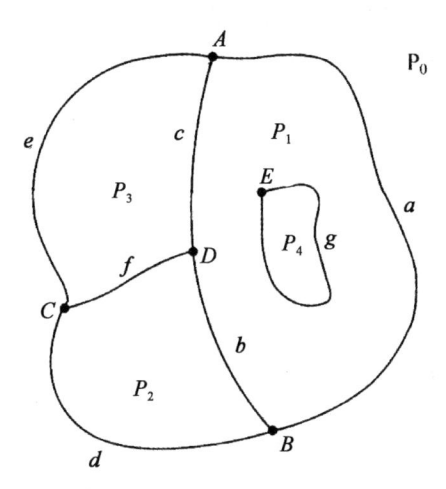

图 5-3　空间数据的拓扑关系

包含关系又有简单包含、多层包含和等价包含等三种形式,如图 5-4 所示。

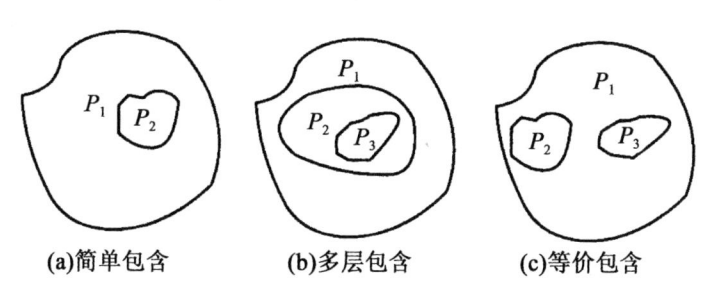

(a)简单包含　　(b)多层包含　　(c)等价包含

图 5-4　面实体间的拓扑包含关系示意图

如果要将节点、弧段、面相互之间所有的拓扑关系表达出来，可以组成4个关系表，见表5-1、表5-2、表5-3和表5-4。

表5-1　面域与弧段的拓扑关系

面域	弧段
P_1	$a,b,c,-g$
P_2	b,d,f
P_3	c,f,e
P_4	g

表5-2　节点与弧段的拓扑关系

节点	弧段
A	a,c,e
B	a,b,d
C	d,e,f
D	b,f,c
E	g

表5-3　弧段与节点的拓扑关系

弧段	节点
a	A,B
b	B,D
c	D,A
d	B,C
e	C,A
f	C,D
g	E,E

表 5-4　弧段与面域的拓扑关系

弧段	左邻面	右邻面
a	P_0	P_1
b	P_2	P_1
c	P_3	P_1
d	P_0	P_2
e	P_0	P_3
f	P_3	P_2
g	P_1	—

5.2.2　拓扑关系的建立

在图形修改完毕后,需要对图形要素建立正确的拓扑关系。在建立拓扑关系时,只需关注实体之间的连接、相邻关系,而不必掌握节点的位置、弧段的具体形状等非拓扑属性。

1. 点线拓扑关系的建立

(1)在图形采集和编辑中实时建立

此时有记录节点所关联的弧段以及弧段两端点的节点的两个文件表,如图 5-5 所示,两条弧段 A_1、A_2 已经数字化,当从 N_2 出发数字化第三条弧段 A_3 时,起始节点首先根据空间坐标,寻找它附近是否存在已有的节点或弧段,若存在节点,则将 N_2 作为它的起节点。到终节点时,进行同样的判断和处理。同理可数字化剩余弧段,最终建立节点与弧段的拓扑关系。

(2)系统自动建立拓扑关系

系统可在图形采集与编辑后自动建立拓扑关系,其基本思想与在图形采集和编辑中实时建立类似,在执行过程中逐渐建立弧段与起、终节点和节点关联的弧段表。

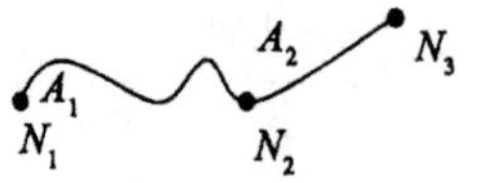

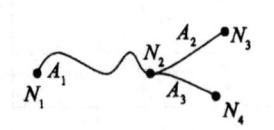

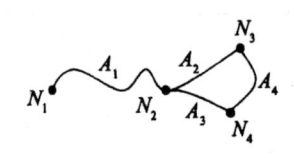

图 5-5 节点与弧段拓扑关系的实时建立

2. 多边形拓扑关系的建立

多边形有三种情况：

①与其他多边形没有共同边界的独立多边形，如独立房屋，这种多边形由于仅涉及一条封闭的弧段，故可以在数字化过程中直接生成；

②具有公共边界的简单多边形，在数据采集时，仅输入边界弧段数据，然后用一种算法自动将多边形的边界聚合起来，从而建立多边形文件；

③嵌套多边形，除了要自动建立多边形外，还需考虑多边形内的多边形。

现以具有公共边界的简单多边形为例，讨论多边形拓扑关系建立的步骤和方法。

(1)进行节点匹配(snap)

图 5-6 为节点匹配示意图，其中端点 A、B、C 由于数字化误差

第 5 章 地理空间数据处理与质量控制

坐标不完全一致,导致不能建立关联关系。因此,以任一弧段的端点为圆心,以给定容差为半径,产生搜索圆,搜索落入该搜索圆内的其他弧段的端点,若有,则取这些端点坐标的平均值作为节点位置,并代替原来各弧段的端点坐标。

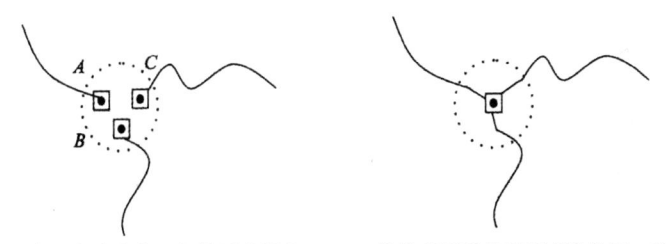

(a)3个没有吻合在一起的弧段端点 **(b)经节点匹配处理后产生的同一节点**

图 5-6 节点匹配示意图

(2)建立节点-弧段拓扑关系

在节点匹配的基础上,对产生的节点进行编号,并产生拓扑关系文件表,如图 5-7 所示。

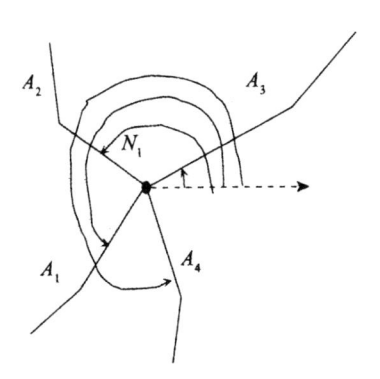

图 5-7 节点处的弧段

(3)多边形的自动生成

多边形的自动生成实际上就是建立多边形与弧段的关系,并将弧段关联的左右多边形填入弧段文件中。

在建立多边形拓扑关系前,应先将所有弧段的左、右多边形都置为空,并将已经建立的节点-弧段拓扑关系中各个节点所关联的弧段按方位角大小排序,如图 5-8 所示。

ID	关联弧段
N_1	A_3, A_2, A_1, A_4

图 5-8　在节点处弧段按方位角大小排序

3. 网络拓扑关系的建立

网络拓扑关系的建立主要是确定节点与弧段之间的拓扑关系,可由 GIS 软件自动完成,其方法与建立多边形拓扑关系相似。在一些特殊情况下,两条相互交叉的弧段在交点处不一定需要节点,如道路交通中的立交桥,在平面上相交,但实际上不连通,这时需要手工修改,将在交叉处连通的节点删除,如图 5-9 所示。

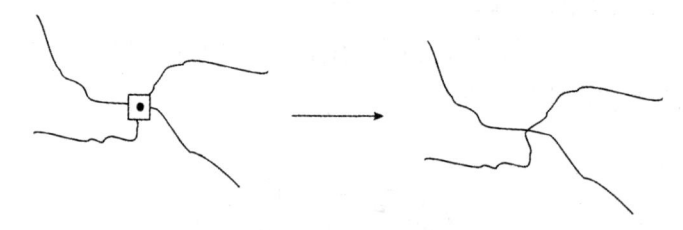

图 5-9　删除不需要的节点

5.3　几何变换

地图在数字化时可能产生整体的变形,归纳起来主要有仿射变形、相似变形等。当纠正这些变形或把数字化仪坐标、扫描影像坐标变换到投影坐标系,或两种不同的投影坐标系之间互相变换时,需要进行相应的坐标系统变换。几何纠正便是要对这些过程中的坐标系变换和图纸变形引起的误差进行改正,即寻求原有数据和纠正后地图数据之间的变换关系式,具体表示为

$$X = f_1(x,y); Y = f_2(x,y)$$

通过变换关系式可将地图上各点的原坐标(x,y)转换成新的坐标(X,Y)。几何纠正的实质是建立两个平面点之间的一一对应关系。

5.3.1 几何纠正

1. 仿射变换

仿射变换是使用最多的一种几何纠正方式,此变换认为两个坐标系之间存在夹角,两坐标轴(x 轴和 y 轴)具有不同的比例因子,坐标原点需要平移,如图 5-10 所示。仿射变换的变换公式为

$$\begin{cases} X = a_1 x + a_2 x + a_3 y \\ Y = b_1 x + b_2 x + b_3 y \end{cases}$$

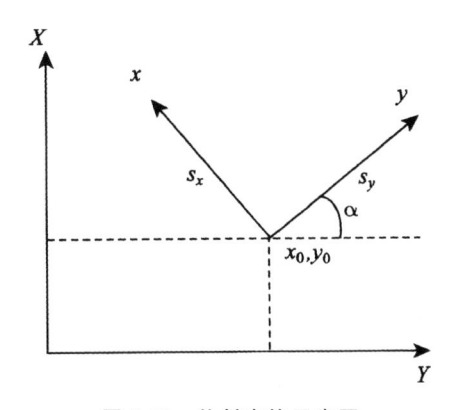

图 5-10 仿射变换示意图

2. 高次变换

将满足高次变换方程的变换称为高次变换,高次变换的变换公式为

$$\begin{cases} x' = a_0 + a_1 x + a_2 y + a_{11} x^2 + a_{12} xy + a_{22} y^2 + A \\ y = b_0 + b_1 x + b_2 y + b_{11} x^2 + b_{12} xy + b_{22} y^2 + B \end{cases}$$

式中,A、B 为二次以上高次项之和。高次变换需要有 6 对以上控制点的坐标和理论值才能求出待定系数。

3. 相似变换

相似变换认为不同坐标系间发生了旋转、坐标原点的平移,但两坐标轴之间具有相同的比例因子(即 x 轴和 y 轴有相同的缩放比),是仿射变换的特殊情况。这种变换至少需要对应坐标系

的2个对应控制点以及4个变换参数,变换公式为
$$\begin{cases} X = A_0 + A_1 x + B_1 y \\ Y = B_0 + B_1 x + A_1 y \end{cases}$$

4. 二次变换

当不考虑高次变换方程中的 A 和 B 时,高次变换方程变为二次方程,符合二次方程的变换称为二次变换。二次变换至少需要5对控制点的坐标及理论值才能求出待定系数,通常适用于原图有非线性变形的情况。

5.3.2 几何变换精度控制

在几何变换中,常用控制点的均方根误差度量几何变换的质量,表示控制点从真实位置到估算位置之间的位移。如果均方根误差在可接受的范围内,则基于控制点的数学模型可用于对整幅地图或图像进行变换。

在有限测量次数中,均方根误差常用表达式为
$$\text{RMSE} = \sqrt{\sum d_i^2 / n}$$
式中,n 为测量次数;d_i 为一组测量值与真实值的偏差。

现讨论在数字地图几何变换中推导均方根误差的计算过程。以某控制点 A 为例,假定其在数字化仪中的坐标为 (x,y),其对应的地图坐标为 $(X_\text{act}, Y_\text{act})$。现进行仿射变换,在估算完6个变换系数后,可将 A 点的数字化仪坐标(变换前的 x 值、y 值)变换后得到坐标 $(X_\text{est}, Y_\text{est})$,理论上 $(X_\text{est}, Y_\text{est})$ 与 $(X_\text{act}, Y_\text{act})$ 应该完全相等,但实际上两者总存在一定的偏差。多个控制点偏差的平均值,便是地图几何变换中的均方根误差,具体计算公式为
$$\text{RMSE} = \sqrt{\left[\sum_{i=1}^{n}(x_{\text{act},i} - x_{\text{est},i})^2 + \sum_{i=1}^{n}(y_{\text{act},i} - y_{\text{est},i})^2\right]/n}$$
式中,n 为控制点数目;$x_{\text{act},i}$、$y_{\text{act},i}$ 分别为 i 控制点的实际地图坐标;$x_{\text{est},i}$、$y_{\text{est},i}$ 分别为 i 控制点估算的地图坐标。

为保证几何变换的精度,控制点的均方根误差必须控制在一

第 5 章 地理空间数据处理与质量控制

定的容差值内。如果 RMSE 误差超过了设定的容差值,那么就需要调整控制点,需要删除对均方根误差影响最大的控制点,重新选择新的控制点。因此几何变换是选取控制点、估算变换系数和计算均方根误差的迭代过程,该过程持续直到获得满意的变换结果为止。

5.4 矢量、栅格数据相互转换

5.4.1 矢量数据

1. 矢量数据的获取方式

矢量数据最基本的获取方式就是利用各种定位仪器设备采集空间数据。例如,利用 GPS、平板测土仪等可以快速测得空间任意一点的地理坐标。通常情况下,利用这些设备得到的坐标是大地坐标(即经纬度数据),需要经过投影方可被 GIS 所使用。

2. 矢量数据结构编码的方法

(1)实体式

实体式数据结构是指构成多边形边界的各个线段,以多边形为单元进行组织。例如,对图 5-11 所示的多边形 A、B、C、D、E,可以用表 5-5 的数据来表示。

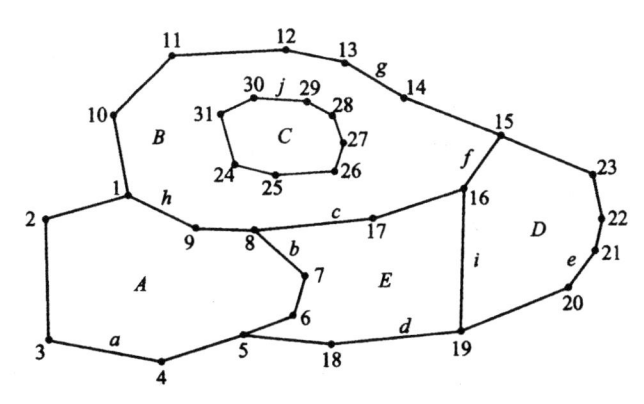

图 5-11 多边形数据

表 5-5　多边形数据文件

多边形	数据项
A	$(x_1,y_1),(x_2,y_2),(x_3,y_3),(x_4,y_4),(x_5,y_5),(x_6,y_6),(x_7,y_7),(x_8,y_8),(x_9,y_9),(x_1,y_1)$
B	$(x_1,y_1),(x_9,y_9),(x_8,y_8),(x_{17},y_{17}),(x_{16},y_{16}),(x_{15},y_{15}),(x_{14},y_{14}),(x_{13},y_{13}),(x_{12},y_{12}),(x_{11},y_{11}),(x_{10},y_{10}),(x_1,y_1)$
C	$(x_{24},y_{24}),(x_{25},y_{25}),(x_{26},y_{26}),(x_{27},y_{27}),(x_{28},y_{28}),(x_{29},y_{29}),(x_{30},y_{30}),(x_{31},y_{31}),(x_{24},y_{24})$
D	$(x_{19},y_{19}),(x_{20},y_{20}),(x_{21},y_{21}),(x_{22},y_{22}),(x_{23},y_{23}),(x_{15},y_{15}),(x_{16},y_{16}),(x_{19},y_{19})$
E	$(x_5,y_5),(x_{18},y_{18}),(x_{19},y_{19}),(x_{16},y_{16}),(x_{17},y_{17}),(x_8,y_8),(x_7,y_7),(x_6,y_6),(x_5,y_5)$

（2）索引式

索引式数据结构采用树状索引以减少数据冗余并间接增加邻域信息，具体方法是对所有边界点进行数字化，将坐标对以顺序方式存储，由点索引与边界线号相联系，以线索引与各多边形相联系，形成树状索引结构。

图 5-12、图 5-13 分别为图 5-11 的多边形文件和线文件树状索引图。

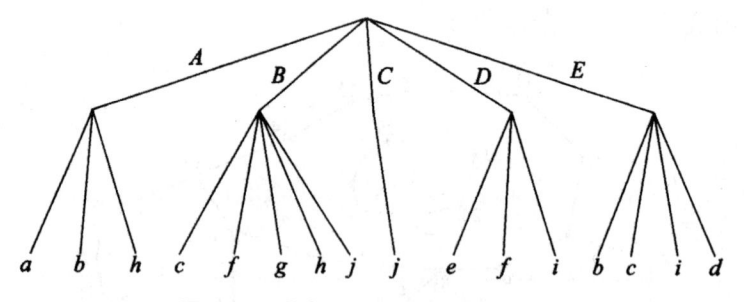

图 5-12　线与多边形之间的树状索引

（3）双重独立式

双重独立式数据结构是对图上网状或面状要素的任何一条线段，用其两端的节点及相邻面域来予以定义。例如，对图 5-14

所示的多边形原始数据,用双重独立数据结构表示,见表 5-6。

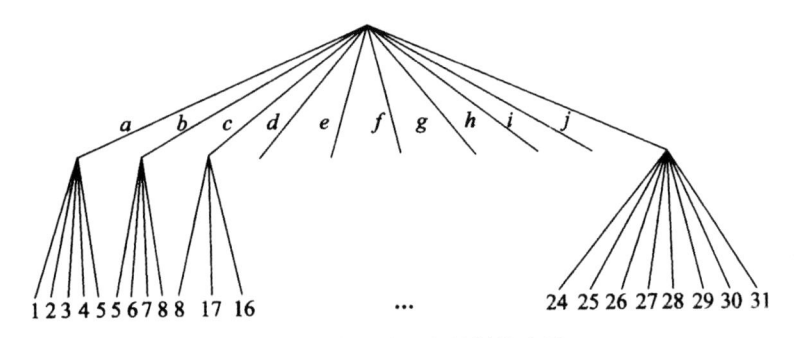

图 5-13　点与线之间的树状索引

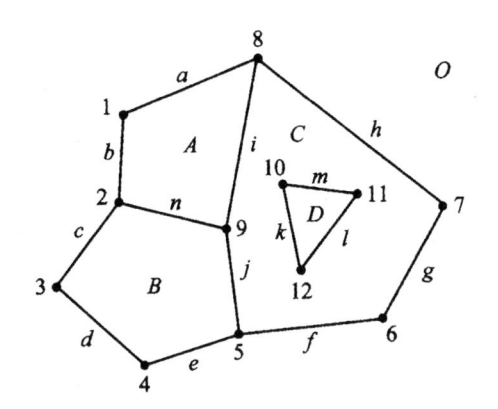

图 5-14　多边形原始数据

表 5-6　双重独立式(DIME)编码

线号	左多边形	右多边形	起点	终点
a	O	A	1	8
b	O	A	2	1
c	O	B	3	2
d	O	B	4	3
e	O	B	5	4
f	O	C	6	5
g	O	C	7	6
h	O	C	8	7

续表

线号	左多边形	右多边形	起点	终点
i	C	A	8	9
j	C	B	9	5
k	C	D	12	10
l	C	D	11	12
m	C	D	10	11
n	B	A	9	2

(4) 拓扑式

拓扑结构编码法在数据编码时，已把关联关系存储起来，因此在输入数据的同时，输入拓扑连接关系，便可从一系列相互关联的链中建立拓扑结构，如图 5-15 所示。因此，利用拓扑结构编码法，可以直接查询多边形嵌套和邻域关系的表达。

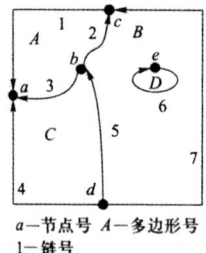

图 5-15 拓扑编码法

5.4.2 栅格数据

1. 栅格数据层的概念

在栅格数据结构中，物体的空间位置就用其在笛卡儿平面网格中的行号和列号坐标表示，物体的属性用像元的取值表示。每个笛卡儿平面网格表示一种属性或同一属性的不同特征，这种平面称为层。在图 5-16 中，图 a 为现实世界按专题内容的分层表示,第三层为植被,第二层为土壤,第一层为地形,图 b 为现实世界各专题层所对应的栅格数据层,图 c 为对不同栅格数据层进行叠加分析得出的分析结论。

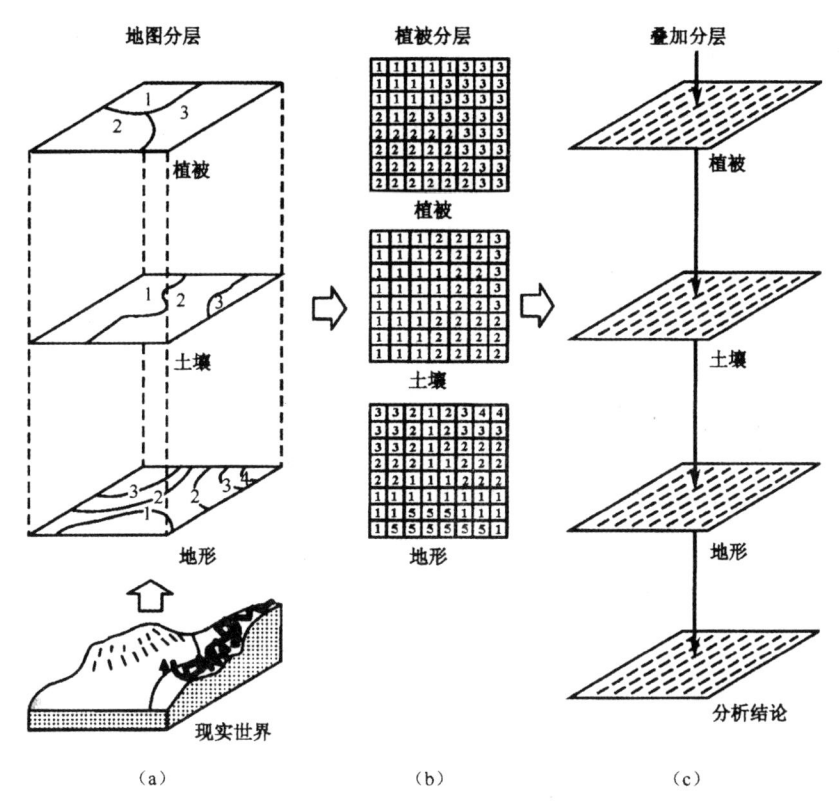

图 5-16 栅格数据的分层与叠加

2. 栅格数据的组织方法

若基于笛卡儿坐标系上的一系列叠置层的栅格地图文件已建立,那么在组织数据达到最优数据存取、最少存储空间、最短处理过程中,如果每层中每个像元在数据库中都是独立单元,即数据值、像元和位置之间存在着一对一的关系,则按上述要求组织数据的可能方式有三种,如图 5-17 所示。

3. 栅格数据取值方法

中心归属法:每个栅格单元的值以网格中心点对应的面域属

性值来确定,如图 5-18a 所示。

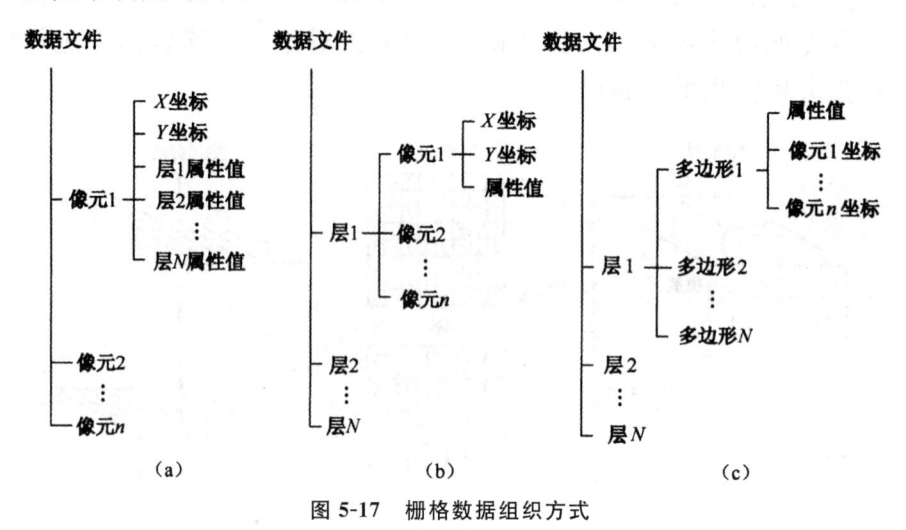

图 5-17 栅格数据组织方式

长度占优法:每个栅格单元的值以网格中线(水平或垂直)的大部分长度所对应的面域的属性值来确定,如图 5-18b 所示。

面积占优法:每个栅格单元的值以在该网格单元中占据最大面积的属性值来确定,如图 5-18c 所示。

重要性法:根据栅格内不同地物的重要性程度,选取特别重要的空间实体决定对应的栅格单元值,如稀有金属矿产区,其所在区域尽管面积很小或不位于中心,也应采取保留的原则,如图 5-18d 所示。

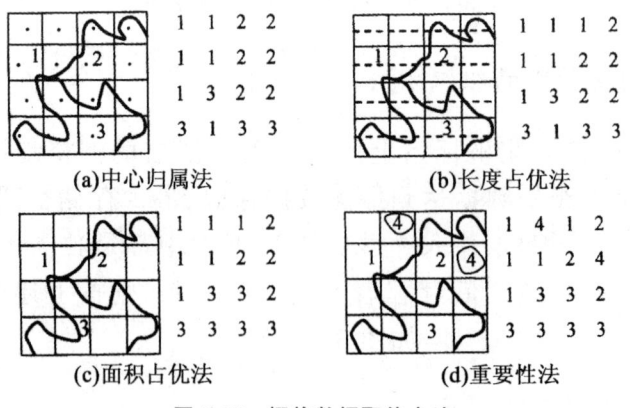

图 5-18 栅格数据取值方法

5.4.3 矢量数据与栅格数据的相互转换

矢量数据和栅格数据是一个 GIS 支持的两种重要数据格式，两者之间具有优势互补的特性。在数据分析、制图和显示时，经常需要进行二者之间的相互转换。

矢量和栅格数据之间的相互转换在 GIS 中是重要的。栅格化是指将矢量数据转换为栅格数据格式。栅格数据更容易产生颜色编码的多边形地图，但矢量数据则更容易进行边界跟踪处理。矢量数据转换为栅格数据也有利于与卫星遥感影像集成，因为遥感影像是栅格的。图 5-19 所示为一个矢量多边形转换为栅格形式的过程。

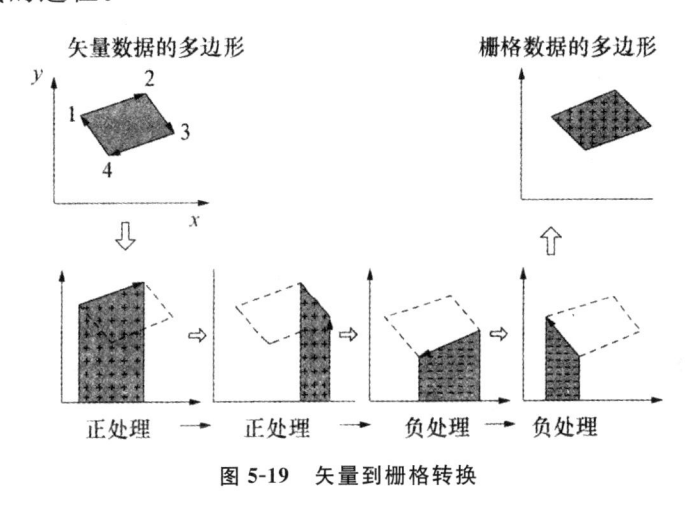

图 5-19 矢量到栅格转换

四边形的范围由下式确定：

$$A_i = \frac{(x_{i+1} - x_i)(y_i + y_{i+1})}{2}$$

将矢量数据转换为栅格数据，有利于数据的显示，如可以建立金字塔结构的数据，实现多尺度显示和缓存显示；将矢量数据栅格化有利于利用栅格数据代数运算模式，进行空间分析，其计算成本会低于矢量数据运算；将栅格数据转换为矢量数据，便于对数据进行几何量测运算，如需要更高精度的距离和面积量算等。

而栅格数据转换为矢量数据，需要将离散的栅格单元转换为独立表达的点、线或多边形。该转换的关键是正确识别点数据单元、边界数据单元、节点和角点单元，并对构成特征的数据单元进行拓扑化处理。

矢量数据转换为栅格数据，需要根据设定的栅格分辨率，将矢量数据的空间特征转换为离散的栅格单元，即将地图坐标转换为栅格单元的行列号，栅格单元的属性通过属性赋值获得。

矢量数据比栅格数据更加严密。由于矢量数据在编码过程中考虑点、线、面之间的拓扑关系，因此在进行拓扑操作时更加方便。矢量数据是通过记录节点坐标的方式来构建图形的，不会因为图形的缩放而产生"锯齿"的现象，使得矢量数据的图形输出更为美观。然而，矢量数据的结构比较复杂，与栅格数据相比，叠加操作不方便，且表达空间性的能力较差，难以实现增强处理。

栅格数据通过行列号和像元值记录信息，数据结构简单，可以直接对指定的像元值处理，叠加操作简单。而且栅格值的变化可以有效表达空间的可变性。因为栅格数据具有可变性，可以通过像元值的调整，实现图像的增强处理，突出表达某一类信息。例如，在水文分析中，增强水体的专题信息；在城市扩张分析中，增强建筑用地的专题信息。然而，栅格数据的数据量较大，往往需要压缩操作，并且难以表达空间实体之间的拓扑关系。在图像输出时，栅格数据放大后会出现"锯齿"的现象，使得其图形输出不美观。

1. 矢量数据到栅格数据的格式转换

在矢量数据向栅格数据格式转换之前，先设置栅格图像的分辨率。分辨率决定数据转换后的精度。选择栅格尺寸，既要考虑数据精度的要求、数据量的大小，又要考虑是否会引起信息的过多缺失。

如图 5-20 所示，根据所需精度要求，设定分辨率，即像元大小 d_x、d_y。利用图像的边界范围 x_{max}、x_{min}、y_{max}、y_{min}，根据公式，可求

第 5 章 地理空间数据处理与质量控制

出转换后栅格的行列数,进而得出栅格数据的覆盖范围,最终可以估算数据量。

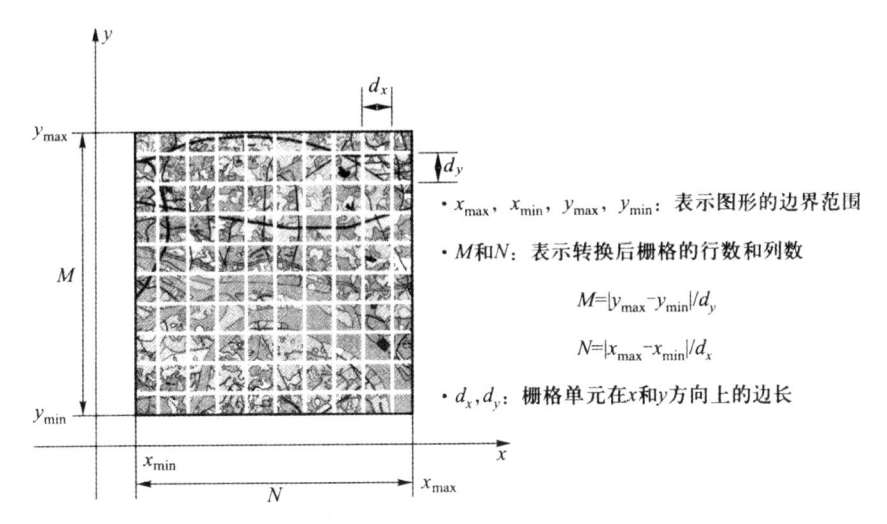

- x_{max},x_{min},y_{max},y_{min}:表示图形的边界范围
- M和N:表示转换后栅格的行数和列数

$$M=|y_{max}-y_{min}|/d_y$$
$$N=|x_{max}-x_{min}|/d_x$$

- d_x,d_y:栅格单元在x和y方向上的边长

图 5-20 矢量数据转为栅格数据的行列式计算

点、线、面三种实体由矢量数据转换成栅格数据格式的方法各不相同。点矢量数据向栅格数据转换只需把已经记录下来的点坐标换算成行列号,然后向对应的栅格赋值即可,如图 5-21 所示。

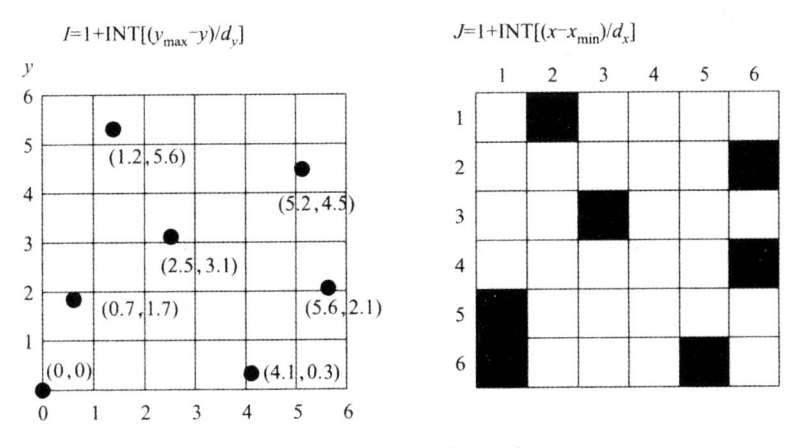

$I=1+INT[(y_{max}-y)/d_y]$ $J=1+INT[(x-x_{min})/d_x]$

图 5-21 矢量点转栅格点

线矢量数据向栅格转换需要求解线段所经过的网格单元集

合。可以将折线、曲线等都看作由若干条的直线段组成或逼近，如图 5-22 所示。

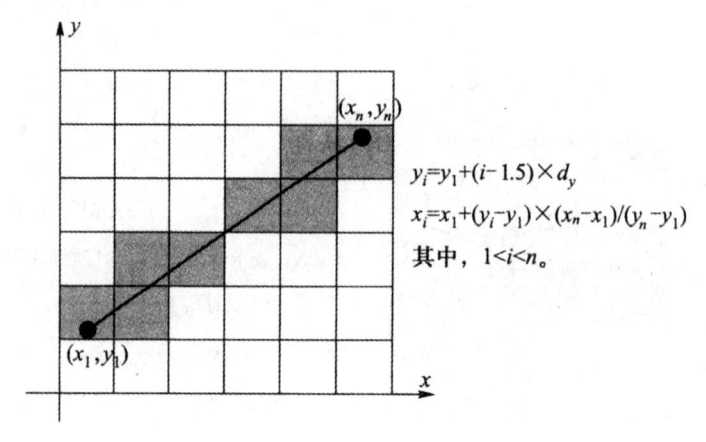

图 5-22　矢量线段转换为栅格

假设某一线段的端点坐标分别为 (x_1, y_1)，(x_n, y_n)，且 $y_n > y_1$。线段两端点所在栅格的行列号分别为 I_1、J_1 和 I_n、J_n。设点 (x_i, y_i) 是直线段与栅格水平中心线的交点坐标，将该点代入转换公式就可以解出各个中间节点 (x_i, y_i) 的坐标值。根据点转换公式，由 (x_i, y_i) 计算出每个点对应的行列号，并对相应的像元赋值，便可实现线矢量数据向栅格数据的转换。

多边形矢量数据的栅格化需求解多边形所占的网格单元集合，然后进行统一赋值。多边形矢量向栅格图像转换的方法繁多，包括内部扫描算法、边界代数填充法、点扩散法、复数积分算法、射线算法等。内部扫描算法是把矢量图像叠置在栅格图像上，沿阵列的行方向对整幅栅格图像进行扫描，若遇到在多边形矢量边界上的栅格就记录下来，由此确定一行中的起始和末尾栅格，而两者之间的栅格均属于多边形范围，可以进行统一赋值。

边界代数填充算法是一种基于积分思想的矢量格式向栅格格式转换的算法，适用于记录拓扑关系的多边形矢量数据转换，其基本思路如图 5-23 所示。

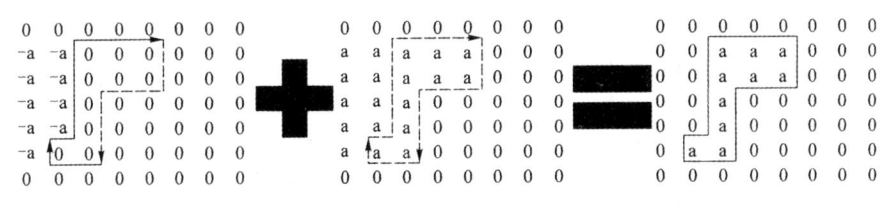

图 5-23 边界代数填充法

2. 栅格数据到矢量数据的格式转换

栅格数据向矢量数据的格式转换的基本思路可以分为4步。

(1)图像二值化

图像的二值化,就是把原本以不同灰度值度量的像元用0和1两个值来表示。例如,可以设定某一阈值,如果像元原灰度值大于阈值则设为1,否则设为0。

(2)提取特征点

图像二值化后的特征点,主要集中在像元值0和1的交界处。

(3)追踪特征点

如果特征点的连线是闭合的,则可以作为多边形要素;如果特征点的连线是非闭合的,则只能作为线要素;孤立的像元,则作为点要素。完成点、线、面矢量化后,就可以建立拓扑关系,以及与属性数据相关联的关系。

(4)几何要素化简

其关键是删除冗余节点。例如,直线在转换过程中可能进行了多次取点,应该删去冗余节点以节省存储空间。

栅格数据向矢量数据的格式转换需要从检测栅格数据的边界开始,并在此基础上进行细化。边界检测的结果很大程度上决定了最后的转换精度。双边界直接搜索法是一种广泛应用的边界检测算法,其基本思路是通过2×2栅格阵列表示可能存在的边界情况,如图5-24所示。沿行、列方向对栅格图像进行扫描,并对边界点和节点进行提取和标识,然后把边界点连成弧段,并记录弧段的左右多边形,如图5-25所示。

a	a		a	b		a	a
b	b		b	b		b	a

a	b		b	a		a	b		a	c
b	a		a	b		c	c		b	c

a	a		a	a		a	b
b	a		b	b		a	a

c	a		a	b		a	b		a	b
c	b		c	c		c	a		c	d

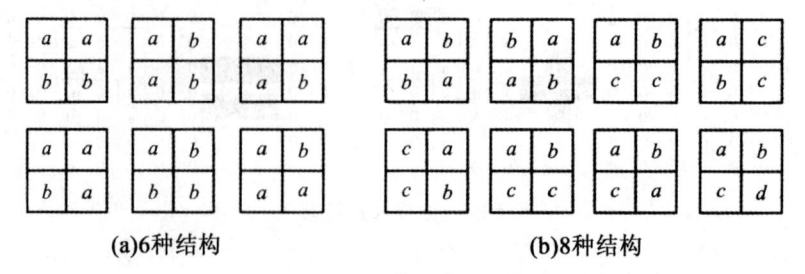

(a) 6种结构　　　　　　　(b) 8种结构

图 5-24　双边界搜索栅格阵列

c	c	c	c	c	c	b	c
c	a	a	a	a	a	b	c
c	a	a	a	a	a	c	c
c	a	a	a	a	a	a	c
c	a	a	a	a	a	a	c
c	a	a	a	a	a	a	c
c	a	a	a	a	a	a	c
c	c	a	a	a	a	a	c
c	c	c	c	a	a	a	c
c	c	c	c	c	c	c	c

c	c	c	c	c	c	b	c
c	a	a	a	a	a	b	c
c	a				a	a	c
c	a					a	c
c	a					a	c
c	a					a	c
c	a					a	c
c	c	a	a	a		a	c
c	c	c	c	a	a	a	c
c	c	c	c	c	c	c	c

图 5-25　双边界搜索法提取边界结果

5.5　空间数据压缩

5.5.1　矢量数据的压缩

矢量数据的压缩可以减少数据的存储空间，提高数据的传输效率和应用处理速度；同时也能够形成不同详细程度的数据，以提供不同层次的管理、规划与决策服务。

矢量数据的压缩方法繁多。在进行记录点取舍判断时，分类的主要依据是根据数据的局部特征、全局特征或者无约束地进行取舍。

1. 间隔法

间隔法不考虑记录点是拐点、极值点还是其他特征点，是一种无约束的矢量数据压缩方法。若按间隔取点，则除保留首尾节

第 5 章 地理空间数据处理与质量控制

点外,每隔 n 个点就取一个点,如图 5-26 所示。

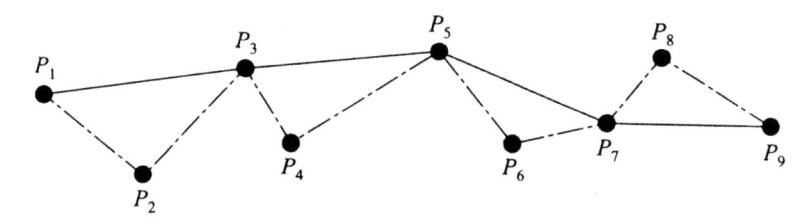

图 5-26 按间隔取点的压缩方法

若按距离取点,则设置阈值 L,如 P_1 到 P_2 距离大于 L,保留 P_2 点;P_2 到 P_3 距离大于 L,保留 P_3 点;P_3 到 P_4 距离小于 L,就舍去 P_4 点;P_3 到 P_5 的距离大于 L,便保留 P_5 点;以此类推,如图 5-27 所示。

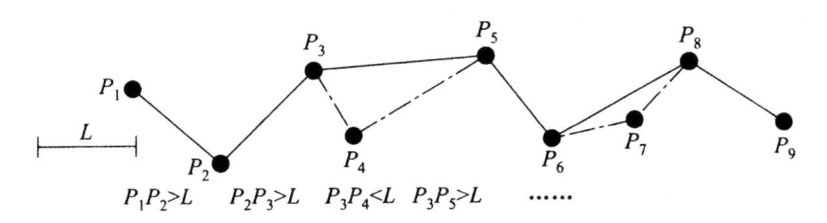

图 5-27 按距离取点的压缩方法

2. 光栏法

光栏法是一种约束的局部扩展处理算法。在光栏法中,节点取舍的确定不仅由邻近 3 个点的相对位置来决定,同时需要考虑其他邻近点的影响,如图 5-28 所示。光栏法的关键是通过对每条折线段的尾节点作垂线,构建受约束的扇形区域,来判断下一节点是否在扇形区域内。

3. 垂距法

垂距法是一种考虑局部几何特征的矢量数据压缩方法。在给定的曲线上每次按顺序取 3 个点(如 P_1、P_2、P_3 点),计算中间点 P_2 与其他两点(P_1 和 P_3)连线的垂距 d,并与设定的阈值 L 进行比较。若垂距 d 大于阈值 L,则保留 P_2 点,否则就删除 P_2 点,如图 5-29 所示。

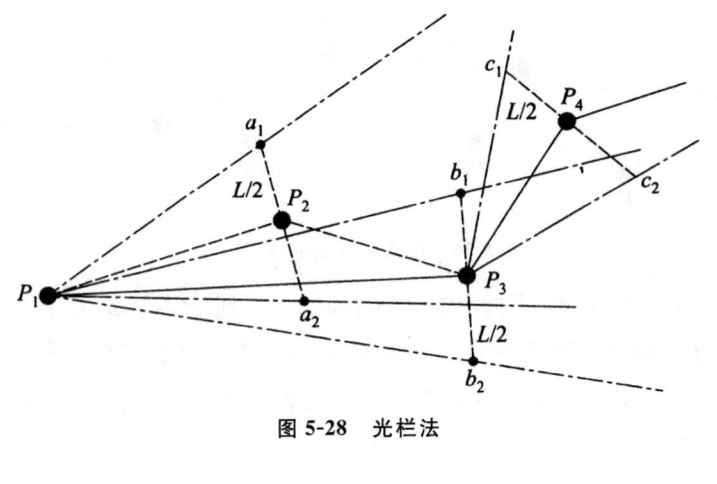

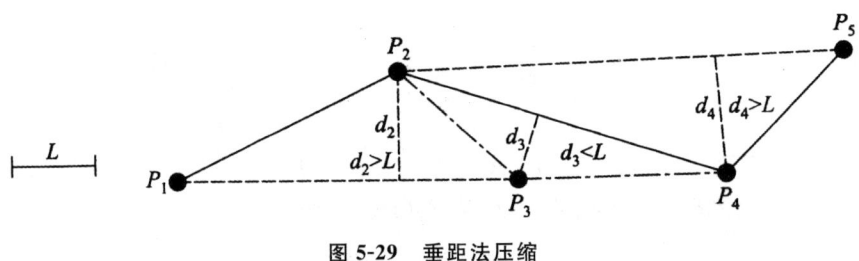

图 5-28　光栏法

图 5-29　垂距法压缩

4. 偏角法

偏角法也是一种考虑局部特征的压缩处理算法，主要考虑的是连续三点之间的角度变化，计算连接第一点和第二点的向量与连接第一点和第三点的向量之间的夹角。如果夹角超过了预定的角度限差，就保留中间点，否则予以删除，如图 5-30 所示。

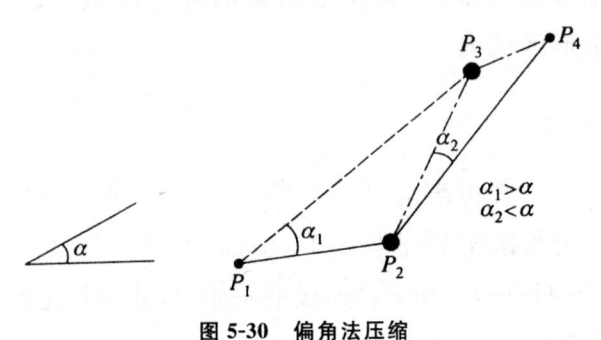

图 5-30　偏角法压缩

5. 道格拉斯－普克算法

道格拉斯－普克算法是一种考虑全局的压缩处理算法。该方法确定某个节点的取舍不仅需要观察其邻近点，还要考察该节点对全局的贡献度。算法的压缩思路如图 5-31 所示。

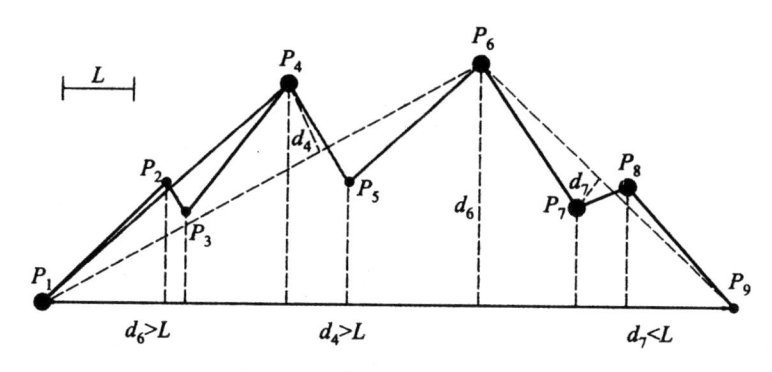

图 5-31　道格拉斯－普克算法

首先连接曲线的首末节点 P_1 到 P_9，然后计算每个中间点到线段 P_1P_9 的距离，并找到最大的距离 d_{max}。如果 d_{max} 小于阈值，则删除所有的中间节点，否则就保留对应 d_{max} 的中间点。在此例中，d_6 是最大的距离，且大于阈值 L，则以 P_6 为首末节点，连接 P_1 到 P_6、P_6 到 P_9 的连线，将原曲线分为两段。再针对每段曲线重复上述计算方法，直至遍历。

道格拉斯－普克算法是通过递归计算来选择曲线的特征点。与原曲线相比，其优点是整体位移最小，而保留的特征点能够与手工综合选择的关键点基本一致。

5.5.2　栅格数据压缩

1. 直接栅格编码

直接栅格编码是最简单、最直观的一种栅格结构编码方式，它把规则网格平面作为一个二维矩阵进行数字表达，在网格中每一个栅格像元都具有相应的行列号，而把属性值作为相应矩阵元素的值，逐行逐个记录代码，可以每行都从左到右逐个记录，也可以奇数行从左到右而偶数行从右向左记录，为了特定目的还可采用其他特殊的顺序，如图 5-32 所示。图 5-33 所示为面状地物的栅格矩阵结构。

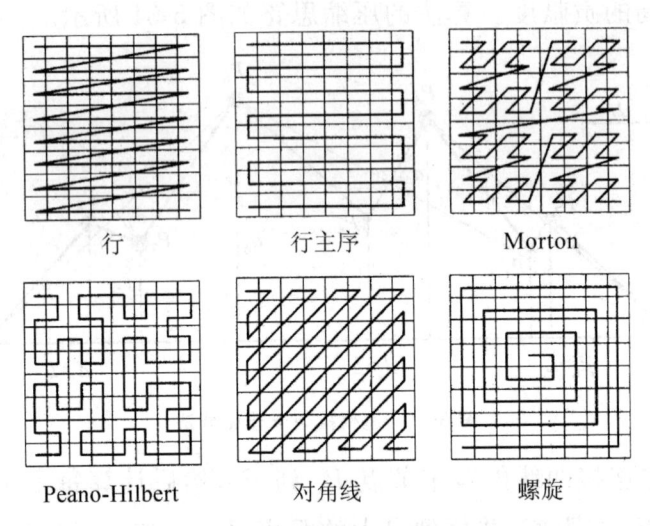

图 5-32　一些常用的栅格排列顺序

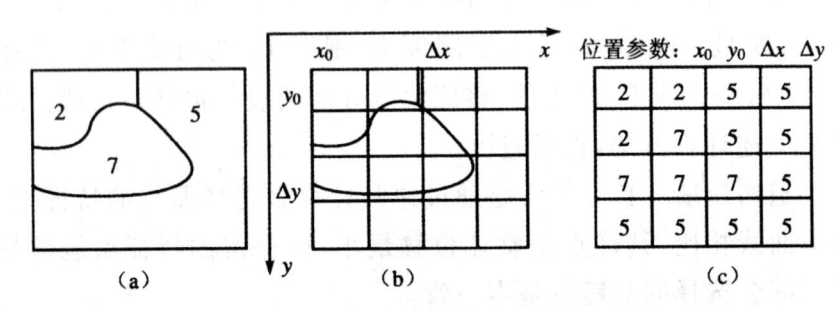

图 5-33　面状地物的栅格矩阵结构

在上述直接编码的栅格结构中，如果栅格矩阵是 m 行，n 列的，其中矩阵中的每个元素占用的存储容量是 c，则单个图层的全栅格数据所需的存储空间是 $m(行) \times n(列) \times c$。随着栅格分辨率的提高，存储空间将呈几何级数递增，一个图层或一幅图像将占据相当大的存储空间。因此，如何对栅格数据进行压缩是首先要解决的问题之一。

2. 链式编码

链式编码主要是记录线状地物和面状地物的边界。它把线状地物和面状地物的边界表示为：由某一起始点开始并按某些基本方向确定的单位矢量链。基本方向可定义为：东＝0，东南＝1，南＝2，西南＝3，西＝4，西北＝5，北＝6，东北＝7 等 8 个基本方向，如图 5-34 所示。

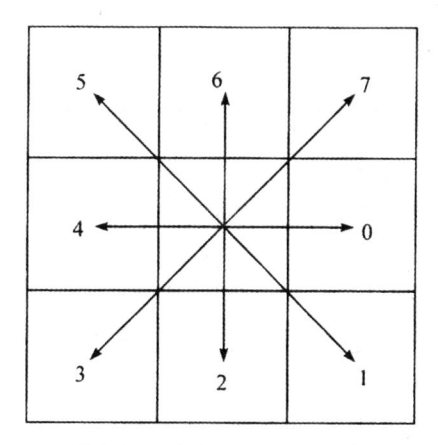

图 5-34 链式编码的方向代码

如果对于图 5-35 所示的线状地物确定其起始点为像元(1,5)，则其链式编码为：1,5,3,2,2,3,3,2,3。

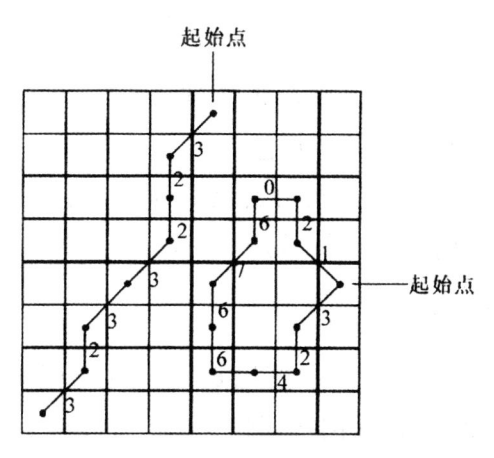

图 5-35 链式编码示意图

3. 游程长度编码

游程长度编码是栅格数据压缩的重要编码方法,其编码只在各行(或列)数据的代码发生变化时依次记录该代码以及相同代码重复的个数,从而实现数据的压缩。

如对图 5-36 所示的栅格数据,可沿行方向进行如下游程长度编码:(9,4),(0,4),(9,3),(0,5),(0,1)(9,2),(0,1),(7,2),(0,2),(0,4),(7,2),(0,2),(0,4),(7,4),(0,4),(7,4),(0,4),(7,4),(0,4),(7,4)。

9	9	9	9	0	0	0	0
9	9	9	0	0	0	0	0
0	9	9	0	7	7	0	0
0	0	0	0	7	7	0	0
0	0	0	0	7	7	7	7
0	0	0	0	7	7	7	7
0	0	0	0	7	7	7	7
0	0	0	0	7	7	7	7

图 5-36　游程长度编码表示的原始栅格数据

4. 块状编码

块状编码是游程长度编码扩展到二维的情况,采用方形区域作为记录单元,每个记录单元包括相邻的若干栅格,数据结构由四部分构成:初始位置行号、初始位置列号、块的覆盖半径和栅格单元的属性值,如图 5-37 所示。

5. 四叉树编码

四叉树编码结构的基本思想是将一幅栅格地图或图像等分为 4 个部分,逐块检查其网格属性值(或灰度)。

对图 5-36 进行四叉树编码如图 5-38 所示,4 个等分区称为 4 个子象限,按左上(NW)、右上(NE)、左下(SW)、右下(SE),用树结构表示如图 5-39 所示。

块状编码记录单元	
(1, 1, 2, 9)	(1, 3, 2, 9)
(1, 5, 2, 0)	(3, 1, 1, 0)
(3, 2, 1, 9)	(3, 3, 1, 9)
(3, 4, 1, 7)	(3, 5, 1, 7)
(3, 6, 1, 7)	(4, 1, 2, 0)
(4, 3, 2, 0)	(4, 5, 2, 7)

(a)原始的栅格矩阵数据　　(b)块状编码的记录单元

图 5-37　块状编码示意图

图 5-38　四叉树编码示意图

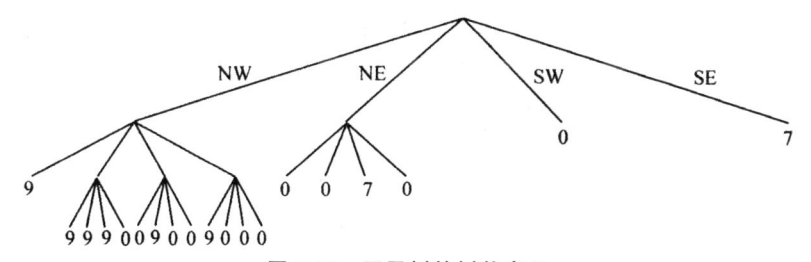

图 5-39　四叉树的树状表示

对一个由 $n \times n(n = 2 \times k, k > 1)$ 的栅格方阵组成的区域 P，如图 5-40 所示，它的 4 个子象限 (P_a, P_b, P_c, P_d) 分别为

$$P_a = \left\{ P[i,j] : 1 \leqslant i \leqslant \frac{n}{2}, 1 \leqslant j \leqslant \frac{n}{2} \right\}$$

$$P_b = \left\{ P[i,j] : 1 \leqslant i \leqslant \frac{n}{2}, \frac{n}{2} + 1 \leqslant j \leqslant n \right\}$$

$$P_c = \left\{ P[i,j] : \frac{n}{2} \leqslant i \leqslant n, 1 \leqslant j \leqslant \frac{n}{2} \right\}$$

$$P_d = \left\{ P[i,j] : \frac{n}{2} + 1 \leqslant i \leqslant n, \frac{n}{2} + 1 \leqslant j \leqslant n \right\}$$

再下一层的子象限分别为

$$P_{aa} = \left\{ P[i,j] : 1 \leqslant i \leqslant \frac{n}{4}, 1 \leqslant j \leqslant \frac{n}{4} \right\}$$

$$\vdots$$

$$P_{ba} = \left\{ P[i,j] : 1 \leqslant i \leqslant \frac{n}{4}, \frac{n}{2} + 1 \leqslant j \leqslant \frac{3n}{4} \right\}$$

$$\vdots$$

$$P_{dd} = \left\{ P[i,j] : \frac{3n}{4} + 1 \leqslant i \leqslant n, \frac{3n}{4} + 1 \leqslant j \leqslant n \right\}$$

式中,a,b,c,d 分别表示西北(NW)、东北(NE)、西南(SW)、东南(SE)4个子象限。

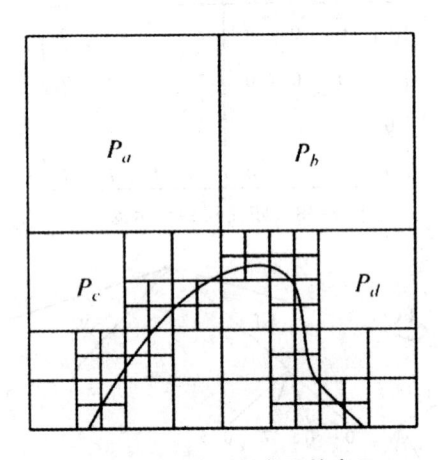

图 5-40 区域 P 子象限的表示

5.6 空间数据质量控制

5.6.1 空间数据质量的概念

GIS 数据质量是指 GIS 中空间数据在表达空间位置、属性和时间特征时所能达到的准确性、一致性、完整性以及三者统一性的程度。

研究 GIS 数据质量是出于以下的主要原因。

①对二次数据源的依赖性增加。数据交换标准的发展和数据交换技术能力的提高，降低了二次数据源数据的获取成本及可获取性。但同时也带来了如何评判所获得的数据质量问题和可用性问题。

②在一些重大的、复杂的空间决策方面，数据质量决定决策结果的正确性。由于 GIS 在综合利用各类数据方面所表现的特长，使得不同测量日期、不同测量方法、不同空间分辨率、不同质量标准等数据很容易放在一个分析决策项目中使用。

③私营部门生产的数据量增多。历史上，地理空间数据的生产主要由政府机构完成，如美国地质调查局、英国陆地测量部、中国国家测绘地理信息局等。与政府机构不同的是，一些私营公司没有义务严格遵守众所周知的质量标准，这会造成 GIS 操作的数据质量不一致，不能集成和综合利用问题。

④按照 GIS 要求选择地理空间数据的情况增多。越来越多的用户根据 GIS 的要求来选择 GIS 数据，如果所选的数据达不到最低质量标准，就会产生负面影响，数据的提供者会因此面临法律问题。

5.6.2 GIS 数据质量的一般指标

1. 现势性

如数据的采集时间、数据的更新时间的有效性等。

2. 逻辑一致性

指数据库中没有存在明显的矛盾，如节点匹配、多边形的闭合、拓扑关系的正确性或一致性等。

3. 完备(整)性

是指数据库对所描述的客观世界对象的遗漏误差,如数据分类的完备性、实体类型的完备性、属性数据的完备性、注记的完整性等。

4. 精度

空间数据表达的精确程度或精细程度,包括位置精度、时间精度和属性精度。精细程度的另一个可替代名词是"分辨率",在 GIS 中经常使用这一概念。分辨率影响到一个数据库对某一具体应用的使用程度。采用分辨率的概念避免了把统计学中精度和观测误差概念的精度相互混淆。在 GIS 中,空间分辨率是有限的。

5. 准确度

准确度用于定义地理实体位置、时间和属性的量测值与真值之间的接近程度。独立地定义位置、时间和属性表达的准确度,可能忽略它们之间存在的相互依赖关系,而存在局限性。尽管可以独立地定义时间、空间、属性的准确度,但由于时空变化的不可分割性,空间位置和属性变化之间的依赖性,这种定义实际上意义并不大。因此,准确度更多的是一个相对意义而非绝对意义。

5.6.3 空间数据的不确定性

空间数据的不确定性会给空间数据的分析和结果带来不利影响。准确理解空间数据不确定性概念和如何回避和降低数据的不确定性,是正确使用空间数据的基础。

1. 空间数据不确定性的概念

GIS 中处理自然和人为环境数据时,会产生空间数据多种形式的不确定性。不确定性是指在空间、时间和属性方面,所表现的某些特性不能被数据收集者或使用者准确确定的特性,如图形的边界位置、时间发生的准确时刻、空间数据的分类以及属性值的准确度量等模糊问题。

如果忽略空间数据的不确定性,那么即使在最好的情况下也会导致预测或建议的偏差。如果是最坏的情况,将会导致致命的误差。图 5-41 所示为空间数据不确定性的概念化模型。

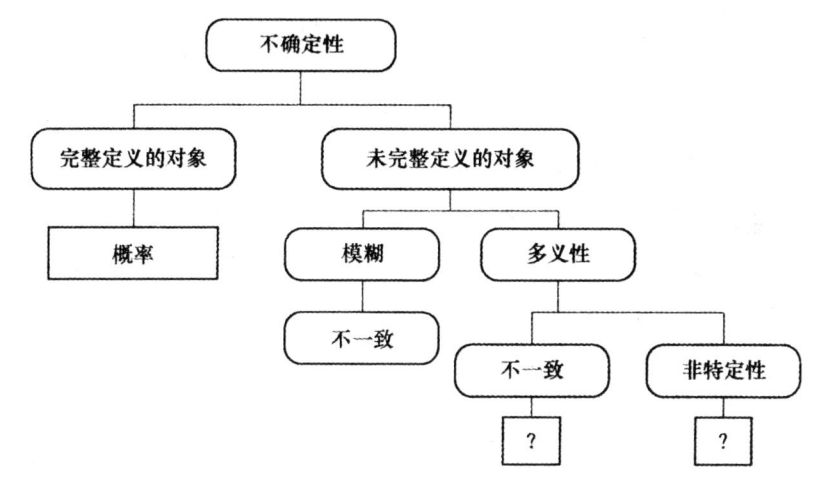

图 5-41 空间数据不确定性的概念化模型

不确定性最本质的问题在于如何定义被检验的对象类(如土壤)和单个对象(如土壤地图单元),即问题的定义。如果对象类和对象都能完整定义,则不确定性由误差产生,而且在本质上问题转化为概率问题。如果对象类和单个对象未能完整定义,则能识别不确定性的因素。如果对象类和单个对象未能完整定义,则类别或集合的定义是模糊的,利用模糊集合理论可以方便地处理这种情况。

如果对象类和对象是多义性的,即在定义区域内集合时相互混淆。这主要是由不一致的分类系统引起的,包括两种情况,一是对象类或个体定义是明确的,但同时属于两种或以上类别,从而引起不一致;另一种情况是指定一个对象属于某种类别的过程对解释是完全开放的,这个问题是"非特定性的"。

为了定义时空维度上对象不确定性的本质,必须考虑是否能在任一维度上将一对象从其他对象中清楚,且明确地分离出来。在建立空间数据库时,必须弄清的两个问题:对象所属的类能否清楚地同其他类分离出来以及在同类中能否清楚地分离出对象个体。

2. 完整定义地理对象的例子

在发达国家,人口地理学都有完整的定义,即使不发达国家在实施时有点模糊,但仍有完整的定义。国家的许多边界精确的区域通过特殊的限定,逐级合并形成严格的区域层次结构。

定义完整的地理对象基本上是由人类为了改造他们所占据的世界而创建的,在组织良好的政治、法律领域都存在。其他对象,如人工或自然环境中的对象,看上去似乎也是完整定义的,但这些定义倾向于一种测量方法和以烦琐精密的检查为基础,因此这样的完整定义是模糊的。

3. 不完整定义地理对象的例子

由于植被制图中存在着不确定性,如从一片树林中完全准确地划分林种的范围是困难的。因此在实际划分时,可能需要根据各类林种所占的百分比来确定边界作为标准。

5.6.4 空间数据质量的控制

空间数据质量控制主要是针对其中可度量和可控制的质量指标而言的,从数据质量产生和扩散的所有过程和环节入手,分别采取一定的方法和措施来减少误差,以达到提高系统数据质量和应用水平的目的。

1. 空间数据质量控制的方法

(1)传统的手工方法

质量控制的手工方法主要是将数字化数据与数据源进行比

较,图形部分的检查采用与原图叠加比较,属性部分的检查采用与原属性逐个对比。

(2)元数据方法

数据集的元数据中包含了大量的有关数据质量的信息,同时也记录了数据处理过程中质量的变化,通过跟踪元数据可以了解数据质量的状况和变化。

(3)地理相关法

用空间数据的地理特征要素自身的相关性来分析数据的质量,需建立一个有关地理特征要素相关关系的知识库,以备各空间数据层之间地理特征要素的相关分析之用。

2. 空间数据生产过程中的质量控制

现以地图数字化生成空间数据过程为例,介绍数据质量控制的措施。

(1)数据源的选择

对于大比例尺地图的数字化,应尽量采用最新的二底图,以保证资料的现势性和减少材料变形对数据质量的影响。

①数据源的误差范围不能大于系统对数据误差的允许范围。即进入数据库或经过分析后输出的数据误差不会超过系统对误差的允许范围。

②地图数据源最好采用最新的底图。

③尽可能减少数据处理的中间环节,如直接使用测量数据建库而不是将测量数据先制图。

(2)数字化过程的数据质量控制

对于数字化过程的数据质量控制,主要从数据预处理、数字化设备的选用、数字化对点精度、数字化限差和数据精度检查等环节出发,减少数字化误差,提高工作效率。

①数据预处理主要包括对原始地图、表格等的整理、誊清或清绘;

②数字化设备的选用主要按手扶数字化仪、扫描仪等设备的分辨率和精度等有关参数进行挑选,这些参数应不低于设计的数据精度要求;

③数字化对点精度是指数字化时数据采集点与原始点重合的程度;

④数字化时各种最大限差规定为:曲线采点密度2mm、图幅接边误差0.2mm、线划接合距离0.2mm、线划悬挂距离0.7mm;

⑤数据精度检查。主要检查输出图与原始图之间的点位误差。

3. 空间数据处理分析中的质量控制

空间数据在计算机的处理分析过程中,会因为计算过程本身引入误差。

(1)计算误差

在计算机按所需的精度存储和处理数据时,当数据有效位数较少时,反复的运算处理过程会使舍入误差积累,带来较大的误差。

(2)数据转换误差

数据类型转换和数据格式转换时,GIS数据处理中的常用操作都是通过一定的运算而实现的,因而会带来一定的误差。特别是矢量数据格式与栅格数据格式之间的转换,误差会因为栅格单元尺寸而受到很大影响。

(3)拓扑叠加分析误差

叠加分析是GIS特有的重要空间分析手段。在对矢量数据的多边形进行叠加分析时,由于多边形的边界不可能完全重合,从而产生若干无意义的多边形,对这样无意义的多边形的处理,往往会因改变多边形的边界位置而引起误差,并可能由此进一步带来空间位置上地物属性的误差。

总之，空间数据的采集与处理工作是建立 GIS 的重要环节，了解 GIS 数字化数据的质量与不确定性特征，纠正数据质量产生和扩散的所有过程和环节产生的数据误差，对保证 GIS 分析应用的有效性具有重要意义。

第 6 章 地理数据空间分析

空间分析是建立 GIS 的目的之一。空间数据只有经过操作处理才能转换为人们需要的信息。空间分析的类型和方法十分丰富,但空间分析的方法有时也是十分复杂的。本章主要介绍当前 GIS 软件所支持的基本地理空间分析方法。

6.1 空间数据查询

6.1.1 空间数据的查询过程

当地理信息系统中的空间数据库建立起来后,首要面临的问题即为空间数据的查询。所谓的空间数据的查询就是用户依据某些查询条件查询空间数据库中所存储的空间信息与属性信息的过程。

空间数据的查询过程可分为几种不同的形式,当空间数据库中所存储的空间数据及属性可以直接满足用户的查询的时候,即可将查询结果直接反馈;当用户查询的结果在某一个固定范围内的时候,可以根据一些逻辑运算完成限定约束条件下的查询;同时空间查询还可以完成一些更为复杂的查询条件,如建立空间模型预测某些事物的发生和发展,如图 6-1 所示。

6.1.2 空间数据查询的种类

1. 属性查询

属性查询是根据属性约束条件,找出满足该属性约束条件的地理对象,包括实体的空间位置、形态数据及相关联的属性数据

第6章 地理数据空间分析

子集,然后通过 GIS 系统进行空间定位,形成一个新的专题。

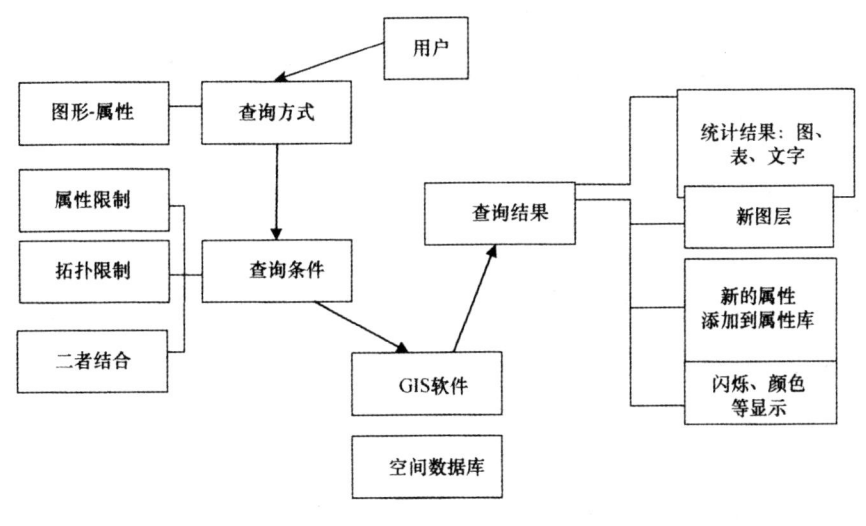

图 6-1 空间查询过程

(1)查找

选择需要查询的属性表,给定一个属性值,或用户点击要查找的记录,对应的图形和属性记录以高亮显示。

具体操作:执行数据库查询语言或查询工具,找出满足条件的记录,得到其对应的目标标识,再通过目标标识在图形数据文件中找到对应的空间对象,并显示出来。

(2)SQL 查询

Select 属性项;From 属性表;Where 条件;or 条件;and 条件。

实现:交互式选择各项,输入后,系统再转换为标准的 SQL,由数据库系统执行,得到结果,提取目标标识,在图形数据文件中找到空间对象,并显示出来。

SQL 查询多用于条件查询。

(3)扩展 SQL 查询

空间数据查询语言是通过对标准 SQL 的扩展来形成的,即在数据库查询语言中加入空间关系查询,所以必须加入空间数据类型(点、线、面)和空间操作算子(长度、面积、叠加等),且给定的查询条件也要有空间概念(距离、邻近、叠加等)。

扩展 SQL 查询保留了 SQL 的风格,以便 SQL 的用户操作,通用性好,易于与关系数据库连接。但如果要把属性和空间关系统一起来,从最底层进行查询优化,利用扩展 SQL 来实现有一定困难,目前一般将两层分开查询。

2. 空间查询

(1)图形查询

在 GIS 图形环境下,用户既可以根据分层编码查询图形数据,也可以根据属性特征查询相应的图形数据;或者按照一定区域范围查询图形数据,或者按照一定的逻辑条件查询相应的图形数据。

①几何参数查询。通过查询属性数据库或空间计算,查询点的位置坐标、两点间的距离、线地物的长度、面地物的长度或面积等。

②空间定位查询。给定矩形或任意多边形,查询该图形范围内的空间对象及其属性,如果给定一个点,可以通过点的捕捉查询其他最近的对象及属性。

空间定位查询还可以利用空间运算方法,根据空间索引,查询哪些对象可能包含或穿过矩形、圆、多边形查询窗口,然后根据点、线、面在查询窗口内的判别计算,检索出目标。

(2)基于空间关系的查询

GIS 的空间关系查询就是查询与指定目标位置相关的空间目标,通常包括面—面关系查询、线—面关系查询、点—面关系查询、线—线关系查询、点—线关系查询、点—点关系查询。

GIS 对点、线、面地物空间关系的查询有相邻、相关、包含、穿越、落入、缓冲区、边沿匹配查询等。

①包含关系查询。包含关系查询是查询某个面状地物包含的空间对象,分为同层包含和不同层包含两种。

同层包含关系查询是通过先建立空间拓扑关系,然后直接查询空间拓扑关系来实现的,如广东省珠江三角洲下属市县的查询。

不同层包含关系查询实质是叠置分析查询,不需建立拓扑关系,通过多边形叠置分析,只查询出窗口范围内的地理实体,把窗口外的地理实体裁剪掉即可,如流经广东省的河流分布查询。

②穿越关系查询。例如,107国道穿越广东省的哪些县的查询,则采用空间运算方法实现:根据线目标的空间坐标,计算哪些面或线与之相交。

落入关系查询:利用空间运算法,查询一个空间对象落入哪个空间对象内。

缓冲区查询:根据用户给定的点、线、面缓冲区距离,形成一个缓冲区的多边形,再根据多边形查询原理,查询出该缓冲区内的空间实体。

边沿匹配查询:多幅地图、专题图的数据文件间进行空间查询时,必须先用边沿匹配处理技术把多幅地图或专题图匹配、镶嵌完,再通过空间运算进行查询。

6.2 空间统计分析

地理统计分析弥补了地理空间统计和GIS缝隙。地理统计方法有时是有效的,但从来没有和GIS建模环境紧密集成。将二者进行集成是重要的,因为GIS专业人员可以在集成环境中通过测量预测表面的统计误差来量化表面模型的质量。通过地理统计分析方法拟合表面包括以下3个关键的步骤。

①探索性空间数据分析。
②结构分析(邻近位置特性的表面建模和计算)。
③表面预测和结果评价。

6.2.1 空间统计分析原理

地理统计分析利用在现实世界中不同位置的采样点产生(插值)一个连续表面。采样点是一些现象的测量值,如核电厂的辐射泄漏、石油泄漏、地形高程等。地理空间统计分析使用测量位置的插值产生一个表面,用于预测现实世界中每个位置的值。

空间统计分析提供的插值方法分为两种:确定性插值算法和地理空间统计方法。这两种方法都是依靠邻近采样点的相似性插值产生表面模型的。确定性插值方法是用数学函数进行插值计算,地理空间统计方法依靠统计和数学方法插值产生表面模型,并评估预测的不确定性。

产生一个连续表面用于表达一个特定的属性,是大多数 GIS 需要的一个关键能力。或许最常用的表面模型是地形的数字高程模型(DEM),这些数据集在世界各地的小尺度上是容易用到的。但这只是地表位置的一些测量值,地表以下或大气一些位置的测量值也可以用于产生连续表面。大多数 GIS 建模者面对的最大挑战是从现有的采样数据产生尽可能精确的表面,并能描述误差和预测表面的变化。新产生的表面被用于 GIS 的建模和分析,以及三维可视化。理解这些数据的质量,可以极大地改善 GIS 建模的目的和用途。

6.2.2 探索性空间统计分析方法

探索性空间数据分析(Exploratory Spatial Data Analysis, ESDA)允许用不同的方式检查数据特性。在产生一个表面数据之前,ESDA 有机会使你对要调查的现象有更深刻的理解,以便对数据处理做出更好的决策。ESDA 提供了一组方法,每种方法提供了观察数据的一个视图,从不同的角度和处理方法来揭示数据的特性。ESDA 是使用图形的方式探查数据的,主要的图形方法有直方图、Voronoi 图、QQ 图、趋势分析、半变异函数图或协方差图、交叉协方差图等。这里仅介绍直方图和 QQ 图的方法。

1. 数据的分布性和变换

如果数据是近似正态分布(钟形曲线),则一些克里格算法的结果会很好,如概率密度函数的形状,如图 6-2 所示。泛克里格方

第 6 章 地理数据空间分析

法假定数据服从多元正态分布。分位数和概率图是最常用的简单描述数据分布的。

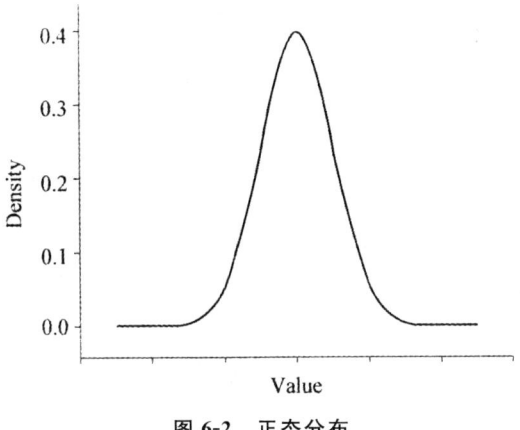

图 6-2 正态分布

克里格方法还有一个假设前提是平稳性,即所有的数据值的分布具有相同的变化性。变换可以使数据转化为正态分布,并满足数据均等变化的假设条件。直方图和 QQ 图可以使用不同的变换,如 Bo-Cox 变换、对数变换和反正弦变换等。

2. 直方图探查数据的分布

直方图用单变量(一个变量)探查数据的分布,用于探查感兴趣的数据集的频率分布和计算汇总统计。频率分布是一个条形图,显示观测值落入一定范围或类的频数或频率。

3. 正态 QQ 图和普通 QQ 图探查数据分布

QQ 图是一种图形,来自两个分布的分位数按照彼此相对应的位置绘制。正态 QQ 图如图 6-3 所示。

数据的累积分布通过对数据的排序产生,以排序值和累积分布值为坐标轴进行绘图。累积分布值的计算是:$(i-0.5)/n$,i 是 n 中的第 i 个,n 是数据值的总个数。正态 QQ 图使用的数据服从正态分布,它们的累积分布是相等的。

图 6-3 正态 QQ 图

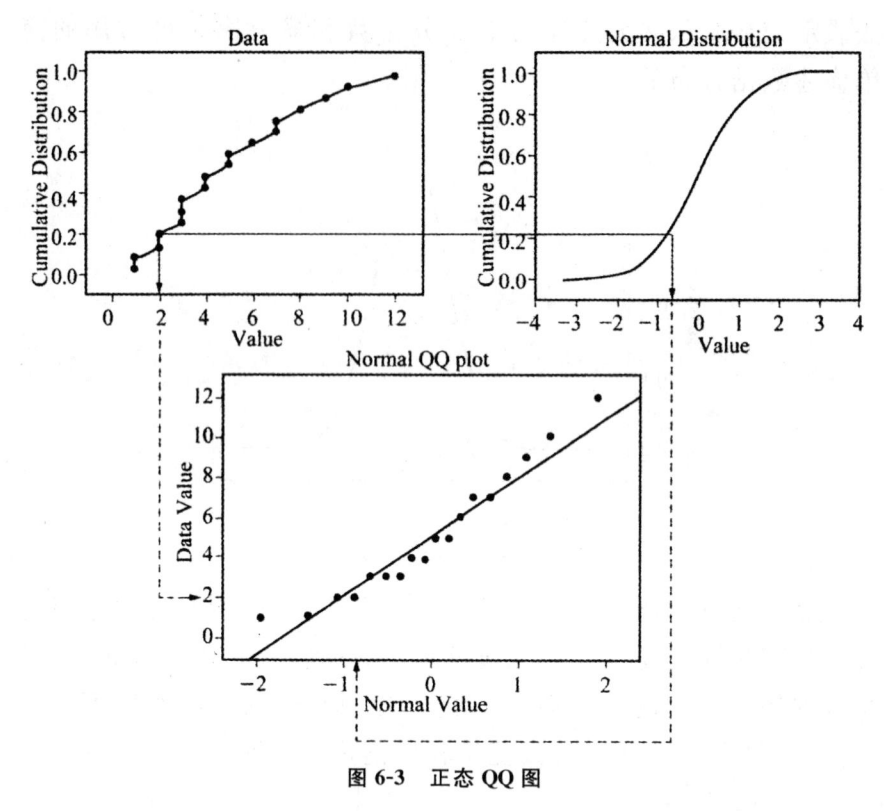

对于累积分布,中位数将数据分割为两半,分位数将数据分为 4 部分,十分位数将数据分为 10 部分,百分位数将数据分割为 100 部分。

普通 QQ 图如图 6-4 所示,用于评价两个数据集的相似性。由两个数据集的分布数据绘制,它们的累积分布是相等的。

利用 QQ 图分析数据的分布:如果两个数据的分布相同,普通 QQ 图将是一条直线。将这条直线与提供单变量正态指示的正态 QQ 图上的点进行比较,如果数据集不是正态分布的,则这些点会偏离直线,如图 6-5 所示。QQ 图绘制的数据如图 6-6 所示,图中右上角的一些点远离正态分布。

探索性空间数据分析主要应用于:

①探查空间自相关和方向变化。

②寻找全局和局部异常值。异常值是数据中的极值,远大于均值或中值。

③数据变化趋势分析。以数据点某个属性的最大值为高度，绘制在三维空间中。然后将它们分别投影到 XZ 或 YZ 平面，拟合模型曲线。通过曲线分析值的变化趋势。

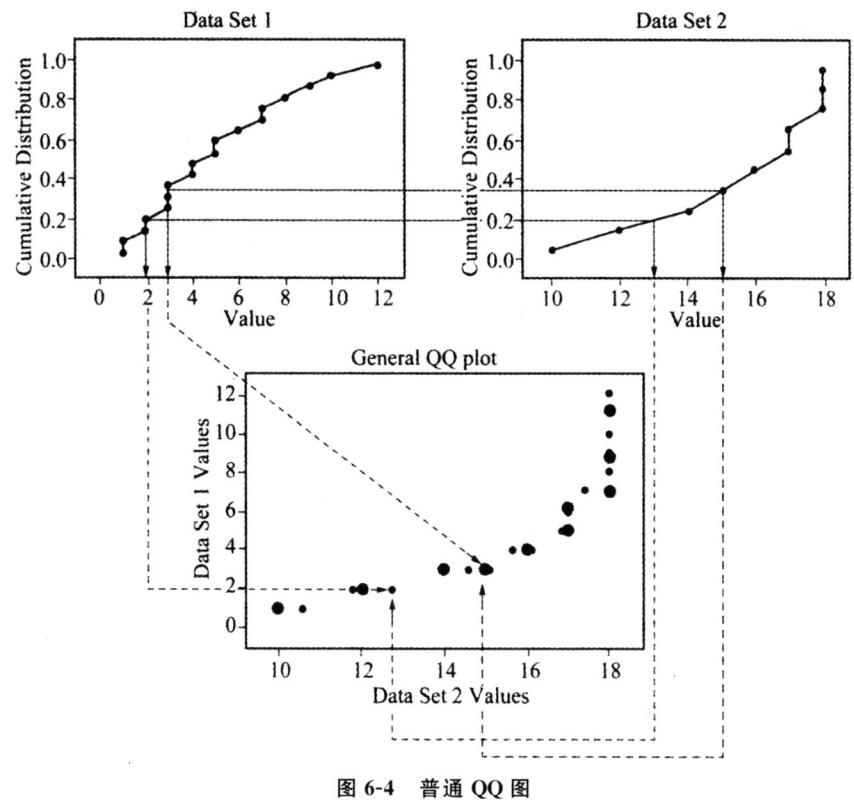

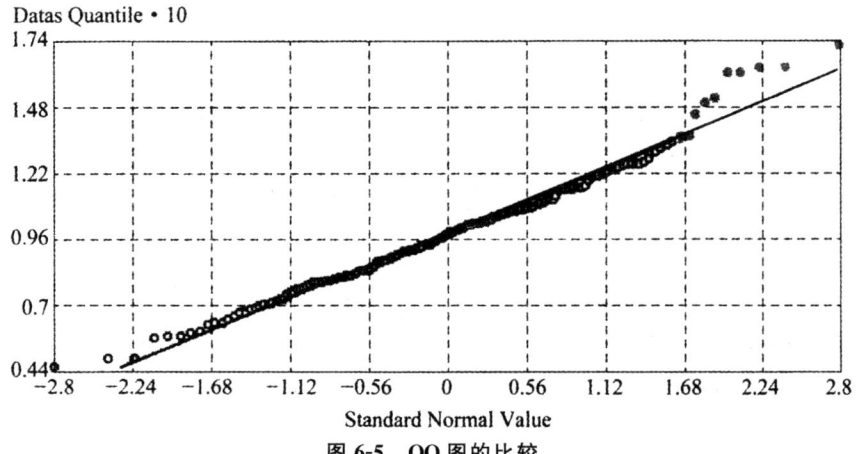

图 6-4　普通 QQ 图

图 6-5　QQ 图的比较

图 6-6　QQ 图绘制的数据

6.3　空间叠加分析

在实际应用中,经常会遇到以下类似问题。

①某市准备对中心城区的繁华路段进行道路扩建,需要对道路沿线特定范围内的建筑物进行拆除,应当如何计算和评估工程预算?

②某市需要进行生态保护线的划定,如何根据生态指标的相关因素,确定生态保护线?

③某房地产企业计划新建大型商场,如何根据人口、交通、区位等因素进行选址?

要解决上述问题,就需要综合考虑交通、居民地、人口、植被等多种要素的影响,可以利用叠加分析方法,快速生成科学合理的解决方案。

6.3.1 叠加分析的特点

叠加分析的特点如下：

①生成新的空间关系。例如，叠加2011年和2017年两个时期的土地利用图，提取土地利用性质不变的地块，生成新的要素层，从而在新要素层中，构建不同地块新的空间关系。

②通过联合不同数据的属性，产生新的属性关系。例如，将地貌图（如平原、丘陵、盆地、山地等）与土壤图（如黄壤、红壤、赤红壤、黑土）相叠加，结合属性信息，获得新的属性关系，如平原上的黄壤分布，山地上的红壤分布等。

③利用数学模型，综合计算新要素的属性信息，得到某种综合结果。例如，评价土地的适宜性时，土壤、植被、交通、居民地等图层各有一个独立的评价值，各图层叠加后，利用相应的数学模型，能够得到土地适宜性综合评价结果。

6.3.2 基于矢量的叠加分析

1. 根据输入数据的类型进行分类

根据输入数据的类型，叠加分析可以分为多边形的叠加分析、点与多边形的叠加分析、线与多边形的叠加分析3类，如图6-7所示。

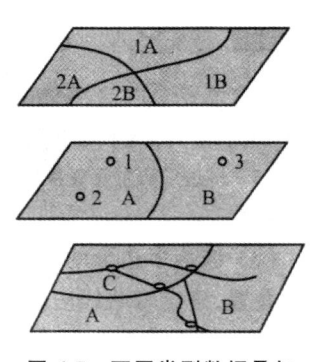

图6-7 不同类型数据叠加

(1)多边形的叠加分析

多边形的叠加分析是指将两个图层中的多边形要素叠加,生成新的多边形要素图层,同时将原图层的所有属性信息赋给新要素图层,以满足建立分析模型的需要。

如图 6-8 所示,土壤分布图和行政区边界图中要素均为多边形,两者叠加能够生成不同行政区的土壤分布图。观察叠加结果可以发现,新图层中的要素既包含行政区属性信息又包含土壤属性信息。

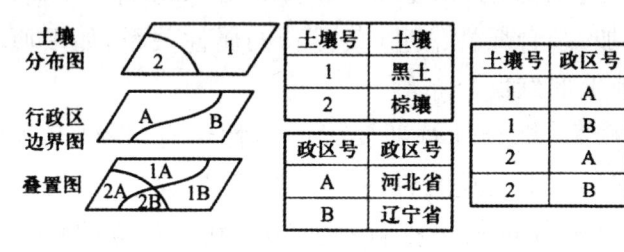

图 6-8 图层叠加与属性叠加

通过多边形的叠加分析,不仅可以获得要素的公共部分,还可以获得要素的差异部分。多边形叠加操作可以分为并操作、交操作、擦除操作和裁剪操作等,如图 6-9 所示。

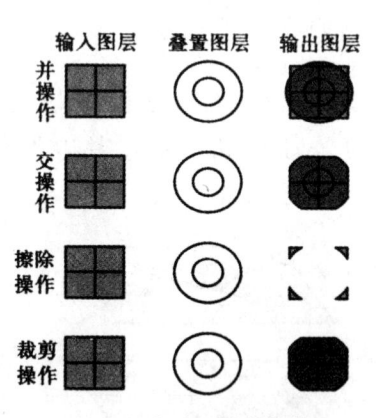

图 6-9 多边形叠加操作

图 6-10 所示为并操作,是输出两个图层中所有图形要素和属性数据。例如,建筑物扩建,如果需要获得新建筑物的范围,可以对新增的范围和旧建筑物的范围进行并操作。

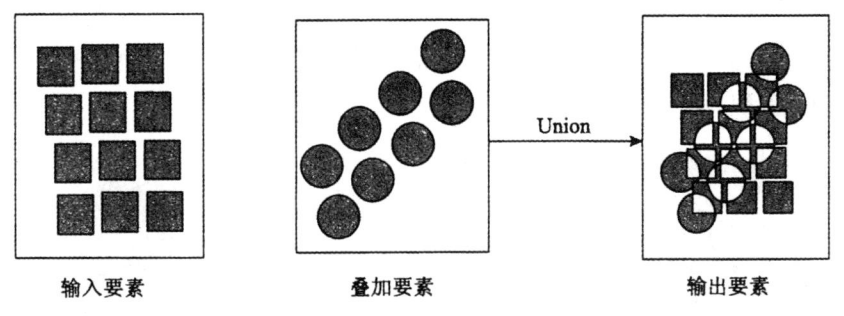

图 6-10 图层合并操作图示

图 6-11 所示为交操作,是输出两个图层中的公共部分。例如,进行土地利用类型变化分析,提取没有发生变化的土地类型,可以使用交操作。

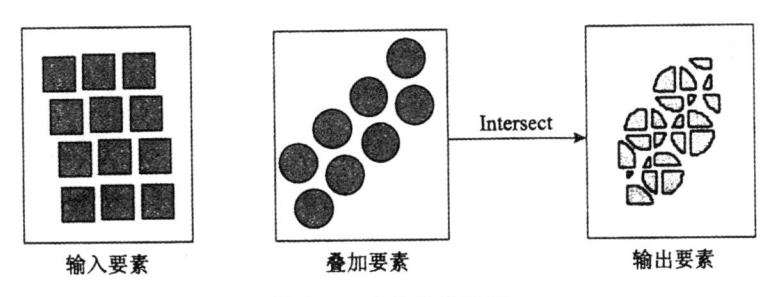

图 6-11 交集操作图示

图 6-12 所示为擦除操作,是以叠加图层为控制边界,输出输入图层中控制边界范围外的所有部分。

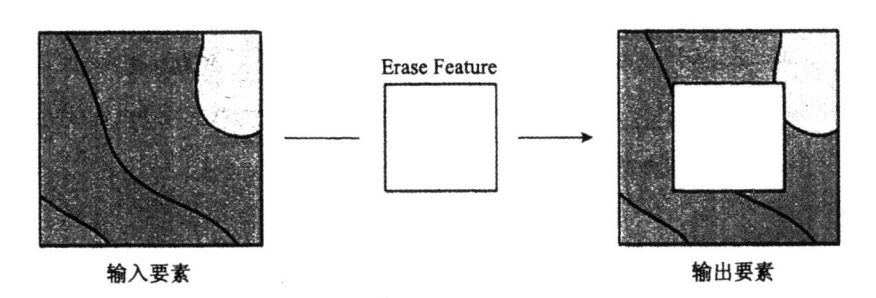

图 6-12 图层擦除操作图示

图 6-13~图 6-15 为裁剪操作,是以叠加图层为控制边界,输出输入图层中控制边界范围内的所有部分。裁剪操作与擦除操作的输出结果正好相反。例如,输入图层为耕地分布图,而叠加

图层为耕地中的新建居民地分布图,如果需要统计未被侵占的耕地面积,需要使用擦除操作;而如果需要统计被居民地所侵占的耕地面积,应当使用裁剪操作。

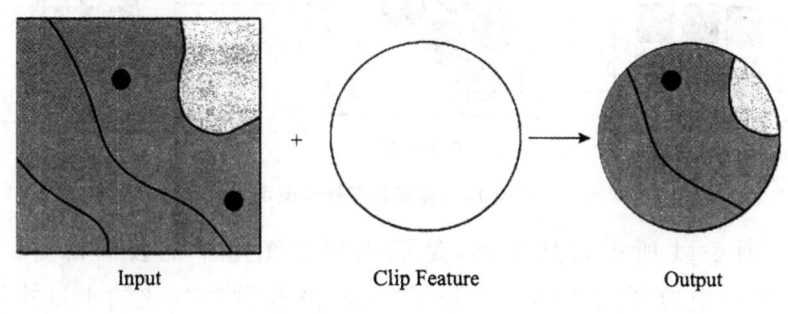

图 6-13 Clip 操作图示

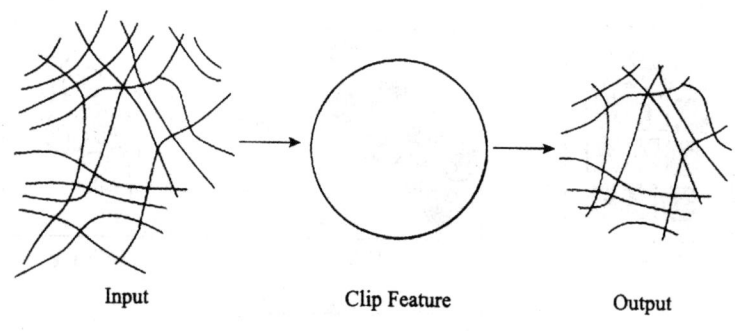

图 6-14 线要素裁切

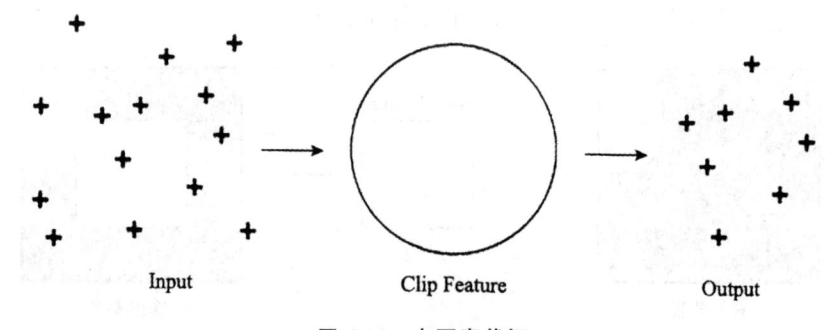

图 6-15 点要素裁切

(2)点与多边形的叠加分析

点与多边形的叠加分析实质是通过计算包含关系,判断点的归属,其结果是为每个单点添加新的属性。

如图 6-16 所示，现有商场分布的点数据，需要判断商场所属街区，可以将商场的点图层与街区的面图层进行叠加。结果是在商场的属性表中，添加了所属街区的"街区号"和"街区名"等信息。

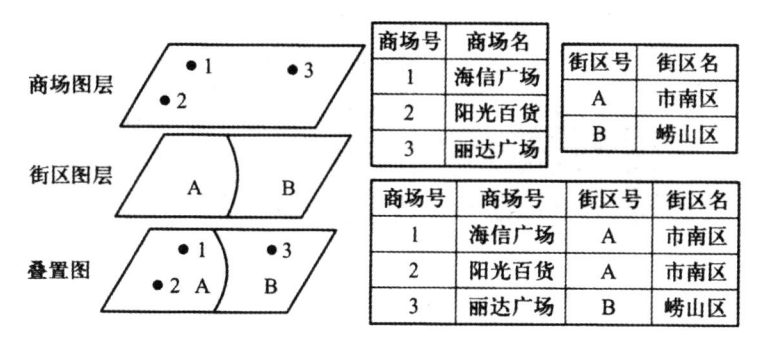

图 6-16 点与多边形叠加

(3) 线与多边形的叠加分析

线与多边形的叠加分析实质是将多边形面要素层与线要素层叠加，确定每条线段（全部或部分）所属的多边形。在叠加分析过程中，一条线段可能会被面要素层切割成多条弧段，叠加后的每个弧段将产生新的属性。

例如，长江流经青海、西藏、四川、安徽、江苏、上海等省级行政区。如果将河流图和行政区划图叠加，长江将被区划边界分成不同的部分，每一部分将添加所属省份的相关属性信息，如图 6-17 所示。

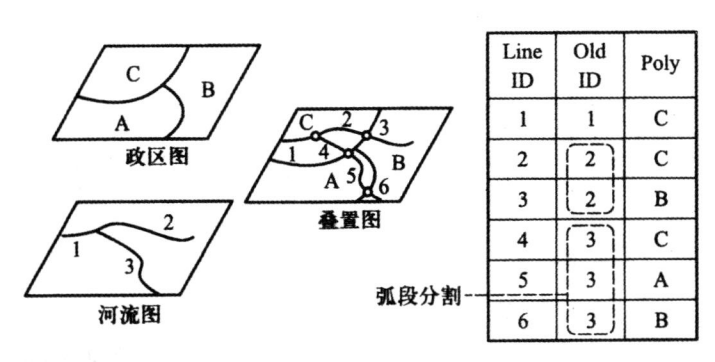

图 6-17 线与多边形叠加

2. 根据输出结果进行分类

根据输出结果的不同,叠加分析可以分为合成叠加分析和统计叠加分析,如图 6-18 所示。

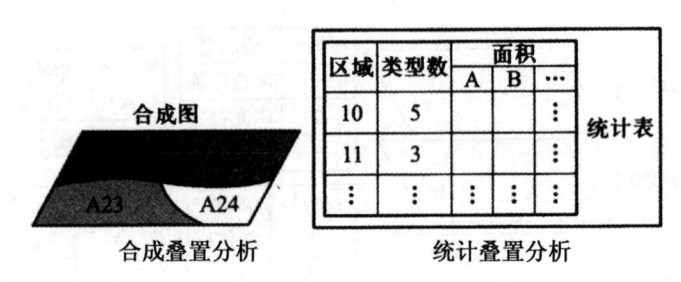

图 6-18 合成叠加分析与统计叠加分析

合成叠加分析生成包含众多新要素的图层,而图层中的每个要素都具有两种以上的属性。通过合成叠加分析,能够查找同时具有多种地理属性的分布区域。例如,通过土壤图层与地貌图层的叠加分析,新生成的任意斑块都同时具有土壤类型和地貌类型的相关信息。

统计叠加分析生成统计报表,其目的是统计要素在另一要素中的分布特征。例如,将快餐店分布图与市级行政区划图进行统计叠加分析,能够获得市域内的快餐店数量。

3. 叠加分析的实现

以多边形的叠加分析为例,叠加分析主要包括以下 3 个步骤。

(1) 提取多边形的边界

将所有边界线段在与另一图层段相交的位置处打断。如图 6-19 所示,两个分别包含一个多边形的图层,在叠加后生成两个新的交点,将原来的弧段在点 3 和点 4 处打断,从而生成叠加图。

(2) 重新建立弧段—多边形的拓扑关系

记录每个多边形所对应的弧段,同时记录每个弧段的起点、终点、左多边形和右多边形等信息,如图 6-20 所示。

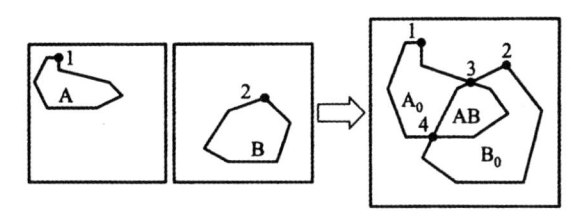

图 6-19 图层叠加交点

图 6-20 重建弧段—多边形拓扑关系

(3) 设置多边形的标识点,传递属性

在叠加过程中,可能会产生冗余多边形,如图 6-21 所示。冗余多边形往往面积较小且无实际意义。需要根据预先设定值,对叠加分析所生成的多边形进行筛选,并对所选取的多边形,设置标志点,赋予相应的属性值。

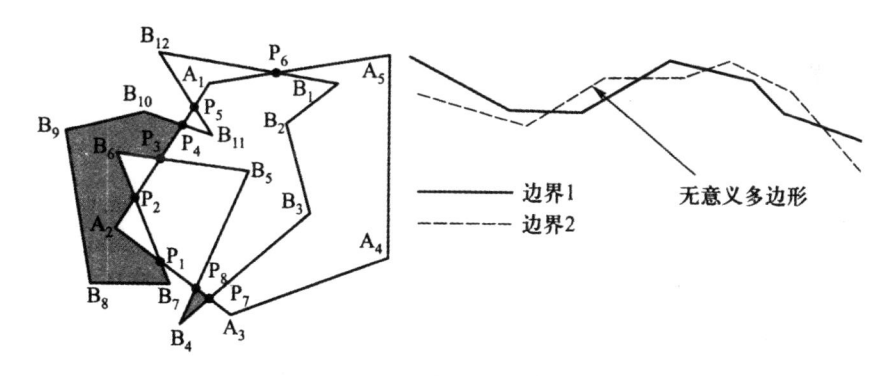

图 6-21 删除冗余多边形

6.3.3 栅格数据空间叠加分析

基于栅格数据叠加分析的特点是参与叠加分析的空间数据为栅格数据结构。栅格叠加分析的条件是要具备两个或多个同一地区相同行列数的栅格数据,要求栅格数据具有相同的栅格大小。对不同图层间相对应的栅格进行运算,其叠加分析的结果是生成新的栅格图层,产生新的空间信息。栅格叠加分析又称为"地图代数",其原理如图6-22所示。

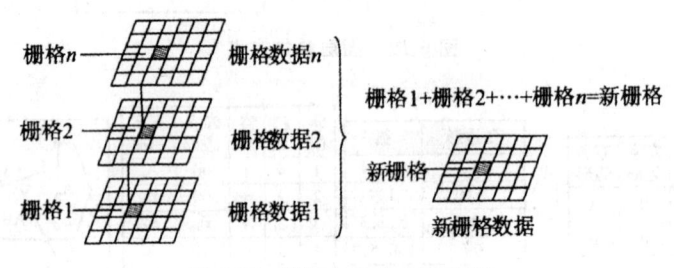

图 6-22 栅格叠加分析原理图

1. 栅格数据结构

栅格数据有3种常用的结构:逐像元编码、游程编码和四叉树。

(1)逐像元编码法

逐像元编码法(Cell-by-cell Encoding)提供了最简单的数据结构。栅格模型被存为矩阵,其像元值写成一个行列式文件。此方法在像元水平的情况下起作用,若栅格的像元值连续变化的话,本方法是理想的选择。

(2)游程编码

游程编码(Run-length Encoding)适用于栅格数据模型的像元值具有许多重复值的情况。它是以行和组来记录像元值的,每一个组代表拥有相同像元值的相邻像元。

(3)四叉树

四叉树(Quad Tree)不再每次对栅格按行进行处理,而是用递归分解法将栅格分成具有层次的象限。

由于栅格数据结构相对简单,其空间数据的叠合和组合操作十分容易和方便,因此基于栅格数据的空间分析较容易实现。但是,栅格数据也存在着数据量较大、冗余度高、定位精度比矢量数据低、拓扑关系难以表达且投影转换比较复杂等问题。

栅格叠加分析是指两个或者两个以上的栅格数据以某种数学函数关系作为叠加分析的依据进行逐网格运算，从而得到新的栅格数据的过程，如图 6-23 所示。

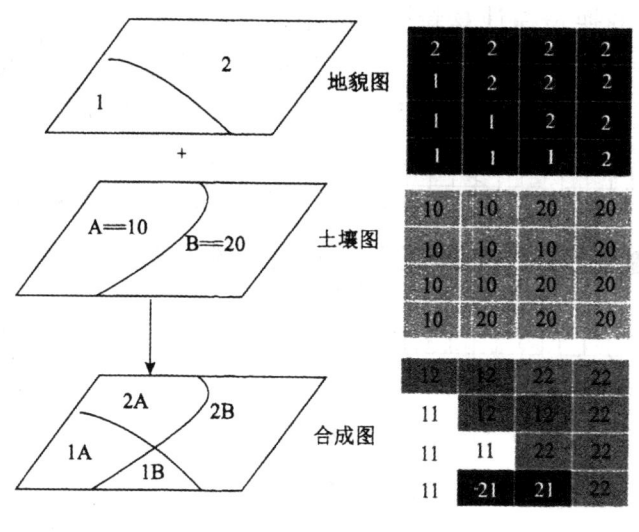

图 6-23　栅格数据叠加

2. 栅格叠加分析的方法

常用的栅格叠加分析方法包括点变换方法、区域变换方法和邻域变换方法。

(1) 点变换方法

点变换方法只对各图上相应的点的属性值进行运算。实际上，点变换方式假定独立图元的变换不受其邻近点的属性值的影响，也不受区域内一般特征的影响。

点变换方法是栅格叠加分析的核心方法，它是栅格的运算操作，可对单个栅格图层数据进行加、减、乘、除、指数、对数等各种运算，也可对多个栅格图层进行加、减、乘、除、指数、对数等运算。运算得到的新属性值可能与原图层的属性值意义完全不同。

(2) 区域变换方法

区域变换是指计算新图层相应栅格的属性值时，不仅要考虑原来图层上对应的栅格的属性值，而且要顾及原图层栅格所在区域的几何特征(区域长度、面积、周长、形状等)或原图层同名栅格的个数。

(3)邻域变换方法

邻域变换是在计算新层图元值时,不仅考虑原始图层上相应图元本身的值,而且还要考虑与该图元有邻域关联的其他图元值的影响。常见的邻域有方形、圆形、环形、扇形等,如图6-24所示。

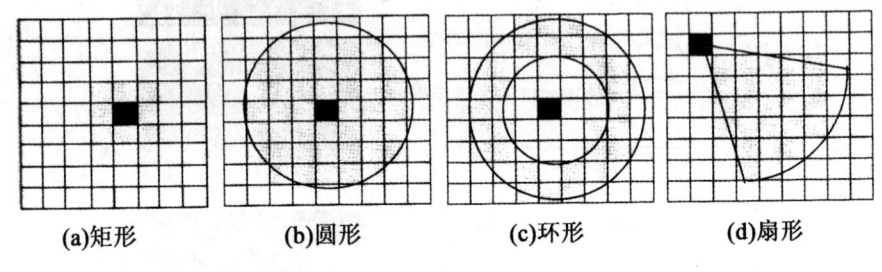

(a)矩形　　(b)圆形　　(c)环形　　(d)扇形

图 6-24　邻域变换图形

以上基于栅格数据的叠加分析,讨论了3种主要的变换,在实际应用中可以通过交互运算,满足不同的空间分析需求。举个例子,现有两个不同时期河道水下地形的栅格DEM数据,将两个不同时期的栅格DEM数据进行叠加分析,则可得到河道水下地形在不同时期的冲淤变化情况。

6.3.4　叠加分析的应用

叠加分析在土地利用变化分析、土地适宜性评价、工程选址分析等方面均具有广泛应用。以商城选址为例,介绍叠加分析的具体应用流程。

(1)分析影响因素,获取相关数据

如图6-25所示,某房地产企业计划新建大型商场。首先,考虑新建商场的影响范围应尽量避免与已有商场的影响范围重叠,需要获取已有商城影响范围的数据。其次,考虑新建商场应当建在便捷的交通网附近,需要获取主要交通线路影响范围的数据。再次,考虑新建商场应当具备大量的购物群体,需要获取居民区影响范围的数据。最后,新建商城附近需要具有便捷的停车环境,需要获取停车场影响范围的数据。

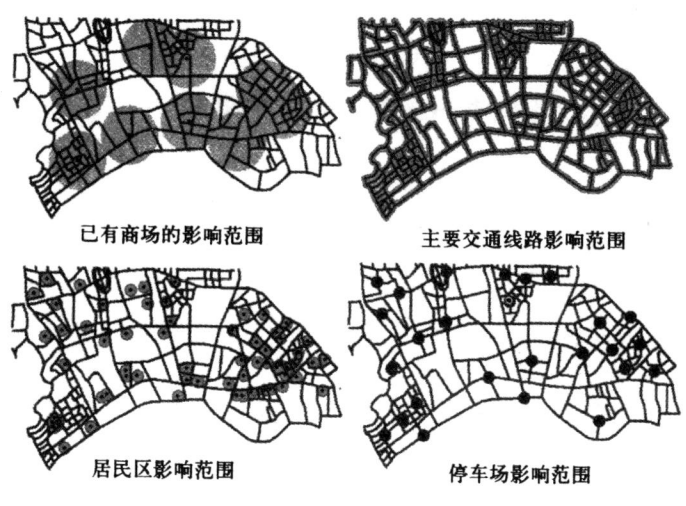

图 6-25 商场相关数据

(2)叠加分析

首先,由于商场的候选区域应当在交通线、居民区和停车场的影响范围内,则对交通线路影响范围的数据层、居民区影响范围的数据层和停车场影响范围的数据层进行"交"操作。其次,由于新建商场的影响范围应当避免与原有商场的影响范围发生重叠,因此,需要将"交"操作所获得的结果图层与原有商场影响范围的数据层进行"擦除"操作,从而获得符合条件的区域,即为候选区域,如图 6-26 所示。

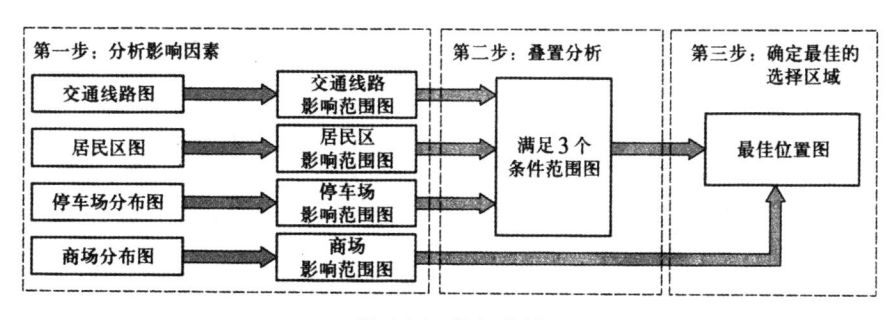

图 6-26 叠加分析

(3)确定最佳的选择区域

由于通过前两步分析计算,所获得满足条件的地址往往不只一处,因此还需要综合考虑其他影响因素,在候选区域中选定新建商场的地址。

6.4　缓冲区分析

6.4.1　缓冲区的类型

1. 点的缓冲区

基于点要素的缓冲区,通常是以点为圆心,以一定距离为半径的圆,如图 6-27 所示。

图 6-27　点缓冲区

2. 线的缓冲区

基于线要素的缓冲区,通常是以线为中心轴线,距中心轴线一定距离的平行条带多边形,如图 6-28 所示。

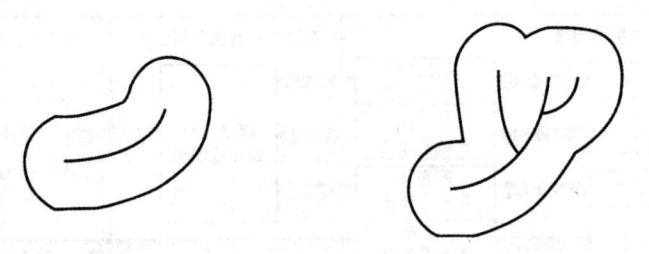

图 6-28　线缓冲区

3. 面的缓冲区

基于面要素多边形边界的缓冲区,向外或向内扩展一定距离以生成新的多边形,如图 6-29 所示。

图 6-29　面缓冲区

4. 多重缓冲区

在建立缓冲区时,缓冲区的宽度也就是邻域的半径并不一定是相同的,可以根据要素的不同属性特征,规定不同的邻域半径,以形成可变宽度的缓冲区。例如,沿河流绘出的环境敏感区的宽度应根据河流的类型而定。这样就可根据河流属性表,确定不同类型的河流所对应的缓冲区宽度,以产生所需的缓冲区,如图 6-30 所示。

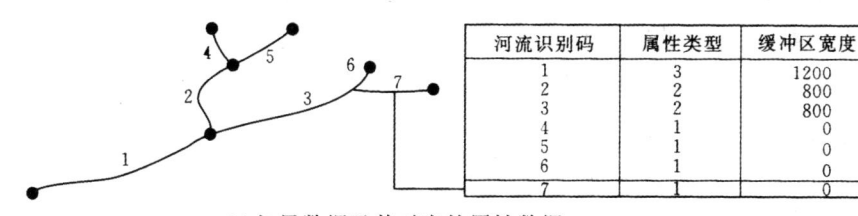

河流识别码	属性类型	缓冲区宽度
1	3	1200
2	2	800
3	2	800
4	1	0
5	1	0
6	1	0
7	1	0

(a)矢量数据及其对应的属性数据

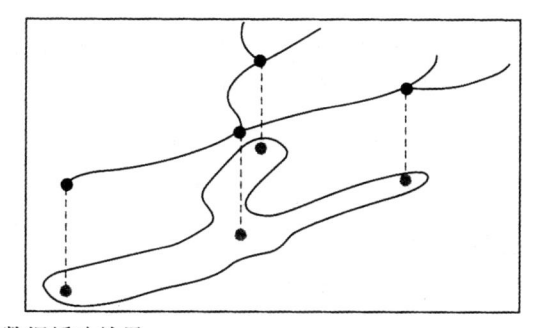

(b)矢量数据缓冲结果

图 6-30　多重缓冲区

缓冲区分析还可以考虑权重因素,建立非对称缓冲区。例如,污染物的扩散存在方向性,在空间上通常是不均匀的,某些方向(如顺风方向)扩散较远,其他方向扩散不远,于是可以建立污染源周围的非对称缓冲区。与此相反,不考虑权重因素的缓冲区分析则称为对称缓冲区。

缓冲区分析是城市地理信息系统的重要空间分析功能之一,它在城市规划和管理中有着广泛的应用。例如,假定公园选址要求靠近河流湖泊,或者垃圾场的选址要求在城市范围一定距离之外等,都需要依靠缓冲区分析。

6.4.2 栅格缓冲区的建立方法

缓冲区分析算法包括栅格方法和矢量方法。栅格方法又称为点阵法,它通过像元矩阵的变换,得到扩张的像元块,即原目标的缓冲区。

通过欧氏距离变换能够快速建立栅格缓冲区。将栅格数据表示为一个二值(0,1)矩阵($M \times N$),其中"0"像元为空白位置,"1"元素为空间物体所占据的位置。经过距离变换,计算出每个"0"元素与最近的"1"元素的距离,即背景像元与空间物体的最小距离。假设缓冲区的宽度为 d,则缓冲区边界就是距离为 d 的各个背景像元的集合。

某像元 P_{ij} 与"1"像元的欧氏距离的计算可通过其行号差 a_{ij} 与列号差 b_{ij} 得到,$d_{ij} = \sqrt{(a_{ij}^2 + b_{ij}^2)}$。欧氏距离变换的方法是,首先设"1"元素 P_{ij} 的 $a_{ij} = b_{ij} = 0$,设"0"元素的 $a_{ij} = b_{ij} = \max(M, N)$;然后计算各个像元及其周围 8 个像元的欧氏距离值并刷新 a_{ij} 和 b_{ij} 值,这时 a_{ij} 和 b_{ij} 表示了该像元与最邻近的"1"像元的行号差及列号差;最后通过公式 $d_{ij} = \sqrt{(a_{ij}^2 + b_{ij}^2)}$ 计算它与"1"像元(空间物体)的最小距离。

具体算法可描述为

① 对所有像元 $P_{ij} = 1$,置 $a_{ij} = b_{ij} = 0$,否则置 $a_{ij} = b_{ij} = \max(M, N)$。

② 按照从上到下,从左到右的次序计算 d_{ij} 并刷新 a_{ij}, b_{ij} 的值。

首先计算 d'_{ij}:

$$d'_{ij}=d_{ij}=\sqrt{(a_{ij}^2+b_{ij}^2)}$$
$$d'_{i-1,j-1}=\sqrt{(a_{i-1,j-1}+1)^2+(b_{i-1,j-1}+1)^2}$$
$$d'_{i-1,j}=\sqrt{(a_{i-1,j}+1)^2+b_{i-1,j}^2}$$
$$d'_{i-1,j+1}=\sqrt{(a_{i-1,j+1}+1)^2+(b_{i-1,j+1}+1)^2}$$
$$d'_{i,j-1}=\sqrt{a_{i,j-1}^2+(b_{i,j-1}+1)^2}$$
$$d'_{\min}=\min(d'_{ij},d'_{i-1,j-1},d'_{i-1,j},d'_{i-1,j+1},d'_{i,j-1})$$

然后刷新 a_{ij},b_{ij}：

$$a_{ij},b_{ij}=\begin{cases}a_{ij},b_{ij} & d'_{ij}=d'_{\min}\\ a_{i-1,j-1}+1,b_{i-1,j-1}+1 & d'_{i-1,j-1}=d'_{\min}\\ a_{i-1,j}+1,b_{i-1,j} & d'_{i-1,j}=d'_{\min}\\ a_{i-1,j+1}+1,b_{i-1,j+1}+1 & d'_{i-1,j+1}=d'_{\min}\\ a_{i,j-1},b_{i,j-1}+1 & d'_{i,j-1}=d'_{\min}\end{cases}$$

最后刷新 a_{ij},b_{ij}：

$$a_{ij},b_{ij}=\begin{cases}a_{ij},b_{ij} & d'_{ij}=d'_{\min}\\ a_{i+1,j+1}+1,b_{i+1,j+1}+1 & d'_{i+1,j+1}=d'_{\min}\\ a_{i+1,j}+1,b_{i+1,j} & d'_{i+1,j}=d'_{\min}\\ a_{i+1,j-1}+1,b_{i+1,j-1}+1 & d'_{i+1,j-1}=d'_{\min}\\ a_{i,j+1},b_{i,j+1}+1 & d'_{i,j+1}=d'_{\min}\end{cases}$$

③类似于②，按从下到上，从右到左的次序计算 d_{ij} 并刷新 a_{ij},b_{ij} 的值。首先计算 d'_{ij}：

$$d'_{ij}=d_{ij}=\sqrt{(a_{ij}^2+b_{ij}^2)}$$
$$d'_{i+1,j+1}=\sqrt{(a_{i+1,j+1}+1)^2+(b_{i+1,j+1}+1)^2}$$
$$d'_{i+1,j}=\sqrt{(a_{i+1,j}+1)^2+b_{i+1,j}^2}$$
$$d'_{i+1,j-1}=d_{ij}=\sqrt{(a_{i+1,j-1}+1)^2+(b_{i+1,j-1}+1)^2}$$
$$d'_{i,j+1}=d_{ij}=\sqrt{a_{i,j+1}^2+(b_{i,j+1}+1)^2}$$
$$d'_{\min}=\min(d'_{ij},d'_{i+1,j+1},d'_{i+1,j},d'_{i+1,j-1},d'_{i,j+1})$$

④对任一像元 P_{ij}，计算其距离值，即

$$d_{ij}=\sqrt{(a_{ij}^2+b_{ij}^2)}$$

欧氏距离变换的精度受栅格尺寸的影响，可以通过减小栅格的尺寸而获得较高的精度，其计算速度也较快。实际上，在欧氏距离变换中可以用 d_{ij}^2 取代 d_{ij} 从而加快计算速度。

栅格方法原理简单，但精度较低，而且内存开销较大，难以实现大数据量的缓冲区分析。由于栅格方法计算简单，许多 GIS 软件首先将矢量数据转化为栅格数据，利用栅格方法建立缓冲区，然后再提取缓冲区边界为矢量数据。但这种矢量—栅格—矢量的多次转换不利于数据精度的保持。

6.4.3　矢量缓冲区的建立方法概述

矢量缓冲区常见的有角平分法和叠加算法。角平分法由三步组成，即逐个线段计算简单平行线，尖角光滑矫正和自相交处理。尖角光滑矫正除角平分线法之外，还可采取圆弧法，但矫正过程都很复杂，难以完备地实现。叠加方法分两步完成。首先求出点、线段等基本元素的缓冲区，然后通过对基本元素缓冲区的叠加运算，求解折线、面边界等复杂目标的缓冲区。下面简单介绍缓冲区建立的叠加算法。

前面提到，空间实体可分为点、线、面三类。在叠加方法中，线段的缓冲区被作为一种基本的缓冲区，称为基元，它是两个半圆（在线段的两端）和一个矩形（线段中部）的并集，形如胶囊。它由两个半圆弧和连接两个半圆弧的两条平行线共同构成。半圆的直径与矩形的高度都等于缓冲区的宽度。而单点看作是线段的特例（长度为 0）。单点缓冲区的形状由胶囊状退化为圆形，是一个以该点为圆心的圆面，圆的直径等于缓冲区的宽度。

通过基元叠加方法，可以合并基元而构造出各种复杂的缓冲区，包括折线和面的缓冲区，如图 6-31 所示。

基元叠加方法包括两个基本步骤，首先是基元的生成，然后是基元的合并。

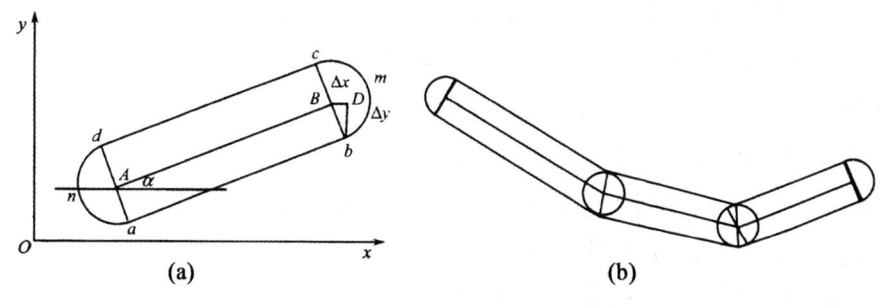

图 6-31 线段缓冲区(a)及其叠加生成的折线缓冲区(b)

1. 基元的生成

基元的基本形状要素包括两个平行的线段和两个以线段端点为圆心的半圆弧。图 6-31a 是一线段 AB 所对应的缓冲区,其中包括缓冲区矩形框 abcd 和弧段 bc 及 da,假设圆半径是 r,A 的坐标为 $(A.x, A.y)$,B 的坐标为 $(B.x, B.y)$。AB 的倾角 arctan $[(B.y-A.y)/(B.x-A.x)]$。$\Delta x=|BD|=r\sin\alpha$,$\Delta y=|Db|=r\cos\alpha$。基元矩形框顶点 a,b,c,d 的坐标为

$a.x=A.x+r\sin\alpha, a.y=A.y-r\cos\alpha$

$b.x=B.x+r\sin\alpha, b.y=B.y-r\cos\alpha$

$c.x=B.x-r\sin\alpha, c.y=B.y+r\cos\alpha$

$d.x=A.x-r\sin\alpha, d.y=A.x+r\cos\alpha$

2. 基元叠加合并

方法是在交点处将基元边界元素分裂打断,再判断其是否落入其他基元内部,并删除落入基元内部的边界元素。基本运算包括求交运算,以及点在多边形内的判断。

求交运算是基元与其他基元进行比较求交,在交点处将基元边界元素分裂打断。可分为线段与线段的求交、圆弧段与线段的求交、圆弧段与圆弧段的求交,分别依据直线方程和圆方程来进行求交点运算。当交点落在直线段上或者圆弧段上时,在交点处将线段或圆弧段打断,分裂为多个段。应该指出,圆弧段通常由短小线段构成的折线逼近,这种情况下求交点的运算全部是直线

与直线的交点。由于短小折线数量大,因此求交运算量很大。

基元边界元素各个段是否落在其他基元内的判断可以归结为点在多边形内与否的判断。由于基元由两个半圆和一个矩形组成,判断过程分两步。首先判断点是否在基元框架的两个半圆中,若点到圆心的距离大于圆的半径,则该点不在半圆内;若点不在半圆内,再判断点是否在基元框架的矩形框中。如果某点在矩形框中,则它与矩形的4个顶点的连线将矩形分割成4个三角形,其面积之和与矩形面积相等。因此,若4条连线及矩形的4条边构成的4个三角形的面积与矩形面积相等,则该点在矩形框内,否则在矩形框外。

6.5 网络分析

6.5.1 网络分析的方法

1. 贪心启发式和局部搜索(Greedy Heuristics and Local Search)

所谓的贪心启发式,涉及这样的一个过程,每一个阶段,是其中一个局部最优的选择,可能会或可能不会导致一些问题的一个全局最优的解决方案。因此,贪心算法是局部搜索,或称为LS算法。

假如在平面上有一组点,或角点$\{V\}$,希望产生一个边界网络$\{E\}$,每个点,通过网络,从其他每一个点,都可以被访问,且这个网络的总长度(欧氏)是最短的。贪心算法解决这个问题的步骤是[也称为最小生成树问题(Minimum Spanning Tree,MST)]:

①以随机的方式,从V选择任意一点$\{x\}$作为起点,定义集合$V^* = \{x\}$和$E^* = \{\}$,即集合V^*使用从原始角点中随机选择的这个单点进行初始化,集合E^*按照一个空的边界集初始化。

②寻找是在集合V中的、不是在集合V^*中的但与集合V^*中对应的一个点(u)的最邻近点(v),并添加到V^*,连接v和u的

边界,添加到 E^*。如果有两个或更多的点与 V^* 中的点是等距离的,则随机选择一个。这一步保证在每次迭代时,连接在 V^* 中的一个点和还不在 V^* 中、将要被加入的点之间的边界是最短的或成本最低的。

③重复前面的步骤,直到 $V^* = V$,集合 E^* 就是 MST。

这就是 Prim 算法,确切地说是全局最优算法。贪心算法有很多变体,如有的是解决赋权图的 MST。

2. 交互启发式算法(Interchange Heuristics)

交互启发式算法是从一个问题的解决方案开始(典型的是一个组合优化问题),然后系统地用当前方案的成员交换初始方案的成员,当前方案的成员要么是根据当前方案的另外部分元素形成,要么是属于"还不是一组成员"形成的元素形成。有许多这类方法的例子,如自动分区算法(AZP)。

最知名的交互启发式算法之一是使用欧氏距离测度的旅行商问题(TSP)的 n 选择家庭应用的标准形式。这是一个简化的改进算法,适用于现有的对称之旅的所有位置。这个算法随机地从方案中简单取两个边界 (i, j) 和 (k, l),用 (i, k)、(j, l) 或 (i, l)、(j, k) 替换它们。对这个构想有几种改进方法,在性能上具有明显差别,其中包括检查修订的旅行线路不包含交叉。这永远不会是最短的配置。对一个交换候选列表来讲,唯一的交换选择是将产生最大效益的。3 选择交换与 2 选择交换基本是一样的,但一次要取 3 个边界。这可能更有效,而且对对称问题是基本的,但具有较高的计算代价。

在位置建模领域,一类常见的问题是确定潜在的设施位置,然后将客户分配到这些位置。我们的目标是将 p 个设施为 m 个客户提供服务的成本降到最低。有一系列算法来解决这个问题,其中在地理空间分析方面,最著名的方法之一是角点的替换算法。例如,给定一组设施的位置,系统评估其边际变化的处理方案是:

①对这个算法进行初始化设施配置,提供第一个"当前方案"。例如,从给定的一组 $n>p$ 的候选位置,随机选择 p 个位置。

②不在当前方案中的第一个候选位置被在当前方案中的每个设施位置替换,基于这个新的设施配置,重新分配客户。目标函数幅度降低最大的,产生替换,如果有的话,选择一个交换。

③当所有的不在当前方案中的候选位置都已经被当前方案中的所有位置替换,迭代完成,然后重复这个过程。

当一个单迭代不会导致一个交换时,算法终止。优化方案算法终止的条件,交换启发式产生的设备配置,满足所有 3 个必要但不是充分的条件:所有的设施对要分配给它们的需求点是局部中位数(最小旅行成本或距离中心);所有的需求点被分配到它们的最近设施;从这个方案中去掉一个设施,用不在这个方案中的候选位置代替它。总是产生一个净增长,或目标函数的值没有变化。注意,这个方案一般来说不是全局优化,不一定是唯一的,也没有任何直接的方式确定哪个方案是最好的(即怎样才是接近最佳的方案)。

3. 元启发式算法(Meta-heuristics)

术语元启发式最初是由 Glover 开发的,现在被用来指超越局部搜索(LS)的方法,作为一种手段寻求全局最优启发式的概念发展,典型地用于模拟一个自然过程(物理的或生物的)。元启发式算法的例子包括塔布搜索、模拟退火、蚁群系统和基因算法。

许多这些算法与生物系统的类比,往往稍显脆弱,如取蚂蚁寻找食物或动物基因遗传有助于产生更健康的后代的想法,而不是细节。此外,许多应用技术用于静态问题,而运行在动态环境中的生物系统,具有内在稳定性和灵活性的次最佳行为通常比一时的最优行为更重要。在最短的时间内发现和吃掉所有的猎物,可能耗尽它们的数量,使它们不能再生产,也就不能提供更多的食物。这种观点不仅提供了这种基于类比方法的值得注意的警示,而且也是它们可以被证明是在动态系统中特别有用的最优化方案之一,如动态电子通信路径优化和实时交通管理领域。

4. 塔布搜索(Tabu Search)

塔布搜索是一种元启发式算法,目的是克服局部搜索(LS)陷入的局部最优问题(如贪心算法)。因此,它是对 LS 算法一般性目的的扩展算法,每当遇到一个局部最优时,其操作允许非改善移动。为了达到这个目的,通过在塔布列表(一种短期存储)中记录最近的搜索历史,确保未来的行动不搜索空间的这部分。

塔布搜索方法是由搜索空间定义的,是局部移动模式(邻域结构)以及使用搜索存储。其步骤如下:

①搜索空间 S,是给定问题的所有方案的简单空间(或纯组合问题)。注意,它或许很大,或对一些问题是无穷大(如这些可能包括要优化的离散和连续变量的混合)。搜索空间可能包括可行的和不可行的方案,以及在一些允许情况下,搜索空间扩展到不可行区域是必要的(如为松弛的约束检查可行方案)。

②邻域结构确定了一组移动,或转换,当前搜索空间 S,受到单次迭代过程的影响。因此,邻域 N,是搜索空间的子空间(很小)$N \subset S$。这种转换的一个简单例子是一组交互启发式,当前方案的一个或多个元素被来自当前方案的其他部分的一个或多个元素,或元素位于方案内容之外替换。

③搜索存储,特别是短期搜索存储,具有明显不同于其他大多数方法。一个典型的例子是当前移动列表的保留时间,其倒过来就是塔布搜索的迭代次数,称为塔布任期(Tabu Tenure)。对于网络路径问题,客户 A 刚好从路径 1 移动到路径 2,短期内防止这种交换的逆转,是为了避免没有改善的循环。这种方法的风险是:有时这样的移动是有吸引力的和有效的,可以通过松弛严格的塔布方式得到改善。典型允许的松弛(使用"意愿标准",Aspiration Criteria)允许塔布移动,如果它可以导致产生具有一个目标函数值的方案,则这个值是迄今为止已知的最佳改善值。

尽管有这些保护,无论是效率还是质量,塔布搜索仍然是低表面的。人们设计了多种技术改善这种表现,大多数设计是具体问题,包括从空间 N 中采样的概率选择,为了减少处理的开销而引入的随机性,和减少遭遇循环的风险;集约化,当前的解决方案(例如,整个路由或分配)的一些组件被固定,而其他元素允许继续被修改;多样化,当前的解决方案的组件,已经出现频繁或连续迭代过程开始以来有系统地从方案中除去,以便使未使用的或很少使用的组件产生一个整体改善的机会;代理目标函数,也可以提高方案的性能(虽然不是直接的质量),通过减少开销,即有时改变目标函数的当前计算值。如果代理函数与目标函数是高度相关的,则计算会非常简单,可以是许多操作在给定的时间周期进行,因此扩大了方案检查的范围;这种杂交的技术逐渐发展为一种实践,与塔布搜索类似的另外一种方法是基因算法。

5. 交叉熵方法(Cross Entropy,CE)

CE 方法是一个迭代方法,可以应用于广泛的问题,包括最短路径和旅行商问题。其步骤包括:

①按照定义的随机机制(如蒙特卡洛过程),产生一个随机数据(轨迹、向量等)的样本。

②在这个数据基础上,更新随机机制的参数,为了产生下一次迭代"更好"的样本。

更新机制使用交叉熵统计的离散版本。在基本形式方面,这个统计是比较两个概率分布,或一个概率分布和一个参考分布。

6. 模拟退火算法(Simulated Annealing)

模拟退火算法是由 Kirkpatrick 开发的元启发式方法,其名称和方法的由来是当玻璃或金属被系统加热和重新加热,然后允许持续冷却后所表现出的行为。其目的与其他的元启发式一样,是获得给定问题的全局最优的一个最接近的方案。

模拟退火算法可以看作是自由行走在这个方案空间 S 的托管形式,邻域空间的探索通过求助于退火的行为确定,这反过来关系到这个过程经过一段时间的温度。方法如下：

①定义问题的初始配置，如一个随机方案 S_0^*、关于这个方案的一个初始温度变量 T，以及评价成本 C_0^*（如总长度或旅行时间）。

②扰动 S_0^* 到一个新的邻近状态 S_1^*，如根据一些随机坐标的步长，移动一个潜在的设施的位置，或通过交换过程。计算这个新状态的成本 C_1^* 并减去 C_0^*，得到成本差 ΔC。

③如果 $\Delta C < 0$，则新配置具有较低的总体成本，选择新配置作为当前首选的配置。然而，如果成本较高，根据都市准则（Metropolis Criterion），仍然保留新配置的选项：

$$p = e^{-\Delta C/T}$$

如果 $p < u$，则 u 是在 $[0,1]$ 范围内的均匀随机数。如果使用这个准则，则温度变量 T，按照一个因子 α 降低（如 $\alpha = 0.9$），并从前一个步长迭代开始，直到达到一些停止的准则为止（如迭代次数，目标函数提高的绝对或相对值）。

从温度参数控制的意义讲，这种搜索空间的方式是遍历的，从较大的步长开始，然后，降低温度（退火进度），用越来越小的步长，直到 $T=0$，或达到另外的停止准则。

模拟退火算法是一个相对较慢的技术，因此，针对具体问题进行修改，模型的统计分析行为的结果会得到明显的改善。然而，这样的改变可能会去掉最终全局最优的保证。模拟退化算法显著的优点包括简单的基本算法，处理过程的低存储开销，适用优化的问题范围广（地理空间的或其他的）。在地理空间领域，该算法成功应用于各种问题，如设施位置优化和旅行商问题。

7. 拉格朗日乘数和松弛（Lagrangian Multipliers and Relaxation）

拉格朗日松弛是在经典优化问题方面拉格朗日乘数应用的泛化。因此，在讨论这个方法之前，先介绍松弛的概念。

将所谓的"经典约束优化问题"应用于实值连续可微函数（称为 C_1 类函数）$f(\ )$，$g(\ )$ 的形式为：

Maximise z where
$$z = f(x_1, x_2, x_3, \cdots), \text{subject to}$$
$$g_i(x_1, x_2, x_3, \cdots), d_i, \quad i = 1, 2, 3, \cdots$$

或使用矢量概念：

Maximise z where
$$z = f(x), \text{subject to}$$
$$g_i(x) = d_i, d_i, i = 1, 2, 3, \cdots$$

其中，z 表达式称为目标函数，$g_i()$ 是约束条件，x_i 是变量，d_i 是常数。在这里，约束条件表现为平等的（包括不平等的），这是常见的，可以按照各种方式处理，包括使用替代变量。

这类问题可以使用拉格朗日乘数转换为非约束优化问题。这种处理可以简化寻找局部或全局最大值或最小值的工作。以上面例子为例，所有的约束条件可以转换为目标函数，形式是：

Maximise z where
$$z = f(x) + \sum_i \lambda_i [d_i - g_i(x)]$$

其中，λ_i 是拉格朗日乘数。然后，解决约束问题就转换为计算最大值或最小值之一的一个单一表达式，而这又需要确定引进的乘数。这可以通过寻找修改后的目标函数的差分获得，使用对应的每个 x_i 和同等的到 0 的结果的差分。虽然对拉格朗日乘数值的解释不是这个过程中的一个重要部分，但在大多数情况下，它们可以被解释为 i^{th} 个约束的重要性测度。

拉格朗日松弛是上述过程的泛化应用，其思想是通过修改目标函数，松弛约束条件。松弛问题则可以被解决（如果可能），且这可以提供一个对原问题的一组可能的方案的低的（或高的）边界范围。所得到的更小的解决方案空间则可能被用于更系统的搜索或企图可能缩小下限和上限的范围，直到它们满足要求。

例如，假设我们试图最大化的简单的线性表达是：

Maximise z where
$$z = \sum_j a_j x_j, \text{subject to}$$

第 6 章 地理数据空间分析

$$g_1: \sum_j b_{1j}x_j \leqslant d_1, \text{and}$$

$$g_2: \sum_j b_{2j}x_j \leqslant d_2$$

附加条件可能是所有的 x_j,都必须大于或等于 0,以及对于具有离散的方案的问题,方案的值必须是整数。

我们可以松弛这个问题,同时仍然保留目标函数的线性形式,将约束条件移入目标函数,同时降低其不平等性,如:

$$z = \sum_j a_j x_j + \sum_i \lambda_i (d_i - \sum_j b_{ij} x_j)$$

如果所有的 $\lambda_i = 0$,则目标函数的第二项将消失,这样约束就不是方案的一部分。但如果任何的 $\lambda_i > 0$,我们试图优化的目标函数的值,当我们解除约束时,会变化(增加或减少)。通过调整对原问题的松弛的度,正矢量 λ(拉格朗日乘数)按系统方式改变,或替换搜索方法,减小方案空间,可以获得对原问题的更接近的近似方案。

8. 蚁群系统和蚁群优化(Ant Systems and Ant Colony Optimization,ACO)

蚁群系统来自蚂蚁寻找食物行为的灵感。人们已经观察到,蚂蚁在探索周围环境时,在足迹上使用信息素。成功的足迹(如这些用于引导食物来源)会迫使越来越多的蚂蚁使用它们(学习或集体记忆的一种形式)。早期这种行为模型用于解决困难的组合问题,如 TSP。原始的组合问题模型,如蚁群系统(AS),对小型的 TSP 实例工作良好,但不适合较大的实例。这鼓励人们开发更复杂的模型,特别是基于 AS 的思量和有效的局部搜索策略(LS)。

设 m 是蚂蚁的数量,n 是城市数量($m \leqslant n$),t 是计算的迭代计数,d_{ij} 是城市之间的距离测度,并定义问题参数 α、β。对连接城市 i 和 j 的弧段 (i,j) 定义初始信息素值 T_{ij}。

①将每个蚂蚁放置在一个随机选择的城市。

②按照以下方式为每个蚂蚁构造城市的旅行路线:当前在城

市 i 的一只蚂蚁访问一个未访问的城市 j，以从城市 i 和 j 之间距离这个弧段的长度作为当前信息素轨迹长度定义的概率确定。

③优化改善使用局部搜索启发式方法产生的每只蚂蚁的独立路径。

④对每只蚂蚁重复这个过程，完成后，更新信息素轨迹值。

概率函数定义，当前在城市的蚂蚁 k，迭代次数是 t，标准概率函数（蚂蚁现在应当访问城市 j 吗？）形式是：

$$p_{ij}^k(t) = \frac{[\tau_{ij}(t)]^\alpha (\eta_{ij})^\beta}{\sum_{t \in N} [\tau_{it}(t)]^\alpha (\eta_{ij})^\beta}, \text{where}$$

$$\eta_{ij} = \frac{1}{d_{ij}}$$

其中，集合 N 是这只蚂蚁的有效邻域，即还没有访问的城市，概率函数由两部分构成：第一部分是信息素轨迹的长度；第二部分是距离衰减因子。如果 $\alpha=0$，则这个信息素部分没有影响，概率分配按照哪个城市最近进行，即基本的贪心算法；但如果 $\beta=0$，则分配简单地根据信息素轨迹的长度进行，已经发现这会导致方案停留在次优路径优化。

理论上，更新信息素轨迹，信息素轨迹能够被连续更新，或在一只蚂蚁完成旅行之后更新。但实际发现，在所有蚂蚁完成一次迭代后更新信息素轨迹更有效。更新包括两个部分：第一部分，用一个常数因子 ρ，减小所有的轨迹值（模拟一个蒸发的过程）；第二部分，基于 k^{th} 只蚂蚁的路径长度，对所有的蚂蚁，添加一个增量，$L^k(t)$：

$$\tau_{ij}(t+1) = (1-\rho)\tau_{ij}(t) + \sum_{k=1}^{m} \Delta \tau_{ij}^k(t),$$

$$\text{where } 0 < \rho \leqslant 1, \text{and}$$

$$\Delta \tau_{ij}^k(t) = 0$$

更新首先要保证连接的弧段不能变成过饱和的信息素轨迹，其次，蚂蚁访问过的弧段是信息素增加最快的弧段的最短弧段，对于重新执行或学习过程。通过一些小的改进，可以提高方案的质量，如限制信息素轨迹的最小和最大值，用这个范围的上限进行初始化;只允许更新最佳表现的蚂蚁的轨迹值,而不是所有蚂蚁的。

6.5.2 主要的网络分析应用

1. 最短路径分析

设 G 是一个有向图的网络,对于它的每条边或每一对顶点 (v_i,v_j) 都可以对应一个数 $M(v_i,v_j)$。在实际应用过程中,对于 $M(v_i,v_j)$ 的取值是这样规定的:

①如果边以 v_i 为起点,v_j 为终点,则取这个边的长度。

②如果顶点$(v_i、v_j)$不是某一条边为起点和终点,那么取值为$+\infty$。

③如果 $v_i=v_j$,取值为 0。

显然,$M(v_i,v_j)$是一个非负的数。下面将介绍相关算法,以找出位于两点间的最短路径和长度。

到目前为止,迪克斯查(E. W. Dijkstra)提出的标号法是解决最短路径问题最好的方法。这个方法的突出优点是:它不仅求出了起点到终点的最短路径及其长度,而且求出了起点到图中其他各顶点的最短路径和长度。

设 G 是一个有向图,并且每一对顶点(v_i,v_j)都已赋值 $M(v_i,v_j)$,在 G 中指定两个顶点,即起点 V_1,终点 V_n,现需找出以 V_1 为起点,V_n 为终点的有向路径和长度。

标号法的整个过程是若干次循环,在每一个循环过程中,将求出 V_1 到某一顶点 V_j 的最短有向路径以及其长度 $M(j)$。这时,就把 $M(j)$作为 v_j 的标号。从这里可以看出,所谓 V_j 点的标号 $M(j)$就是起点到 v_j 的最短有向路径的长度。

下面详细介绍算法的步骤:

开始,给起点 V_1 以标号 $M(1)=0$,然后就可以作循环了,每次循环可以分为若干步:

①设 V_1 为一已标号顶点,求出所有 $M(V_1,V_j)$,其中,V_j 是未标号点,如果未标号点已没有,计算结束。

②计算 $M(J)=\min\{M(J),M(i)+M(V_1,V_j)\}$,$V_i$ 是已标

号点或起点,V_j 是未标号点。

③计算出 $\min\limits_{i,j}[M(J)]=M(j_0)$,其中,$V_i$ 已经标号,V_j 未标号,给 V_j 以标号 $M(j_0)=M(J)$,返回第一步。

现在以图 6-32 为例说明标号法的具体计算过程。在图 6-32 中,计算有向图 V_1 到 V_7 的最短有向路径及其长度。

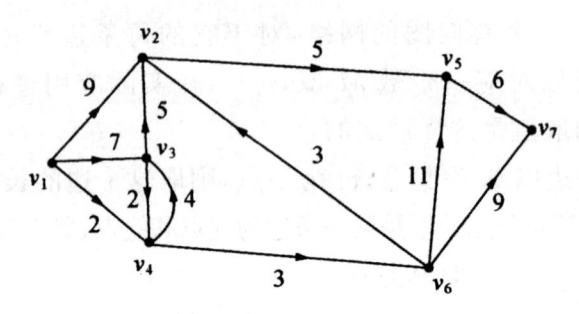

图 6-32 有向图及其长度

首先按图 6-32 得到原始数据矩阵 **M**。

$$M=\begin{vmatrix} 0 & 9 & 7 & 2 & \infty & \infty & \infty \\ \infty & 0 & \infty & \infty & 5 & \infty & \infty \\ \infty & 5 & 0 & 2 & \infty & \infty & \infty \\ \infty & \infty & 4 & 0 & \infty & 3 & \infty \\ \infty & \infty & \infty & \infty & 0 & \infty & 6 \\ \infty & 3 & \infty & \infty & 11 & \infty & 9 \\ \infty & \infty & \infty & \infty & \infty & \infty & 0 \end{vmatrix}$$

在上式中,第 i 行、j 列的元素为 $M(V_i,V_j)$ 的值,$M(1)=0$,$M(J)=\infty$,$J\in T$,$T=\{2,3,4,5,6,7\}$ 表示未标号点的集合。

第一次循环,$S=1,I=1,T=\{2,3,4,5,6,7\}$,算出

$M(2)=9,M(3)=7,M(4)=2$,
$M(5)=\infty,M(6)=\infty,M(7)=\infty$,
$J_0=4,T=\{2,3,5,6,7\}$;

第二次循环,$S=2,I=4,T=\{2,3,5,6,7\}$,算出

$M(2)=9,M(3)=6,M(5)=\infty$,
$M(6)=5,M(7)=\infty$,
$J_0=6,T=\{2,3,5,7\}$;

第三次循环，$S=3, I=6, T=\{2,3,5,7\}$，算出
$$M(2)=8, M(3)=6, M(5)=16, M(7)=14,$$
$$J_0=3, T=\{2,5,7\};$$

第四次循环，$S=4, I=3, T=\{2,5,7\}$，算出
$$M(2)=8, M(5)=16, M(7)=14,$$
$$J_0=2, T=\{5,7\};$$

第五次循环，$S=5, I=2, T=\{5,7\}$，算出
$$M(5)=13, M(7)=14,$$
$$J_0=5, T=\{7\};$$

第六次循环，$S=6, I=5, T=\{7\}$计算结束。
$$M(7)=14$$
$$J_0=7$$

由计算得到，V_1到V_7的最短有向路径的长度为14。在上述算法中，并没有把最短有向路径自动标出来。如果需要利用计算机自动标出具体的路径，可以采用如下算法：在每次循环中，看$M(7)$的值，如果$M(7)$的值取∞，就把这次循环的J_0记下来。如果$M(7)$取有限数，把它与上一次循环中的$M(7)$进行比较，如有改变，则把J_0记下，否则不记J_0。这样记下的一串J_0就可以确定最短路径所经过的点。在本例中是4、6，故最短路径为：$V_1 \to V_4 \to V_6 \to V_7$。

上面介绍的算法是针对有向图的，对于无向图的最短路径是对称的，即$M(i,j)=M(j,i)$。

在交通运输的时间问题中，往往需要求出一个网络图中的任意两个顶点间最短路径的长度。例如，通过GIS查询北京动物园到圆明园的最短路径。

2. 服务点的最优区位问题

在城市管理中，利用GIS技术确定服务点的最优区位问题十分重要，如确定幼儿园、商场、消防队、医院、交通场站等的最优位置，以达到服务、资源的最优配置。

最优服务点的最优区位问题有两种算法供选择。现分别论述如下：

① 设 G 是一个有 n 个顶点：$V=\{v_1,v_2,\cdots,v_n\}$，m 条边：$E=\{e_1,e_2,\cdots,e_m\}$ 的无向连通图，那么对于每一个顶点 v_i，它与各顶点间的最短路径的长度为

$$d_{i1},d_{i2},\cdots,d_{in}$$

上式的最大数称为顶点 v_i 的最大服务距离，用 $e(v_i)$ 表示。为了得到服务点的最优区位，需要解决如下问题：求出一个点 v_{i0} 使得 $e(v_{i0})$ 具有最小的值。这样处理数据的含义是很明显的。因为在图上找出这个点 v_{i0} 后，把服务点设在这个位置上，对于分散在各个顶点上的服务对象来说，最远的服务对象与服务点之间的距离达到了最小。这个点称为图 G 的中心。这对于医院、消防队一类服务点的布置是有实际意义的。

下面举一例，以图 6-33 说明数据处理的步骤。在图 6-33 中，计算 G 的中心。

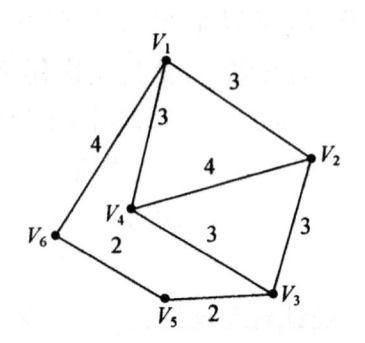

图 6-33　无向图及其长度

首先计算出 G 的距离表

$$\begin{bmatrix} 0 & 3 & 6 & 3 & 6 & 4 \\ 3 & 0 & 3 & 4 & 5 & 7 \\ 6 & 3 & 0 & 3 & 2 & 4 \\ 3 & 4 & 3 & 0 & 5 & 7 \\ 6 & 5 & 2 & 5 & 0 & 2 \\ 4 & 7 & 4 & 7 & 2 & 0 \end{bmatrix}$$

其次，计算每一行的最大值，得

$$e(v_1)=6, e(v_2)=7, e(v_3)=6,$$
$$e(v_4)=7, e(v_5)=6, e(v_6)=7,$$

最后求 $\min\limits_{1\leqslant i\leqslant 6}[e(v_i)]=6$,定出 v_1,v_3,v_5 均是 G 的中心。

② 设 G 是一个有 n 个顶点：$V=\{v_1,v_2,\cdots,v_n\}$, m 条边：$E=\{e_1,e_2,\cdots,e_m\}$ 的无向连通图,那么对于每一个顶点 v_i,它与各顶点间的最短路径的长度为

$$d_{i1},d_{i2},\cdots,d_{in}$$

并设每个顶点有一个正负荷 $a(v_i)$, $i=1,2,\cdots,n$。先求出一个顶点 v_i,使得

$$S(v_i)=\sum_{j=1}^{n}a(v_j)d_{i,j}$$

为最小,此点被认为是 G 点的中央点。

在交通运输中,在保持总运量要求最小的情况下,站场区位问题可以归结为上述中央点的计算问题。

下面以图 6-34 为例说明中心点的计算方法。

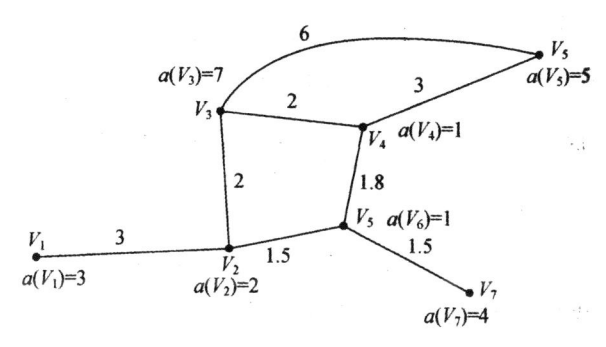

图 6-34 顶点有负荷的无向图及其长度

首先,计算 G 的距离方阵

$$\begin{bmatrix} 0 & 3 & 5 & 6.3 & 9.3 & 4.5 & 6 \\ 3 & 0 & 2 & 3.3 & 6.3 & 1.5 & 3 \\ 5 & 2 & 0 & 2 & 5 & 3.5 & 3 \\ 6.3 & 3.3 & 2 & 0 & 3 & 1.8 & 3.3 \\ 9.3 & 6.3 & 5 & 3 & 0 & 4.8 & 6.3 \\ 4.5 & 1.5 & 3.5 & 1.8 & 4.8 & 0 & 1.5 \\ 6 & 3 & 5 & 3.3 & 6.3 & 1.5 & 0 \end{bmatrix}$$

然后求出：

$S(v_1)=122.3$　$S(v_2)=71.3$　$S(v_3)=69.5$　$S(v_4)=69.5$

$S(v_5)=108.5$　$S(v_6)=72.8$　$S(v_7)=95.3$

最后得到 G 的中央点是 v_3 和 v_4。

3. 最小生成树

生成树是图的极小连通子图。一个连通的赋权图 G 可能有很多的生成树。设 T 为图 G 的一个生成树，若把 T 中各边的权数相加，则这个和数称为生成树 T 的权数。在 G 的所有生成树中，权数最小的生成树称为 G 的最小生成树。

在实际应用中，常有类似在 n 个城市间建立通信线路这样的问题。这可用图来表示，图的顶点表示城市，边表示两城市间的线路，边上所赋的权值表示代价。对 n 个顶点的图可以建立许多生成树，每一棵树可以是一个通信网。若要使通信网的造价最低，就需要构造图的最小生成树。

构造最小生成树的依据有两条：

①在网中选择 $n-1$ 条边连接网的 n 个顶点。

②尽可能选取权值为最小的边。

下面介绍构造最小生成树的克罗斯克尔（Kruskal）算法。该算法是 1956 年提出的，俗称"避圈"法。设图 G 是由 m 个节点构成的连通赋权图，则构造最小生成树的步骤如下：

①先把图 G 中的各边按权数从小到大重新排列，并取权数最小的一条边为 T 中的边。

②在剩下的边中，按顺序取下一条边。若该边与 T 中已有的边构成回路，则舍去该边，否则选进 T 中。

③重复②，直到有 $m-1$ 条边被选进 T 中，这 $m-1$ 条边就是 G 的最小生成树。

设有如图 6-35a 所示的图，图的每条边上标有权数。为了使权数的总和为最小，应该从权数最小的边选起。在此，选边 (2,3)；去掉该边后，在图中取权数最小的边，此时，可选 (2,4) 或

(3,4),设取(2,4);去掉(2,4)边,下一条权数最小的边为(3,4),但使用边(3,4)后会出现回路,故不可取,应去掉边(3,4);下一条权数最小的边为(2,6);依上述方法重复,可形成图 6-35b 所示的最小生成树。如果前面不取(2,4),而取(3,4),则形成图 6-35(c)所示的最小生成树。

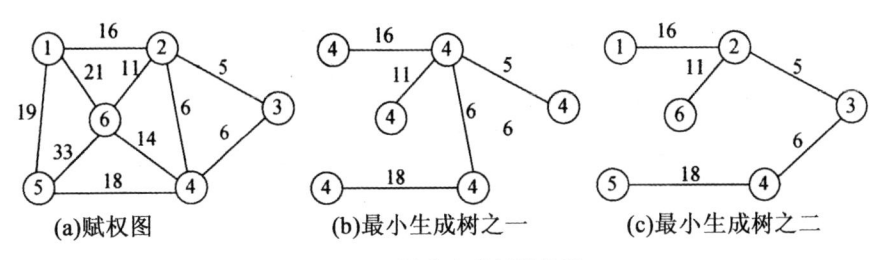

(a)赋权图　　　(b)最小生成树之一　　　(c)最小生成树之二

图 6-35　最小生成树的构造

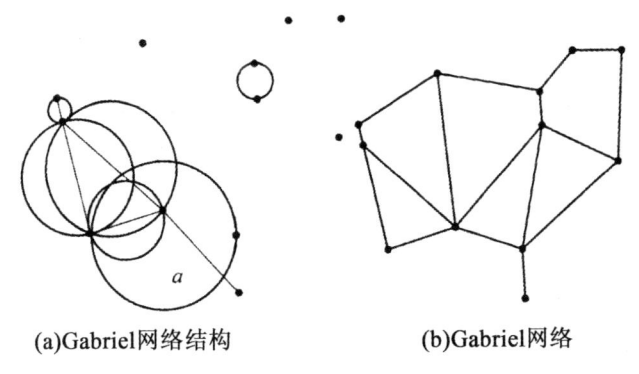

4. Gabriel 网络

Gabriel 网络是最小生成树(Minimal Spanning Tree,MST)的一种子集形式,具有多种用途,是以原创者 K. R. Gabriel 命名的。关于一组点数据集的 Gabriel 网络,如图 6-36 所示,是通过在源数据集中添加对点之间的边界创建的,如果没有该组的其他点包含在直径通过两个点的圆内,如图 6-36 中的黑色圆。

(a)Gabriel网络结构　　　(b)Gabriel网络

图 6-36　Gabriel 网络结构

在这个例子中,标记为 a 的圆圈包围另一点的集合,因此不包括在用于创建这个圈里的两个点之间的联系最终的解决方案中(直线)。该过程继续,直到所有的点都按照这个条件,图 6-37 已经以这种方式检查和连接。

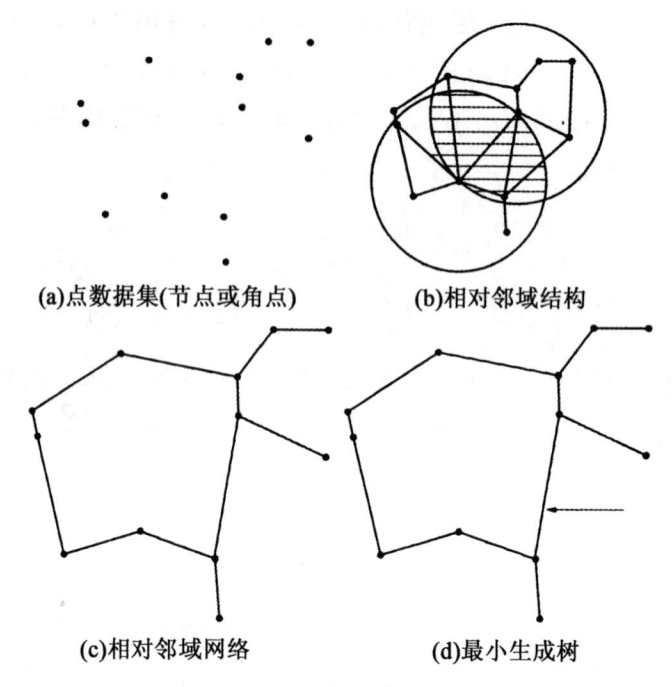

(a)点数据集(节点或角点)　　(b)相对邻域结构

(c)相对邻域网络　　(d)最小生成树

图 6-37　相对邻域网络和有关的结构

Gabriel 网络提供了比 MST 包含更多链接的一种网络形式，因而能提供更高的附近点但实际不是最邻近点之间的连通性。据介绍是唯一定义点集连接性的方法，没有其他点被认为处于连接对之间。著名的是种群基因研究(人或其他)已经被用于各种应用。依据这种连接性，边界权重测度，构建空间权重矩阵，用于自相关分析。可以按照 MST 的方法，产生 Gabriel 网络子集。

①构建 Gabriel 网络的初始子集，使用的附加条件是没有其他的点位于放置在每个 Gabriel 网络节点上的，半径等于这两个分离的点之间的半径定义的圆的交叉区域，如图 6-37b 所示。其结果称为相对邻域网络，如图 6-37c 所示。

②在相对网络中移除最长，但不破坏整体的网络连接性的链。

③重复步骤②，直到在总长度上不再减少为止，如图 6-37d 所示，箭头标识的线是唯一要移除的边界。

上述方法尽管描述得不详细，完全可以按照 MST 方法产生。Gabriel 网络只是 MST 的子集，需要进行缩减工作，直到满足 MST 的定义。其方法的变体是 k-MST，在一个 MST 寻求一个给定的子集，$k \leqslant n$ 个顶点，其余顶点要么通过连接现有的边界集，要么不连接。

6.6 数字高程模型分析

6.6.1 DEM 的表示模型

1. 等高线模型

等高线模型表示高程，高程值的集合是已知的，每一条等高线对应一个已知的高程值，这样一系列等高线集合和它们的高程值一起就构成了一种地面高程模型，如图 6-38 所示。

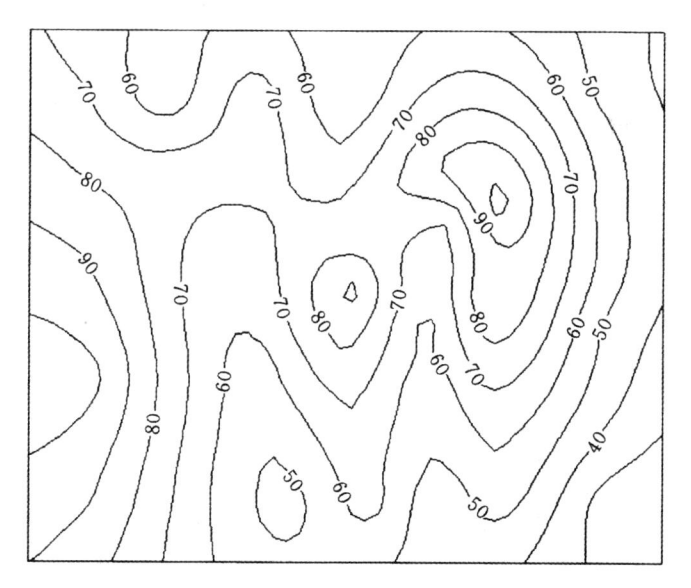

图 6-38 等高线

等高线通常被存成一个有序的坐标点对序列，可以认为是一条带有高程值属性的简单多边形或多边形弧段。由于等高线模型只表达了区域的部分高程值,往往需要一种插值方法来计算落在等高线外的其他点的高程,又因为这些点是落在两条等高线包围的区域内,所以,通常只使用外包的两条等高线的高程进行插值。

2. 规则网格模型

规则网格,通常是正方形,也可以是矩形、三角形等规则网格。规则网格将区域空间切分为规则的网格单元,每个网格单元对应一个数值。数学上可以表示为一个矩阵,在计算机实现中则是一个二维数组。每个网格单元或数组的一个元素,对应一个高程值,如图 6-39 所示。

对于每个网格的数值有两种不同的解释。第一种是网格栅格观点,认为该网格单元的数值是其中所有点的高程值,即网格单元对应的地面面积内高程是均一的高度,这种数字高程模型是一个不连续的函数。第二种是点栅格观点,认为该网格单元的数值是网格中心点的高程或该网格单元的平均高程值,这样就需要用一种插值方法来计算每个点的高程。计算任何不是网格中心的数据点的高程值,使用周围 4 个中心点的高程值,采用距离加权平均方法进行计算,当然也可使用样条函数和克里金插值方法。

91	78	63	50	53	63	44	55	43	25
94	81	64	51	57	62	50	60	50	35
100	84	66	55	64	66	54	65	57	42
103	84	66	56	72	71	58	74	65	47
96	82	66	63	80	78	80	84	72	49
91	79	66	66	80	80	62	86	77	56
86	78	68	69	74	75	70	93	82	57
80	75	73	72	68	75	86	100	81	56
74	67	69	74	62	66	83	88	73	53
70	56	62	74	57	58	71	74	63	45

图 6-39 网格 DEM

规则网格的高程矩阵,可以很容易地用计算机进行处理,特别是栅格数据结构的地理信息系统。它还可以很容易地计算等高线、坡度坡向、山坡阴影和自动提取流域地形,使得它成为DEM最广泛使用的格式,目前许多国家提供的DEM数据都是以规则网格的数据矩阵形式提供的。网格DEM的缺点是不能准确表示地形的结构和细部,为避免这些问题,可采用附加地形特征数据,如地形特征点、山脊线、谷底线、断裂线,以描述地形结构。

网格DEM的另一个缺点是数据量过大,给数据管理带来了不方便,通常要进行压缩存储。DEM数据的无损压缩可以采用普通的栅格数据压缩方式,如游程编码、块码等,但是由于DEM数据反映了地形的连续起伏变化,通常比较"破碎",普通压缩方式难以达到很好的效果;因此对于网格DEM数据,可以采用哈夫曼编码进行无损压缩;有时,在牺牲细节信息的前提下,可以对网格DEM进行有损压缩,通常的有损压缩大都是基于离散余弦变换(Discrete Cosine Transformation,DCT)或小波变换(Wavelet Transformation,WT)的,由于小波变换具有较好的保持细节的特性,近年来将小波变换应用于DEM数据处理的研究较多。

3. 层次模型

层次地形模型(Layer of Details,LOD)是一种表达多种不同精度水平的数字高程模型。大多数层次模型是基于不规则三角网模型的,通常不规则三角网的数据点越多精度越高,数据点越少精度越低,但数据点多则要求更多的计算资源。所以如果在精度满足要求的情况下,最好使用尽可能少的数据点。层次地形模型允许根据不同的任务要求选择不同精度的地形模型。层次模型的思想很理想,但在实际运用中必须注意以下几个重要的问题。

①层次模型的存储问题,很显然,与直接存储不同,层次的数据必然导致数据冗余。

②自动搜索的效率问题,例如,搜索一个点可能先在最粗的

层次上搜索,再在更细的层次上搜索,直到找到该点。

③三角网形状的优化问题,例如,可以使用 Delaunay 三角剖分。

④模型可能允许根据地形的复杂程度采用不同详细层次的混合模型,例如,对于飞行模拟,近处必须显示比远处更为详细的地形特征。

⑤在表达地貌特征方面应该一致,例如,如果在某个层次的地形模型上有一个明显的山峰,在更细层次的地形模型上也应该有这个山峰。

这些问题目前还没有一个公认的最好的解决方案,仍需进一步深入研究。

4. 不规则三角网(TIN)模型

尽管规则网格 DEM 在计算和应用方面有许多优点,但也存在许多难以克服的缺陷。

①在地形平坦的地方,存在大量的数据冗余。

②在不改变网格大小的情况下,难以表达复杂地形的突变现象。

③在某些计算,如通视问题,过分强调网格的轴方向。

不规则三角网(Triangulated Irregular Network,TIN)是另外一种表示数字高程模型的方法,它既减少规则网格方法带来的数据冗余,同时在计算(如坡度)效率方面又优于纯粹基于等高线的方法,如图 6-40 所示。

TIN 模型根据区域有限个点集将区域划分为相连的三角面网络,区域中任意点落在三角面的顶点、边上或三角形内。如果点不在顶点上,该点的高程值通常通过线性插值的方法得到(在边上用边的两个顶点的高程,在三角形内则用 3 个顶点的高程)。所以 TIN 是一个三维空间的分段线性模型,在整个区域内连续但不可微。

TIN 的数据存储方式比网格 DEM 复杂,它不仅要存储每个点的高程,还要存储其平面坐标、节点连接的拓扑关系,三角形及邻接三角形等关系。TIN 模型在概念上类似于多边形网络的矢量拓扑结构,只是 TIN 模型不需要定义"岛"和"洞"的拓扑关系。

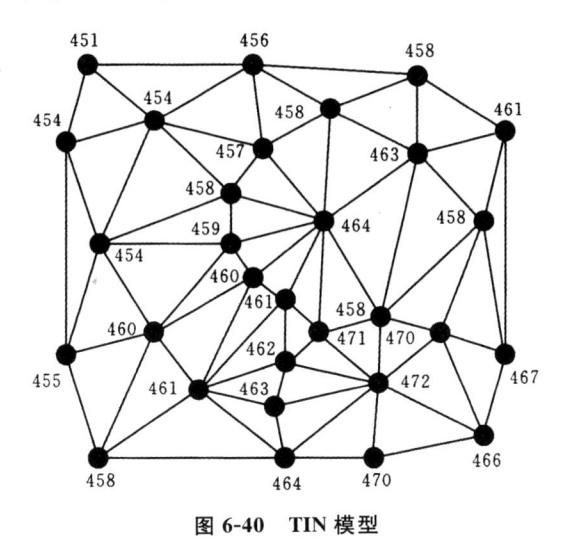

图 6-40 TIN 模型

有许多种表达 TIN 拓扑结构的存储方式,一个简单的记录方式是:对于每一个三角形、边和节点都对应一个记录,三角形的记录包括 3 个指向它 3 个边的记录的指针;边的记录有 4 个指针字段,包括两个指向相邻三角形记录的指针和它的两个顶点的记录的指针;也可以直接对每个三角形记录其顶点和相邻三角形,如图 6-41 所示。每个节点包括 3 个坐标值的字段,分别存储 X,X,Z 坐标。这种拓扑网络结构的特点是对于给定一个 3 角形查询其三个顶点高程和相邻三角形所用的时间是定长的,在沿直线计算地形剖面线时具有较高的效率。当然可以在此结构的基础上增加其他变化,以提高某些特殊运算的效率,例如,在顶点的记录里增加指向其关联的边的指针。

不规则三角网数字高程由连续的三角面组成,三角面的形状和大小取决于不规则分布的测点,或节点的位置和密度。不规则三角网与高程矩阵方法的不同之处是随地形起伏变化的复杂性而改变采样点的密度和决定采样点的位置,因而它能够避免地形平坦时的数据冗余,又能按地形特征点如山脊、山谷线、地形变化线等表示数字高程特征。

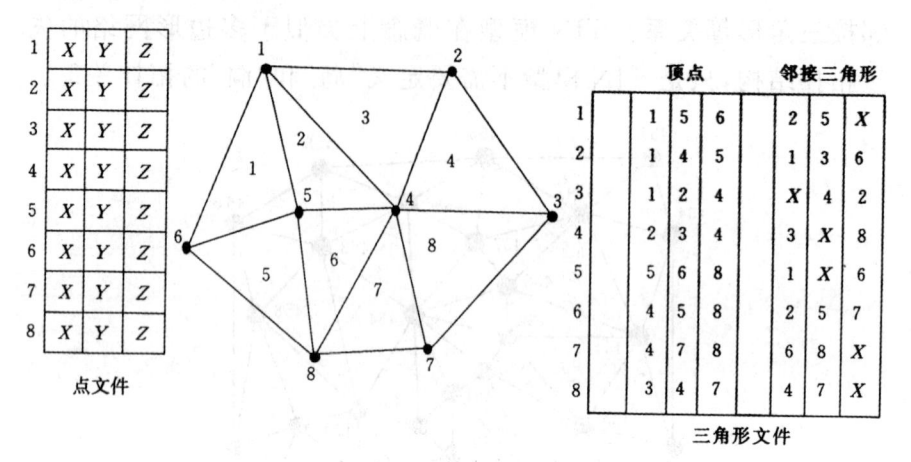

图 6-41 三角网的一种存储方式

6.6.2 基于 DEM 的信息提取

1. 坡度的计算

地表单元的坡度就是其切平面的法线方向 $\bar{n}$ 与 Z 轴的夹角，如图 6-42 所示。坡度 G 的计算公式为

$$\text{tg}G = \sqrt{(\Delta Z/\Delta x)^2 + (\Delta Z/\Delta y)^2}$$

例如，对于网格 DEM，如图 6-43 所示，若 Z_a、Z_b、Z_c、Z_d 是一个网格上的 4 个网格点的高程，d_s 为网格的边长，则网格的坡度可由下式计算：

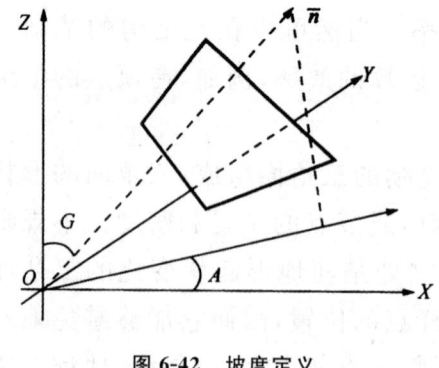

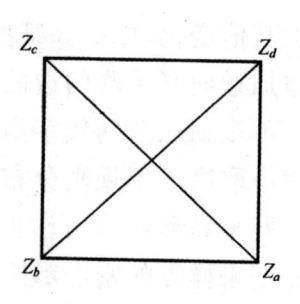

图 6-42 坡度定义　　　　图 6-43 坡度计算网格

$$G=\text{arctg}\sqrt{u^2+v^2}$$

$$u=\frac{\sqrt{2}(Z_a-Z_b)}{2d_s}$$

$$v=\frac{\sqrt{2}(Z_c-Z_d)}{2d_s}$$

若需求网格点上的坡度时,可取 3×3 的网格单元进行类似的计算。也可求出该网格点 8 个方向上的坡度,再取其最大值。

2. 坡向的计算

坡向是地表单元的法向量在 OXY 平面上的投影与 X 轴之间的夹角,如图 6-42 所示。坡向通常要换算成正北方向起算的角度。其计算公式为

$$\text{tg}A=\frac{\Delta Z/\Delta y}{\Delta Z/\Delta x},\ -\pi<A<\pi$$

对于网格 DEM,如图 6-43 所示,则坡度的计算公式为

$$A=\text{arctg}\left(-\frac{v}{u}\right)$$

其中,$u=\dfrac{\sqrt{2}(Z_a-Z_b)}{2d_s}$,$v=\dfrac{\sqrt{2}(Z_c-Z_d)}{2d_s}$。

6.6.3 基于 DEM 的可视化分析

1. 剖面分析

如果在地形剖面上叠加上其他地理变量,如坡度、土壤、植被、土地利用现状等,可以提供土地利用规划、工程选线和选址等决策依据。

坡度图的绘制应在网格 DEM 或三角网 DEM 上进行。已知两点的坐标 $A(x_1,y_1)$,$B(x_2,y_2)$,则可求出两点连线与网格或三角网的交点,以及各交点之间的距离。然后按选定的垂直比例尺和水平比例尺,按距离和高程绘出剖面图,如图 6-44 所示。

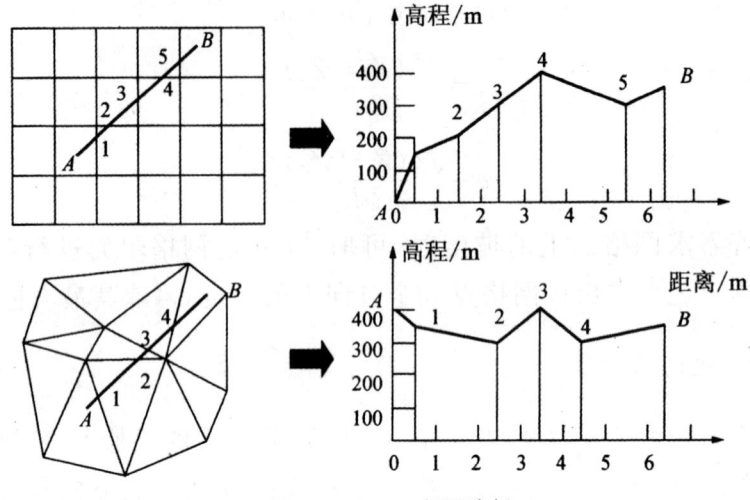

图 6-44 DEM 剖面分析

在绘制剖面图时,需进行高程的插值。对于起始点和终止点 A 和 B 的高程,网格 DEM 可通过其周围的 4 个网格点内插出;对于三角网 DEM 可通过该点所在的三角形的 3 个顶点进行内插。内插的方法可任选,例如,可选择距离加权法,则内插点的高程为

$$Z = \frac{\sum_{i=1}^{n}(Z_i/d_i^2)}{\sum_{i=1}^{n}(1/d_i^2)}$$

其中,对网格 DEM,取 $n=4$,对三角网 DEM,取 $n=3$;Z_i 为数据点的高程;d_i 为数据点到内插点的距离。

在网格或三角网交点的高程,通常可采用简单的线性内插算出。如图 6-45 所示,网格两点或三角形一条边上的两点为 $A(x_1,y_1,z_1)$、$B(x_2,y_2,z_2)$,交点 C 的坐标为 $C(x_0,y_0,z_0)$,则可计算出 AC 的距离 S_1,AB 的距离 S_2,则 C 点的高程 z_0 为

$$Z_0 = \frac{Z_2 - Z_1}{S_2} \times S_1$$

剖面图不一定必须沿直线绘制,也可沿一条曲线绘制,但其绘制方法仍然是相同的。

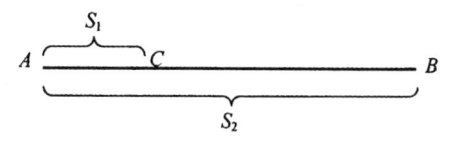

图 6-45 高程的线性内插

2. 通视分析

绘制通视图的基本思路是：以 O 为观察点，对网格 DEM 或三角网 DEM 上的每个点判断通视与否，通视赋值为 1，不通视赋值为 0。由此可形成属性值为 0 和 1 的网格或三角网。对此以 0.5 为值追踪等值线，即得到以 O 为观察点的通视图。由此，判断网格或三角网上的某一点是否通视成为关键。

以网格 DEM 为例，如图 6-46 所示，$O(x_0, y_0, z_0)$ 为观察点，$P(x_p, y_p, z_p)$ 为某一网格点，OP 与网格的交点为 A、B、C，则可绘出 OP 的剖面图，如图 6-47 所示。

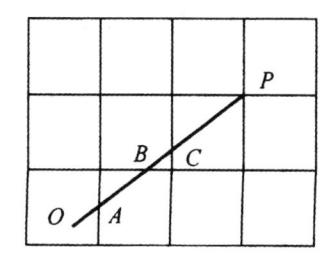

图 6-46 视线平面投影

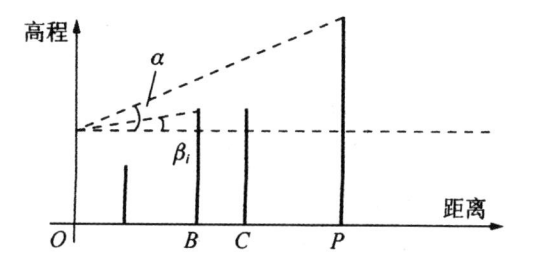

图 6-47 通视剖面图

OP 的倾角 α 可由下式计算出：

$$\mathrm{tg}\alpha = \frac{z_p - z_o}{\sqrt{(x_p - x_o)^2 + (y_p - y_o)^2}}$$

观察点与各交点的倾角 $\beta_i (i = A, B, C)$ 可由下式计算出：

$$\mathrm{tg}\beta_i = \frac{z_i - z_o}{\sqrt{(x_i - x_o)^2 + (y_i - y_o)^2}}$$

若 $\mathrm{tg}\alpha > \max(\mathrm{tg}\beta_i, i = A, B, C)$，则 OP 通视，否则不通视。

三角网 DEM(TIN)中各离散点的通视判断与上述方法类似，也需要通过剖面图来判断。

第 7 章　地理数据的可视化与地图制图

　　GIS 技术与艺术相结合,可以产生丰富多彩的地理信息产品。具有艺术性表达的地理信息产品,不仅美观易读,而且在表现和传递信息方面具有独特的效果。本章主要介绍 GIS 制图和数据可视化的概念、理论和方法,讨论如何从地理数据转换为地图数据的一些问题。

7.1　地图可视化表达

　　可视化技术的基本思想是"用图形与图像来表示数据"。可视化技术充分利用了人类的视觉潜能,俗话说"一图抵千言",往往千言万语也表达不了一张图包含的信息。利用图形、图像表示信息,可以迅速给人一个概貌,反映事物错综复杂的关系。可视化技术可以从复杂的多维数据中产生图形,展示客观事物及其内在的联系,能激发人的形象思维,允许人类对大量抽象的数据进行分析,从而使人们能够观察到数据中隐含的现象,为发现和理解科学规律提供有力工具。

7.1.1　可视化表示方法

　　GIS 可视化表示方法可以看作"地图学"学科的创新发展。在 GIS 可视化的电子地图中,传统专题地图表示方法不仅适用,而且能够应用得更为生动、丰富。按照符号的几何类型,地理空间信息的表示方法可以划分为点状要素表示法、线状要素表示法、面状要素表示法和面上数据指标表示法四大类,而具体有十种典型的表示方法,如图 7-1 所示。

第7章 地理数据的可视化与地图制图

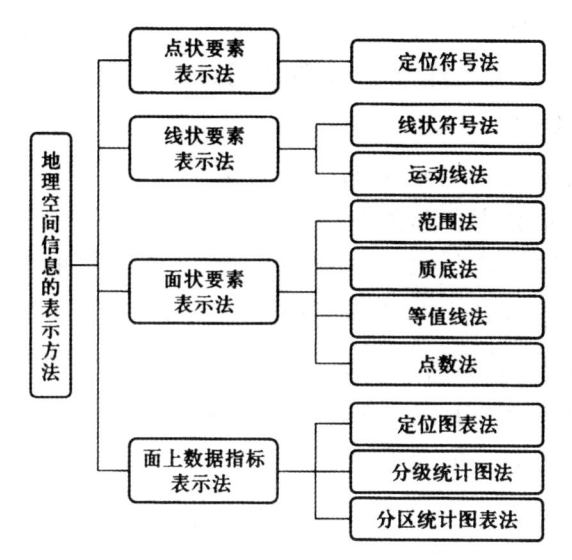

图 7-1 地理空间信息的表示方法

定位符号法主要用于表示点状分布的物体，如宝塔、寺庙、工矿点等独立地物。在电子地图上，定位符号法大多用比率符号来表达数量关系。例如，表示某地矿产含量时，符号随含量多少而变化，含量多则符号大，含量少则符号小，两者呈变化比率关系。通过定位符号法可以形象反映地理要素的数量差异，而通过符号的扩张形式可以表示要素的动态变化（如 GDP 变化等）。如果需要显示点状要素的内部结构特征，可以通过符号的内部分割形式来表达。符号的位置应与物体的实地位置相一致，不能随意进行位移处理。

线状符号法是指用于表示呈线状分布的地理现象，既可以表示无形的线划（如境界线等），也可以表示线状地物不依比例尺表示的事物（如河流等），还可以表示在一定范围内专题现象的主要方向（如山脉走向等）。线状符号法的特点如下：

①可以使用符号的宽度和颜色来分别表示数量和质量特征。例如，用不同宽度和颜色的线划，来表示不同等级的道路；用不同宽度和颜色，反映不同季节内河流流量的差异。

②线状符号具有一定的宽度。例如，描绘时一边为准确位置，另一边为线划的宽度。

③线状符号表示线状分布,但不表示现象的移动和方向。例如,公路网规划图和珠江流域图是用线状符号来表示规划道路、河流线状地物等。

运动线法是线状要素的另一种表示方法。运动线法是用箭头符号和不同宽度和颜色的条带,来表示现象移动的方向、路径、数量和质量特征等。例如,春运期间的人流迁移地图就用运动线法来表示客流情况。在设计运动线法的符号时,不同形状和颜色的条带,可以表示不同类型的指标。例如,在洋流图中,用红色的线条表示暖流,而用蓝色的线条表示寒流。同样可以使用不同粗细的条带表示运动的速度和强度,以箭头形状符号表示运动的方向,如图 7-2 所示。运动线法还可以使用箭头的长短来表示现象的稳定性,箭头较长表明运动的稳定性更强。

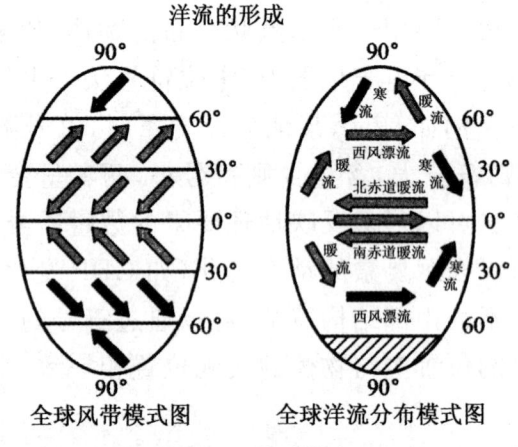

图 7-2 运动线法

面状要素的表示方法包括范围法、质底法、等值线法和点数法等 4 类。范围法用于表示呈现间断的成片分布的面状对象,而用真实的或隐含的轮廓线来表示对象的分布范围,轮廓线内部再用颜色、网纹、符号,以及注记等手段区分质量特征。范围可以分为绝对区域和相对区域。绝对区域具有明确的边界,并且除该区域以外再也无此现象的存在。例如,某市域内的高新技术产业园区具有明确的分布范围。相对区域是指图中所示范围仅仅代表现象集中分布的地区,而其他地方也可能有此现象。例如,某种植被或者动物的分布区域。相对区域可用虚线或点线来表示轮廓界线，或者不绘制轮廓界线，只以文字或符号来表示概略范围。

质底法用于表示连续分布且布满整个区域的面状现象，如地质现象、土地利用状况和土壤类型等。质底法不强调数量特征，只强调属性特征。质底法根据对象的性质进行分类或分区形成图例，然后绘出轮廓线，将同类现象绘成相同颜色，最终得到连续分布的显示现象性质差异的地图。在分区时，质底法可以分为精确分区和概略分区。精确分区表示具有精确界限范围的现象，如行政区划、地质分布等；而概略分区用于表示无精确界限范围的现象，如主体功能区、民族分布等。质底法的优点是图像鲜明美观，缺点是不易表示各类现象的过渡，而且当分类较多时，图例复杂。

等值线法是用等值线的形式表示布满全区域的面状现象，适用于描述地形起伏、气温、降水、地表径流等布满整个制图区域的均匀渐变的自然现象。所谓等值线，就是将现象数量指标相等或显示程度相同的各点连成平滑曲线。例如，使用等高线表示高程、使用等降水量线表示降水现象，使用等温线表示气温分布等。等值线法的特点是：

①可以表示变化渐移且连续分布的现象。

②需要以同一指标来绘制等值线。例如，地理要素都是反映高程或者都是反映气温等。

③等值线必须组成系统来描绘现象的变化情况。

④等值线的间隔应当是常数，以便于判断现象变化的急剧或和缓程度。

点数法主要用于描述制图区域中呈分散的、复杂分布的，以及无法勾绘其分布范围的现象，如人口、动物分布等，如图7-3所示，通过一定大小和形状相同的点群来反映。这些点子大小相等并且每个点子都代表一定的数量。点子的分布具有定位功能，代表现象大致的分布范围；点子的多少反映现象的数量指标；通过点子的集中程度，反映现象分布的密度。点数法可采用不同颜色的点来反映现象数量和质量的发展情况，例如，以蓝色和红色的点子，分别反映制图区域内餐饮店和服装店的分布密度等。

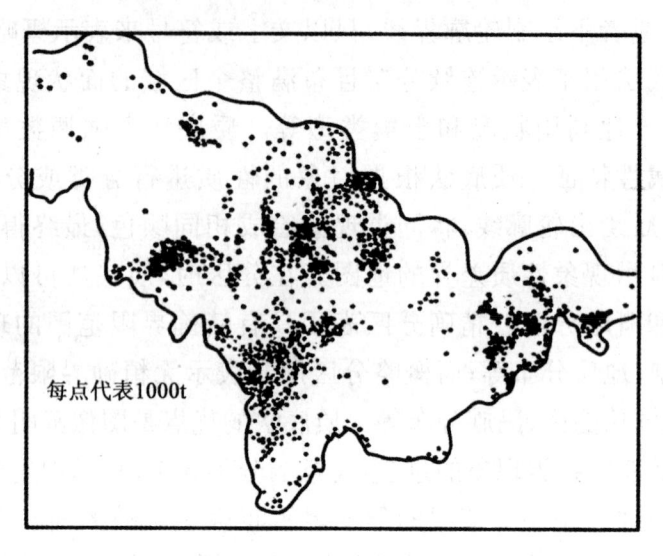

图 7-3　点数法

面上数据指标表示法包括定位图表法、分级统计图法和分区统计图表法。定位图表法是以定位于地图要素分布范围内的统计图表来表示范围内地图要素数量、内部结构或周期性数量变化的方法。如图7-4所示，在某区域内进行风速与风向测量，不太可能涉及区域内的所有地方，而只能通过采样的方法，设置具有代表性的监测站。虽然测点的风向、风速等情况只是一组点的数据，却可以反映周边区域的风速与风向情况。定位图表法的特点是以"点"上的现象说明占有一定面积的现象或总和。此外，方向线的结构和长短代表现象的频率、大小等特征。例如，用玫瑰图来表示风速情况，可以反映8个不同方向风速的强弱变化。

分级统计图法是根据各制图单元（如行政区划）的统计数据进行分级，用不同色阶或疏密晕线网纹，来反映各分区现象的集中程度或发展水平的方法。分级统计图法适于表示相对数量指标，其关键是对指标进行分级，而常用的分级方法包括：

①等差分级，即以相等的级差划分等级。

②等比分级，即以相等倍数的级差划分等级。分级统计图法的优点在于绘制简单、阅读容易，而在实际应用中，需要根据数据

的分布特征，对等级间距进行调整，以达到更好的表达效果。

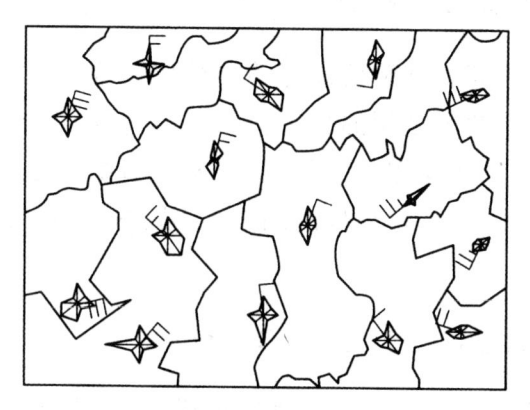

图 7-4　定位图表法（某区域风速风向图）

分区统计图表法是将各分区单元内的统计数据，描绘成不同形式的统计图表，并置于相应的区划单元内，以反映各区划单元内的现象总量、构成和变化。例如，分区统计图表法可以表示产业结构、年龄比例和性别比例等信息分布。分区统计图表法把整个区域作为整体，可以显示现象的绝对和相对数量、内部结构组成、发展动态等，但只能概略地反映地理分布，而不能反映区域内的差别。分区统计图表法反映的是区域的现象，而不是点的现象，并且适宜于表示绝对数量。采用较多的统计符号是立体统计图、饼状统计图、柱状统计图等。

GIS 软件开发人员已经把 GIS 可视化的表示方法内嵌到计算机软件里，用户只需要进行简单的参数设置，就可以实现对电子地图的各种渲染效果。

7.1.2　地理空间数据可视化的作用

地理空间数据可视化具有 3 个方面的重要作用。

1. 可视化可用来表达地理空间信息

地理空间分析操作结果能用设计良好的地图来显示，以方便对地理空间分析结果的理解，也能回答类似"是什么？""在哪里？""什么是共同的？"等问题。

2. 可视化能用于地理空间分析

事实上,我们能理解所设计的并彼此独立的两个数据集的性质,但很难理解两者之间的关系。只有通过叠加与合并两个数据集之类的空间分析操作,才可以测定两个数据集之间的可能空间关系,才能回答"哪个是最好的站点?""哪条是最短的路径?"等类似问题。

3. 可视化可以用于数据的仿真模拟

在一些应用中,有足够的数据可供选择,但在实际的空间数据分析之前,必须回答与"数据库的状态是什么?"或"数据库中哪一项属性与所研究的问题有关?"这些类似的问题。这里的空间分析需要允许用户可视化仿真空间数据的功能。

7.2 地图符号及符号库

7.2.1 地图符号的分类

1. 按符号表示的制图对象的几何特征分类

按照符号表示的制图对象的几何特征,地图符号主要分为点状符号、线状符号、面状符号和体状符号4类,如图7-5所示。

2. 按符号与地图比例尺的关系分类

地图上符号与地图比例尺的关系,是指符号与实地物体的比例关系,即符号反映地面物体轮廓图形的可能性。由于地面物体平面轮廓的大小各不相同,符号与物体平面轮廓的比例关系可以分为依比例、半依比例和不依比例3种。据此,符号按与地图比例尺的关系也分为依比例符号、半依比例符号和不依比例符号3种。

3. 按符号表示的制图对象的属性特征分类

按符号表示的制图对象的属性特征可以将符号分为定性符号、定量符号和等级符号,如图7-6所示。

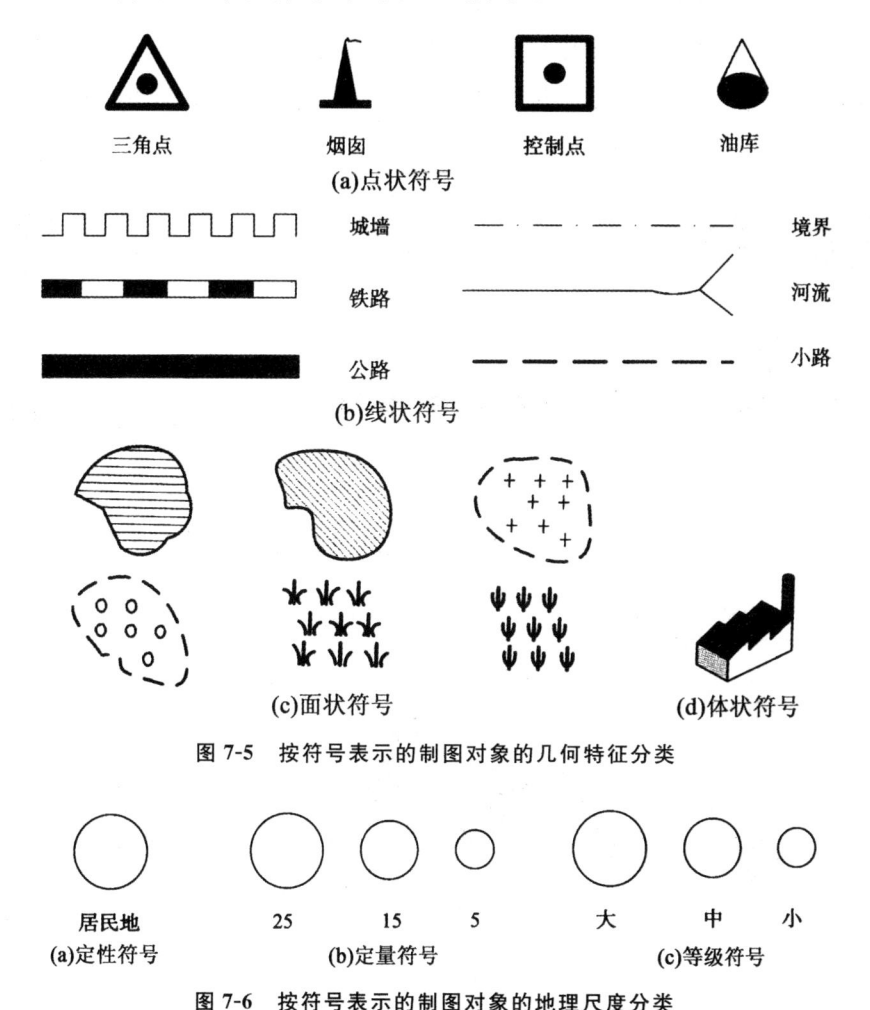

图7-5 按符号表示的制图对象的几何特征分类

图7-6 按符号表示的制图对象的地理尺度分类

4. 按符号的形状特征分类

根据符号的外形特征,还可以将符号分为几何符号、透视符号、象形符号和艺术符号等,如图7-7所示。

7.2.2 地图符号的视觉变量

电子地图由不同符号的图形有机结合而成,而符号的复杂排列能够引起视觉上的不同感受。视觉变量是指地图上能够引起视觉变化的基本图形和色彩因素等,是构成地图符号的基本元素。地图视觉变量具体包括形状变量、尺寸变量、方向变量、颜色变量和网纹变量,如图 7-8 所示。

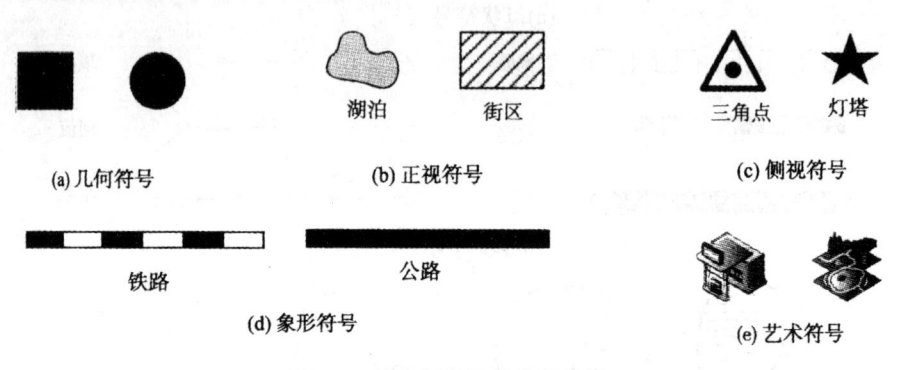

图 7-7 按符号的形状特征分类

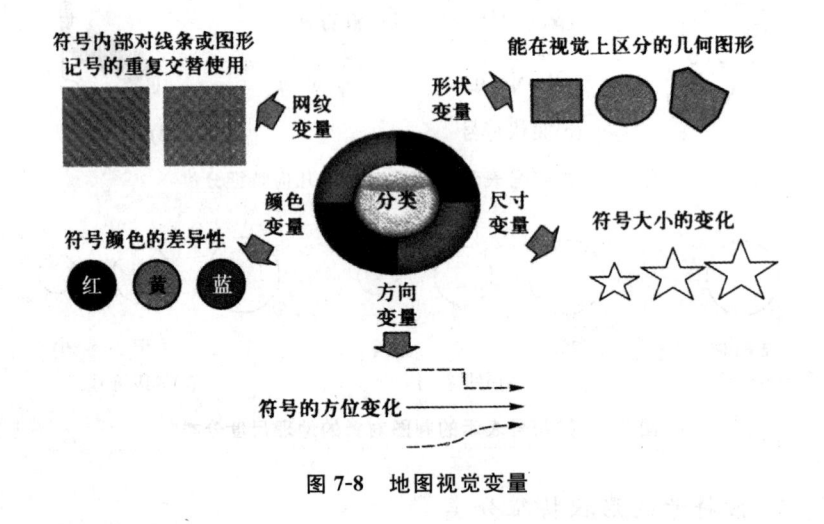

图 7-8 地图视觉变量

1. 形状变量

形状变量是指能在视觉上区分的几何图形。形状变量表示事物的外形和特征,具体包括两种类型:

①有规则形状的图形。这类图形可以是类似于地物本身的实际形状(如树木符号、电视塔符号等),也可以是象征性的符号(如首都、医院等);

②不规则的范围轮廓线性要素。例如,文化保护区的边界、坑穴等,都具有不同的形状范围特征,如图7-9所示。

图 7-9 形状变量

2. 尺寸变量

尺寸变量是指符号大小(如直径、宽度、高度、面积、体积等)的变化,如图7-10所示。点状符号可以表达符号的整体大小变化。线状符号的尺寸变化主要体现在线宽的改变。面积符号的尺寸与面积符号的范围轮廓无关。例如,建立符号的大小与某城市GDP的固定比例关系,使得面积较大的符号所反映的GDP值也相对较高。但此类符号只反映城市GDP,与城市的范围轮廓无关。

图 7-10 尺寸变量

3. 方向变量

方向变量体现符号的方位变化。方向变量适用于长形或线状的符号,如洋流的方向、季风的方向,甚至是传染病蔓延的方向等,如图 7-11 所示。方向变量可以是符号图形本身的方向变化,也可以是同类纹理方向的变化。

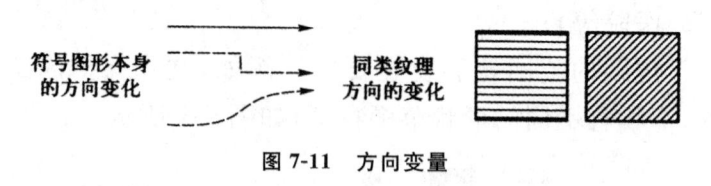

图 7-11 方向变量

4. 颜色变量

顾名思义,颜色变量是指符号颜色的差异性。颜色变量可以从色相、亮度和饱和度这些方面分析。在使用颜色变量对地物进行区分时,同类地物数量上的差异,如人口密度差异、森林覆盖差异等,应该尽量使用同一色系,而通过饱和度或亮度的变化来反映地理事物的差异性。如果表达不同类型的地理实体,如耕地、林地、水体、建筑用地等不同的土地类型,就可以使用不同色相进行表示。而非彩色的颜色变量,只能利用灰度变化来区分,如图 7-12 所示。

图 7-12 颜色变量

5. 网纹变量

网纹变量是指符号内部线条或图形记号重复交替使用。如图 7-13 所示,网纹样式可以是点状、线状、象形或影像。一般而言,网纹变量的使用应当与所表达事物具有关联。例如,水体可以采用波浪形的纹理。

将以上 5 种视觉变量有机组合,就可以形成各种各样的符号系列,直观形象地表达地图上各种地理实体的基本特征。

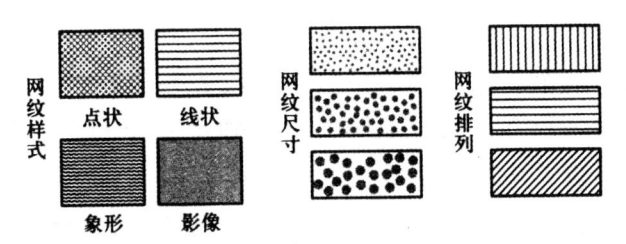

图 7-13　网纹变量

7.2.3　地理信息系统符号库

GIS 符号库是表示各种空间的图形符号的有序集合，往往面向不同专题。例如，不同比例尺的地形图都有相应的符号库；土地利用现状图、控制性详细规划图等也都有专门的符号库。在设计 GIS 符号库时，除遵循一般符号设计的基本要求外，还需要遵循标准化、规范化和系统逻辑性等原则。图形符号的颜色、图形、含义等需要满足国家对基本比例尺地图图式规范的要求；专题符号尽可能采用国家及整个部门的符号标准；而新设计的符号应当满足整个符号系统的逻辑性和统一性等原则。

GIS 符号库的制作，搭建了从存储在空间数据库中的数字地图向电子地图转换的桥梁。为实现转换操作，首先，向空间数据库的符号库里导入符号化文件。其次，打开所需要渲染的图层，进行分类或分级。然后，对分类或分级后的结果进行设置，从符号库中找到对应符号予以添加。最后，根据具体情况，对个别符号进行调整或编辑。

自行开发的系统程序，应灵活设置符号。例如，在渲染图层时，计算机能够根据分类代码，通过配置程序，找到对应的符号，设置地理空间数据的样式，从而形象直观地呈现五彩缤纷的电子地图。

7.3　三维空间数据的可视化

7.3.1　等值线图的绘制

下面主要介绍网格方法绘制等值线图。

在规则网格 DEM 中绘制等值线须经过以下 3 个步骤：

①计算各条等值线和网格边交点的坐标值；

②找出一条等值线起始等值点并确定判断和识别条件，以追踪一条等值线的全部等值点；

③连接各等值点绘制光滑曲线。下面就分别介绍这些问题。

1. 内插等值点的位置

设制图地区是由 $m \times n$ 个网格数据点组成，并设沿 X 方向的分割记为 $j=1,2,\cdots,n$；沿 Y 方向的分割记为 $i=1,2,\cdots,m$，则对于任一网格点的数据可以表示为 $BB_{i,j}$。设沿 X 方向单位网格边长为 CN_1，沿 Y 方向单位网格边长为 CN_2，则网格点的坐标计算为：$x_{i,j}=j \cdot CN_1$；$y_{i,j}=i \cdot CN_2$。显然，对于 $m \times n$ 个网格点区域，只有 $(m-1)n$ 条纵边和 $(n-1)m$ 条横边。对于位于任一边上的等值点位置，我们可表示为

$HH_{i,j}$；$i=1,2,\cdots,(m-1)$；$j=1,2,\cdots,n$ 表示位于纵边上的等值点。

$SS_{i,j}$；$i=1,2,\cdots,m$；$j=1,2,\cdots,(n-1)$ 表示位于横边上的等值点。

为了计算等值点在网格边上的位置，首先要确定等值线与网格边相交的条件。设等值线高程值为 W，显然，只有 W 值处于相邻网格点数值之间，该边才有等值点。因此，我们可以用下式来判断：

$(BB_{i,j}-W)(BB_{i,j+1}-W)<0$ 时，在横边上有等值点；

$(BB_{i,j}-W)(BB_{i+1,j}-W)<0$ 时，在纵边上有等值点。

如果上式成立，我们即可采用线性内插方法计算出等值点位置。设我们有 ABDC 网格，如图 7-14 所示，其高程值依次为 $BB_{i,j}$，$BB_{i,j+1}$，$BB_{i+1,j}$ 和 $BB_{i+1,j+1}$。如果在横边 AB 边内插等值点 A'，A' 离 A 点的距离记为 $SS_{i,j}$，则

$$\frac{W-BB_{i,j}}{BB_{i,j+1}-BB_{i,j}}=\frac{SS_{i,j}}{CN_1}, \quad 令 CN_1=1$$

$$SS_{i,j} = \frac{W - BB_{i,j}}{BB_{i,j+1} - BB_{i,j}}$$

显然,这里计算的 $SS_{i,j}$ 是一个相对比值,是横边长为一个单位的几分之几。即

$$0 \leqslant SS_{i,j} \leqslant 1$$

同理,对于纵边上 A、C 之间内插等值点 B' 时,该点到 A 的距离记为 $HH_{i,j}$,当纵边 CN_2 为 1 单位长时,则 $HH_{i,j} = \frac{W - BB_{i,j}}{BB_{i+1,j} - BB_{i,j}}$,同样 $0 \leqslant HH_{i,j} \leqslant 1$。

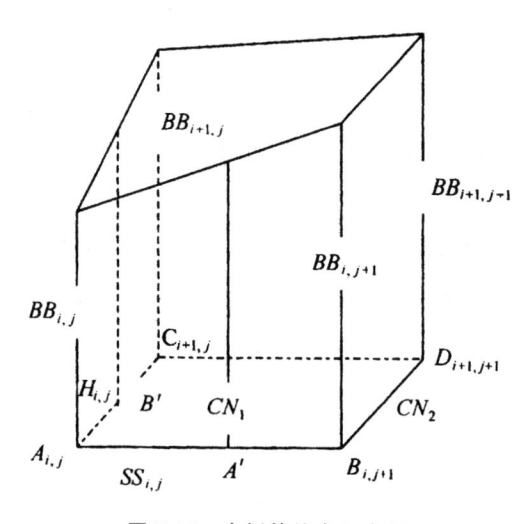

图 7-14　内插等值点示意图

我们可以使用上式对任一数值等值线的各等值点位置进行计算,并分别存储于 $SS(i,j)$ 和 $HH(i,j)$ 两个数组。只有当这两个场的数值大于 0 和小于 1 时,才有等值点通过。因此,我们也可以利用 $SS_{i,j}$ 和 $HH_{i,j}$ 值来作为判断有无等值点通过的条件,即当其小于等于 0 或大于等于 1 时,则表示该边无等值点通过,或等值点就是本身网格点。为了区别,在程序中对于网格边无等值点,用 $SS_{i,j} = -2$ 和 $HH_{i,j} = -2$ 表示。

2. 追踪等值点

在某个 W 值的等值点位置全部内插完后,应该想到这些等

值点可能组成若干条等值线,而且可能是开曲线或闭合曲线。为了逐条绘制等值线,必须找到每条等值线的线头并顺序追踪到线尾,即把一条等值线的全部等值点按顺序排列好,这是保证等值线合理连接和不相交的重要条件,我们先讨论追踪问题。

为了确定追踪方案,我们要研究某一等值线在矩形网格内走向的几种可能,并通过确定等值线走向与等值点坐标之间的关系来建立跟踪条件。由于等值点位于网格边上,所以等值线通过相邻网格的走向只有 4 种可能:自下而上,自左向右,自上而下,自右向左。因此,如果找到某等值线一头位于某一网格边上,该网格边往往是相邻网格的公共边,既是前一网格的出口边又是后一网格的进入边,则进入边的方向对于每一个网格都有上、下、左、右 4 种情形,即追踪等值点有 4 种可能。下面分别讨论这 4 种状况。

①自下而上追踪。从图 7-15a 中,我们可以看到,在方格 I 上有等值点 a_1,它的位置有 3 种状况,即 $HH(i,j)$、$SS(i,j)$ 和 $HH(i,j+1)$,II 号方格上 a_2 等值点为 $HH(i+1,j)$,显然,我们比较 a_1 和 a_2 的坐标位置,可以得出 a_1 点取整的纵坐标,一定小于 a_2 点取整的纵坐标。因此,只要满足 $i_{a_1}<i_{a_2}$ 的条件,即可自下而上地追踪。如果有 a_3 点,它一定是位于方格 II 的另外三边上。

②自左向右追踪。图 7-15b 表示位于 I 号方格内的等值点 a_1 同样有 3 种可能位置:$HH(i,j)$、$SS(i,j)$ 和 $SS(i+1,j)$,a_2 点位于 II 号方格进入边记为 $HH(i,j+1)$。这时比较 a_1 和 a_2 的坐标,只要满足 $j_{a_1}<j_{a_2}$ 的条件,即可自左向右追踪。此时,a_3 点,它一定位于 II 号方格的另外三边上。

③自上而下追踪。图 7-15c 中位于 I 号方格内的 a_1 点有 3 种可能位置:$HH(i,j)$,$HH(i,j+1)$,$SS(i+1,j)$。位于 II 号方格进入边的 a_2 点为 $SS(i,j)$。这时比较 a_1 和 a_2 点的位置,就不能建立追踪条件,由于考虑了排除自下而上和自左至右走向的可能,因而可以用 a_2 点取整横坐标小于 a_2 点的绝对值,横坐标即 $INT(x_{a_2})<x_{a_2}$ 或者 $j_{a_2} \cdot CN_1 < x_{a_2}$ 的条件来判断。满足上述条

件时,自上而下的追踪 a_3 点,如有 a_3 点,定位于 Ⅱ 号方格的东、西、南三边上。

④自右向左追踪。当不满足上述 3 种条件时,即可确定是自右向左追踪。实际上可用关系式 $i_{a_2} \cdot CN_2 < y_{a_2}$ 来判断向左追踪的条件,如图 7-15d 所示。

综上所述,追踪等值点是在任意两个相邻网格内进行的,首先是在已知 a_1 和 a_2 点的位置时,并且 a_2 点位于 Ⅰ 和 Ⅱ 号方格的公共边上,a_1 是位于 Ⅰ 号方格的其他三边上。而且我们用方格的左下角标 (i,j) 表示 Ⅰ 号方格的序号,则 $(i+1,j)$、$(i,j+1)$、$(i-1,j)$、$(i,j-1)$ 为 Ⅱ 号方格的 4 种情况的序号。显然,i,j 是始终处于动态变化中。

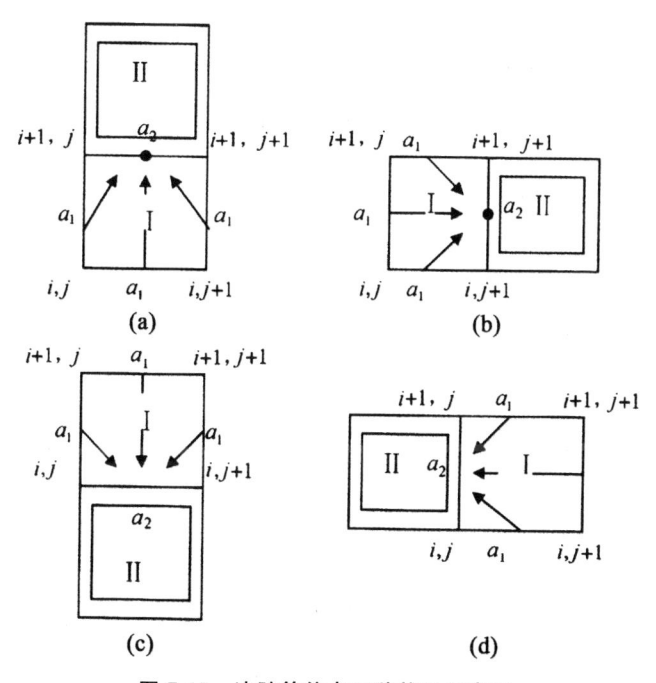

图 7-15 追踪等值点四种状况示意图

我们已知 a_3 点是位于 Ⅱ 号方格的其余三边上,那么最终如何确定其中的一边呢?这是一个十分重要的问题。类似于手工勾绘等值线产生多义的情况,必须合理地选择位于其余三边上的一个等值点。不然,将会出现同一等值线的交叉和分支走向不确

▶ 地理信息系统技术及应用研究

定的多义性。例如，某一网格上的四点连接的状况可能有 3 种，如图 7-16 所示，a、b 即为多义性，c 是不允许的，必须排除。对于等值线连接的多义性，情况是比较复杂的。如图 7-17 所示，对于相同等值点可以有多种方式连接。这些问题不仅在自动勾绘等值线时会经常出现，手工勾绘等值线时，也会遇到。这种情况的处理往往根据制图人员的实践经验和对制图对象物理背景的理解做出的，即参考周围等值线的走向和趋势，为强调等值线之间协调一致，突出表现区域特征而做出各种选择。但是，自动勾绘等值线时必须对上述情况预先作出判断，这只能根据一般的规律比较合理地解决。通常，首先是考虑等值线原来前进的方向，即顺着原来等值线走向延伸下去，其次是根据距离远近来选择 a_3 点。

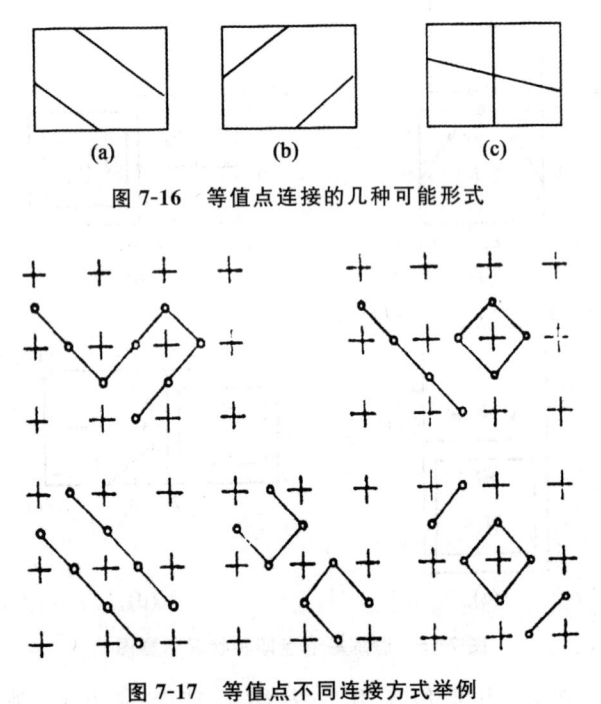

图 7-16 等值点连接的几种可能形式

图 7-17 等值点不同连接方式举例

寻找起始、终止等值点和分支识别：上面我们已经说明，追踪某一等值线的首要条件是要找到该等值线的起始点。开曲等值线和闭合等值线在寻找线头时有不同的地方。从制图区域网格

— 238 —

第 7 章 地理数据的可视化与地图制图

边界开始又结束于网格边界的等值线称开曲等值线,位于制图区域网格边内部开始于任一点又结束于该点的等值线称闭合等值线。所以,开曲等值线的线头要从制图区域的 4 个边界上去找,闭合等值线的线头只能从制图区域的内部网格上去找。

由于任一数值的等值线可能有多个分支,如图 7-18 所示,因此,我们追踪任一分支等值线时都必须记录并加以区别。在程序中可以这样安排:每当追踪一个等值点时,要随时从 $HH(i,j)$ 或 $SS(i,j)$ 场中抹去,以免下次重复使用。追踪的该等值点需计算绝对坐标,存放于专门绘图用的数据场内。这样,一条开曲等值线分支追踪完毕,马上使用专门记录追踪等值点的数据场存放的等值点 x、y 坐标值,绘出该条等值线。绘完开曲等值线后,再追踪闭合等值线,只有当 $HH(i,j)$ 和 $SS(i,j)$ 全部数值为 -2 时,才标志着 W 值等值线全部分支绘完。然后就可以内插新的 W 值等值点,重复上述过程,直到全部等值线绘完。

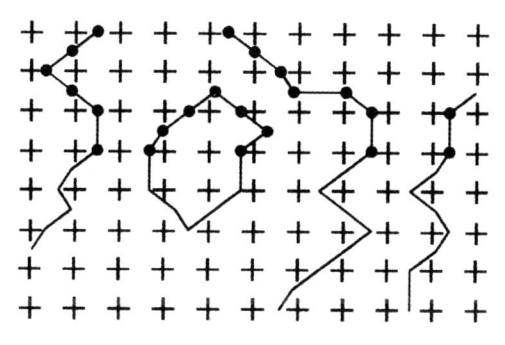

图 7-18 相同值等值线的不同分支

等值点绝对坐标值计算和特殊条件的处理:上面已提到,为了最后绘制光滑等值线,必须将内插得到的等值点相对位置转换为同一坐标原点的绝对坐标。为此设参数 $S=1$ 时,表示等值点位于横边上;$S=0$ 时,表示等值点位于纵边上,则 a_1、a_2、a_3 等值点的绝对坐标计算公式为

$$x_{a_1} = [j_1 + S \cdot SS(i_1, j_1)] \cdot CN_1$$
$$y_{a_1} = [i_1 + (1-S) \cdot HH(i_1, j_1)] \cdot CN_2$$
$$x_{a_2} = [j_2 + S \cdot SS(i_2, j_2)] \cdot CN_1$$

$$y_{a_2}=[i_2+(1-S)\cdot HH(i_2,j_2)]\cdot CN_2$$
$$x_{a_3}=[j_3+S\cdot SS(i_3,j_3)]\cdot CN_1$$
$$y_{a_3}=[i_3+(1-S)\cdot HH(i_3,j_3)]\cdot CN_2$$

使用上述公式,在每追踪出新的等值点时,即要随时计算该点的绝对坐标值,按顺序存储于专门数据场内并记数,以便下一步绘制光滑曲线使用。

我们在内插等值点时,当遇到网格高程值和等值线相等的情况,此时等高线必然通过网格点。而该网格点同时又是4个相邻网格的公共交点,如图7-19所示。这样,在4个相邻横边和纵边上得到不是0就是1的4个值[即$SS(i,j)=0$,$HH(i,j)=0$,$SS(i,j-1)=1$,$HH(i-1,j)=1$],而同一等值点分别存放于4个存储单元中,所以在追踪等值点时,一定会发生重复使用和追踪混乱的问题。对此情况,必须预先处理。其方法是对该网格点加上一个足够小的数值予以纠正,应该选择这样的小数,使其不致影响绘图精度,而又避免直接利用网格点。

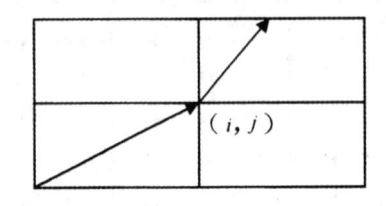

图7-19 等值线通过网格交点的情况

3. 连接等值点绘制光滑曲线

每条等值线的全部等值点追踪排列后,必须实时地把各节点光滑连接。选择哪种曲线光滑方法,要根据制图要求、等值点疏密程度以及计算机存储能力来决定。一个重要的要求是在等值线密集的情况下,必须保证等值线互不交叉和重叠。线性迭代方法虽然具有这一优点,但是绘出的等值线不通过等值点,只能适用于精度要求不高的某些专题图;三次多项式插值和三次样条函数在一些大挠度和特殊点位分布不均匀的情况下,光滑曲线会出

第7章 地理数据的可视化与地图制图

现曲线摆动和伸延,结果在等值线很密时导致等值线相交。一般情况下采用张力样条函数插值方法,通过选择合适的张力系数试绘等值线,可取得较好的效果,如图7-20所示。

```
22.9  21.9  19.9  21.6  23.5  25.5  26.6  28.5  27.2  24.1  24.6  28.1  28.4  27.5  26.1  27.3
22.1  21.4  19.5  21.6  23.4  25.8  27.3  29.9  29.1  24.9  25.9  27.8  28.7  27.2  27.5  27.7
21.3  20.3  19.6  20.6  22.1  23.2  25.9  28.3  29.9  27.7  25.8  28.5  28.7  28.3  28.8  28.6
20.4  19.5  20.2  20.1  20.9  21.9  23.1  25.9  28.8  30.6  28.6  29.0  30.1  31.1  31.9  29.8
19.6  20.7  20.1  21.1  23.9  22.4  24.1  25.9  29.4  31.5  31.7  32.1  32.5  32.2  32.5  34.1
20.8  21.8  20.4  21.4  23.5  26.0  23.9  26.8  29.8  29.0  33.0  31.8  29.0  28.0  28.0  28.0
21.6  23.1  21.8  19.6  20.0  25.5  27.1  25.3  26.4  30.3  32.2  31.8  27.6  24.3  23.8  23.9
23.6  24.2  21.8  19.8  20.0  21.5  22.4  23.8  26.1  29.4  32.4  31.2  28.4  25.5  22.0  20.0
25.5  24.2  21.9  21.1  20.6  22.5  25.2  27.5  28.2  28.5  30.5  31.1  27.1  23.7  20.8  19.1
24.5  21.8  20.7  19.8  21.4  24.1  26.1  25.6  27.3  27.6  29.1  29.8  28.1  23.8  19.7  17.5
22.5  21.5  20.5  19.5  20.8  22.1  23.5  25.2  26.2  27.1  30.1  27.5  24.5  21.2  18.1  17.1
```

(a)原始网格点数据

(b)自动绘制的等值线图[等值线间距离(m),网格大小1cm×1cm]

图7-20 网格方法绘制等值线图

7.3.2 透视立体图的绘制

从数字高程模型绘制线框透视立体图是DIM一个极其重要的作用。透视立体图能更好地反映地形的立体形态,非常直观。与采用等高线表示地形形态相比有其自身独特的优点,更接近人

▶地理信息系统技术及应用研究

们的直观视觉,特别是随着计算机图形处理工作的增强以及屏幕显示系统的发展,使立体图的制作具有更大的灵活性,人们可以根据不同的需要,对于同一个地形形态做各种不同的立体显示。例如,局部放大,改变 Z 的放大倍率以夸大立体形态;改变视点的位置以便从不同的角度进行观察,甚至可以使立体图形转动,使人们更好地研究地形的空间形态。

从一个空间三维的立体的数字高程模型到一个平面的二维透视图,其本质就是一个透视变换。我们可以将"视点"看作"摄影中心",因此我们可以直接应用共线方程从物点 (X,Y,Z) 计算"像点"坐标 (x,y),这对于摄影测量工作者来说是一个十分简单的问题。透视图中的另一个问题是"消隐"的问题,即处理前景挡后景的问题。

从三维立体数字地面模型至二维平面透视图的变换方法很多,利用摄影原理的方法是较简单的一种,基本分为以下几步进行:

① 选择适当的高程 Z 的放大倍数 m 与参考面高程 Z_0。这对夸大地形之立体形态是十分必要的,令 $Z_{ij} = m(Z_{ij} - Z_0)$。

② 选择适当的视点位置 X_S, Y_S, Z_S;视线方位 t(视线方向),φ(视线的俯视角度)。如图 7-21 所示,S 为视点,SO(y 轴)是中心视线(相当于摄影机主光轴),为了在视点 S 与视线方向 SO 上获得透视图,先要将物方坐标系旋转至"像方"空间坐标系 $Sx_1y_1z_1$:

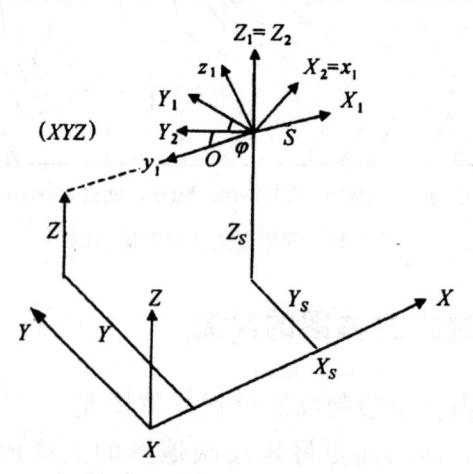

图 7-21 视点位置与视线方位

第 7 章 地理数据的可视化与地图制图

$$\begin{bmatrix} x_1 \\ y_1 \\ z_1 \end{bmatrix} = \begin{bmatrix} 1 & 0 & 0 \\ 0 & \cos\varphi & -\sin\varphi \\ 0 & \sin\varphi & \cos\varphi \end{bmatrix} \begin{bmatrix} \cos t & \sin t & 0 \\ -\sin t & \cos t & 0 \\ 0 & 0 & 1 \end{bmatrix} \begin{bmatrix} X - X_S \\ Y - Y_S \\ Z - Z_S \end{bmatrix}$$

或

$$\begin{cases} x_1 = a_1(X - X_S) + b_1(Y - Y_S) + c_1(Z - Z_S) \\ y_1 = a_2(X - X_S) + b_2(Y - Y_S) + c_2(Z - Z_S) \\ z_1 = a_3(X - X_S) + b_3(Y - Y_S) + c_3(Z - Z_S) \end{cases} \quad (7\text{-}1)$$

式中

$$\begin{cases} a_1 = \cos t \\ a_2 = -\cos\varphi \sin t \\ a_3 = \sin\varphi \sin t \\ b_1 = \sin t \\ b_2 = \cos\varphi \cos t \\ b_3 = \sin\varphi \cos t \\ c_1 = 0 \\ c_2 = -\sin\varphi \\ c_3 = \cos\varphi \end{cases}$$

在通过平移旋转将物方坐标 X,Y,Z 换算到像方空间坐标 x_1,y_1,z_1 以后,怎样通过"缩放",投影到透视平面(相当于像面)上,即怎样设置透视平面到视点 S 的距离——像面主距 f,比较合理的方法是通过被观察的物方数字高程模型的范围 $X_{\max}$,$X_{\min}$,$Y_{\max}$,$Y_{\min}$,以及像面的大小(设像面宽度为 W,高度为 H),自动确定像面主距 f,其算法如下:

计算 DEM 4 个角点的视线投射角 α,β

$$\begin{cases} \text{tg}\alpha_i = \dfrac{x_{1i}}{y_{1i}} \\ \text{tg}\beta_i = \dfrac{z_{1i}}{y_{1i}} \end{cases}$$

α,β 之几何意义如图 7-22 所示,$i = 1,2,3,4$;x_{1i},y_{1i},z_{1i} 是由 DEM 4 个角点坐标[例如,$(X_{\min},Y_{\min},Z_1)$]通过公式(7-1)所求得的 4

个角点的像方空间坐标。

从中选取 $\alpha_{\max}, \alpha_{\min}, \alpha_{\max}, \alpha_{\min}$，即

$$\begin{cases} \alpha_{\max} = \max\{\alpha_1, \alpha_2, \alpha_3, \alpha_4\} \\ \alpha_{\min} = \min\{\alpha_1, \alpha_2, \alpha_3, \alpha_4\} \\ \beta_{\max} = \max\{\beta_1, \beta_2, \beta_3, \beta_4\} \\ \beta_{\min} = \min\{\beta_1, \beta_2, \beta_3, \beta_4\} \end{cases}$$

再由像面的大小求主距。

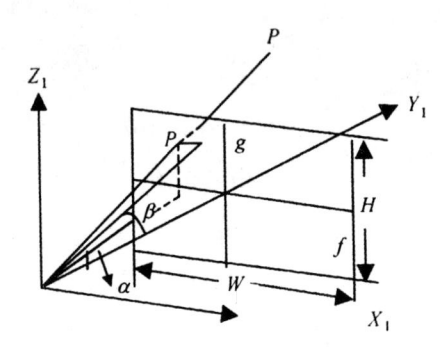

图 7-22　α, β 的几何意义

③根据计算所获得的参数 $X_S, Y_S, Z_S, a_1, a_2, \cdots, c_2, c_3$ 以及主距 f 计算物方至像方之透视变换，得 DEM 各节点之"像点"坐标 x, y。

$$x = f \cdot \frac{a_1(X-X_S)+b_1(Y-Y_S)+c_1(Z-Z_S)}{a_2(X-X_S)+b_2(Y-Y_S)+c_2(Z-Z_S)}$$

$$y = f \cdot \frac{a_3(X-X_S)+b_3(Y-Y_S)+c_3(Z-Z_S)}{a_2(X-X_S)+b_2(Y-Y_S)+c_2(Z-Z_S)}$$

④隐藏线的处理。在绘制立体图形时，如果前面的透视剖面线上各点的 z 坐标大于（或部分大于）后面某一透视剖面线上各点的 z 坐标，则后面那条透视剖面线就会被隐藏或部分被隐藏，这样的隐藏线就应在透视图上消去，这就是绘制立体透视图的"消隐"处理，如图 7-23 所示。

欲根本上解决这一问题比较困难，主要是计算量太大。一般经常使用的一种近似方法被称为"峰值法"或"高度缓冲器算法"，名称虽各不相同，但其基本思想是相同的。

第 7 章 地理数据的可视化与地图制图

$$m = \frac{x_{\max} - x_{\min}}{x_0}$$

基本思想是将"像面"的宽度划分成 m 个单位宽度 x_0，例如，对于一个分辨率为 1024 像素的图形显示终端，则可以将整个幅面分成 1024 个像素，即单位宽度为像素，又如在图解绘图时，可令单位宽度 $x_0 = 0.1$mm（或 0.2mm），则将绘图范围划分为 m 列，定义一个包含 m 个元素的缓冲区 $z_{\text{buf}}[m]$，使 z_{buf} 的每一元素对应一列。

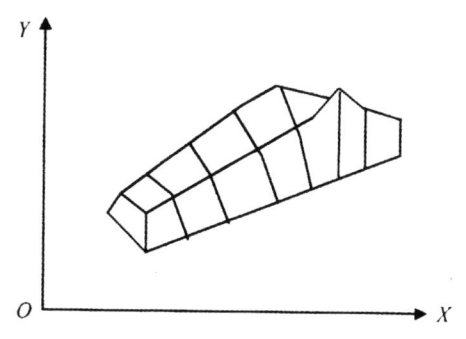

图 7-23　绘制立体透视图的"消隐"处理

$$z_{\text{buf}}(i) = z_{\min} = f \cdot tg\beta_{\min} \quad (i = 1, 2, \cdots, m)$$

在绘图的开始将缓冲区 z_{buf} 全部赋值 $z_{\min}$（或零），即以后在绘制每一线段时，首先计算该线段上所有"点"的坐标。设线段的两个端点为 $P_i(x_i, z_i)$ 与 $P_{i+1}(x_{i+1}, z_{i+1})$，则该线段上端点对应的绘图区列号，即缓冲区 z_{buf} 的对应单元号为

$$k_i = INT[(x_i - x_{\min})/x_0 + 0.5]$$
$$k_{i+1} = INT[(x_{i+1} - x_{\min})/x_0 + 0.5]$$

P_i 与 P_{i+1} 之间各"点"对应的缓冲区单元号为

$$k_i + 1, k_i + 2, \cdots, k_{i+1} - 1$$

它们的 z 坐标由线性内插计算为

$$z(k) = z_i + \frac{z_{i+1} - z_i}{x_{i+1} - x_i}(k - k_i) \quad (k = k_i + 1, k_i + 2, \cdots, k_{i+1} - 1)$$

当绘每一"点"时，就将该"点"的 z 坐标 $z(k)$ 与缓冲区中的相应单元存放的 z 坐标进行比较，当

$$z(k) \leqslant z_{\text{buf}}(k)$$

时,该"点"被前面已绘过的点所遮挡,是隐藏点,则不予绘出。否则,当

$$z(k) > z_{\text{buf}}(k)$$

时,该"点"是可视点,这时应将该"点"绘出,并将新的该绘图列的最大高度值赋予相应缓冲区单元

$$z(k) = z_{\text{buf}}(k)$$

在整个绘图过程中,缓冲区各单元始终保存相应绘图列的最大高度值。

⑤从离视点最近的 UIM 剖面开始,逐剖面地绘出,对第一个剖面的每一网格点,只需要与它前面的一个网格点相连接;对以后的各剖面的每一网格点,不仅要与其同一剖面的前一网格点相连接,还应与前一剖面的相邻网格点相连接(当然,被隐藏的部分是不绘出的)。

⑥调整各个参数值,就可从不同方位、不同距离绘制形态各不相同的透视图制作动画,当计算机速度充分高时,就可实时地产生动画 UIM 透视图。

7.4 地理数据的版面设计与制图

地图设计是一种为达一定目标而进行的视觉设计,其目的是为了增强地图传递信息的功能。在一幅完整的地图上,图面内容包括图廓、图名、图例、比例尺、指北针、制图时间、坐标系统、主图、附图、符号、注记、颜色、背景等内容,内容丰富而繁杂,在有限的制图区域上如何合理地进行制图内容的安排,并不是一件轻松的事。一般情况下,图面配置应该主题突出、图面均衡、层次清晰、易于阅读,以求美观和逻辑的协调统一而又不失人性化。

7.4.1 地图制作过程及方程

1. 传统地图生产方法

传统地图生产制造过程分为地图设计、地图编绘、出版准备

第7章 地理数据的可视化与地图制图

和地图印刷4个主要阶段,如图7-24所示。

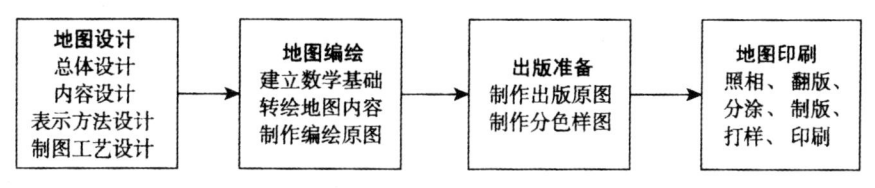

```
┌─────────────┐   ┌─────────────┐   ┌─────────────┐   ┌─────────────┐
│   地图设计   │   │   地图编绘   │   │   出版准备   │   │   地图印刷   │
│   总体设计   │──▶│ 建立数学基础 │──▶│ 制作出版原图 │──▶│ 照相、 翻版、│
│   内容设计   │   │ 转绘地图内容 │   │ 制作分色样图 │   │ 分涂、 制版、│
│  表示方法设计│   │ 制作编绘原图 │   │              │   │ 打样、 印刷  │
│  制图工艺设计│   │              │   │              │   │              │
└─────────────┘   └─────────────┘   └─────────────┘   └─────────────┘
```

图 7-24 传统地图生产制造过程

传统地图生产方法都是采用手工制图方法,每个工序相互割裂,生产周期长、工序繁杂。生产一幅图工作量大、效率较低,地图质量很大程度上取决于设计人员、绘图人员、出版印刷人员的经验和技能。随着计算机、数据库、图形图像处理、彩色桌面出版系统、计算机直接制版技术和数字印刷技术的出现,以及各种高档输入、输出设备和图形工作站的应用,实现了地图制图与出版一体化的全数字地图制图生产方法。

2. 一体化的全数字地图制图生产方法

一体化全数字地图制图生产方法,是利用计算机、输入设备、输出设备等作为工具,将数字制图和出版系统连成一体,制作地图的过程,也称为全数字地图制图生产方法,其工艺流程如图7-25所示。制图过程主要包括地图设计、数据采集与处理、地图编辑、出版编辑、栅格图像处理器(Raster Image Processor,RIP)解释、数码打样、胶片输出、制版和地图印刷几个阶段。

目前,地图制图生产已经全部采用一体化全数字地图制图生产方法。这种方法将传统地图生产方法中的地图设计、地图编绘、地图出版、地图印刷融为一体,在人机协同条件下,全自动或半自动生产地图,极大地提高了地图生产的效率,保证了地图的质量。

从两种方法的生产过程可以看出,无论地图生产工艺过程如何变化,地图设计都是地图制作的首要阶段,其决定了地图的整体概貌、表达内容和表达形式;地图编绘作为地图生产的重要阶段,贯穿于地图资料处理、地图内容分类分级、图形表达、内容更新的各个过程,直接影响地图的最终质量。

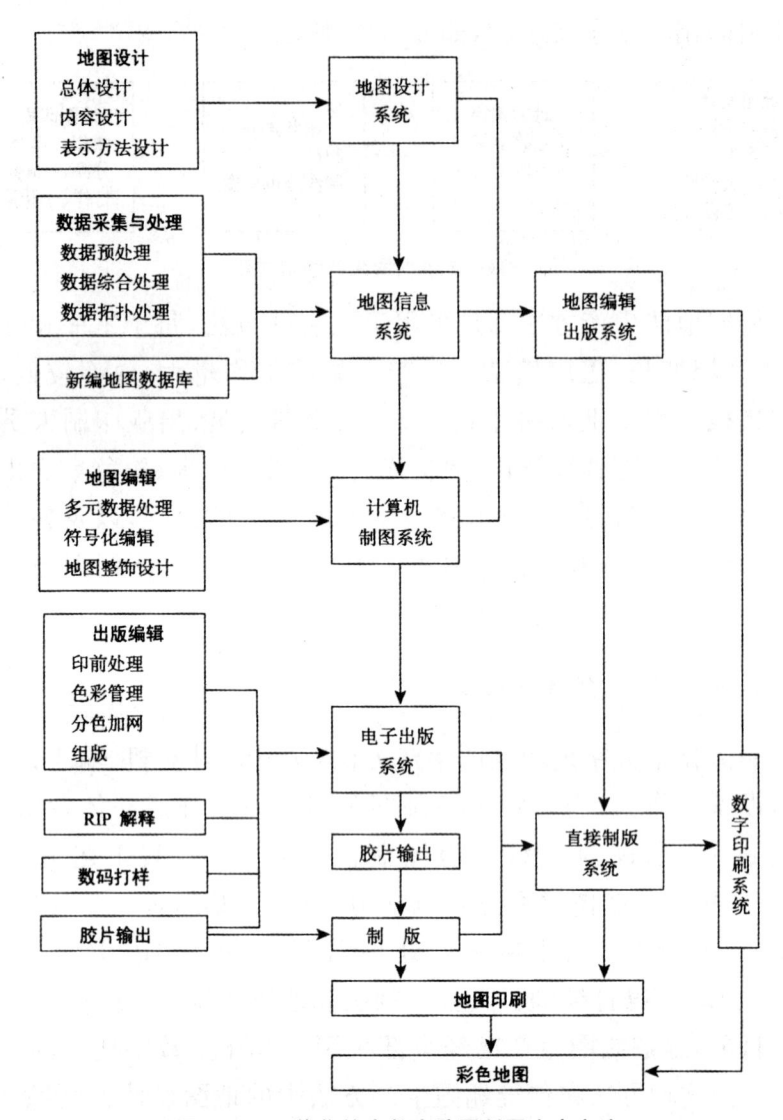

图 7-25 一体化的全数字地图制图生产方法

7.4.2 地图设计的过程与内容

地图设计的过程主要包括：
①明确任务和要求；
②收集、选择和分析资料；
③研究区域特征，确定地图内容；

第7章 地理数据的可视化与地图制图

④地图总体设计；
⑤地图符号和色彩设计；
⑥地图内容综合指标的拟定；
⑦编图技术方案和生产工艺方案设计；
⑧地图设计的试验工作；
⑨汇集成果，编写设计文件。

地图设计的具体内容如图 7-26 所示。

设计工作可先进行样图试验，以便检查各项规定是否可行，能否达到预期效果。样图检验最好采用几个方案，以便对比分析选出最佳方案。

图面的设计包括图名、比例尺、图例、插图（或附图）、文字说明和图廓整饰等。

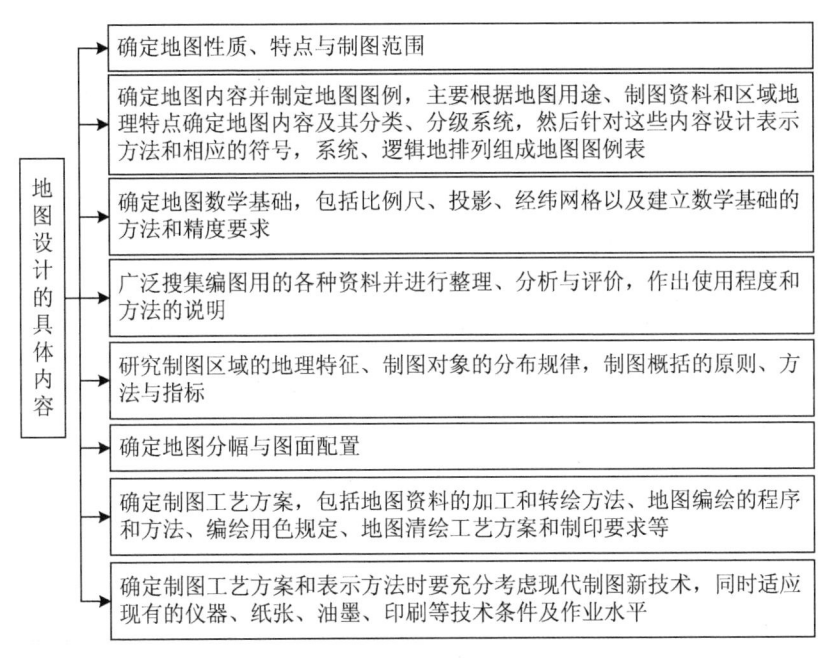

地图设计的具体内容：
- 确定地图性质、特点与制图范围
- 确定地图内容并制定地图图例，主要根据地图用途、制图资料和区域地理特点确定地图内容及其分类、分级系统，然后针对这些内容设计表示方法和相应的符号，系统、逻辑地排列组成地图图例表
- 确定地图数学基础，包括比例尺、投影、经纬网格以及建立数学基础的方法和精度要求
- 广泛搜集编图用的各种资料并进行整理、分析与评价，作出使用程度和方法的说明
- 研究制图区域的地理特征、制图对象的分布规律，制图概括的原则、方法与指标
- 确定地图分幅与图面配置
- 确定制图工艺方案，包括地图资料的加工和转绘方法、地图编绘的程序和方法、编绘用色规定、地图清绘工艺方案和制印要求等
- 确定制图工艺方案和表示方法时要充分考虑现代制图新技术，同时适应现有的仪器、纸张、油墨、印刷等技术条件及作业水平

图 7-26　地图设计的具体内容

7.4.3　制图综合的基本方法

制图综合是对地图进行高度综合的一个过程，其中包括很多环节，对图形的化简，极大地考验了制图者的综合能力，不仅是对

制图理论的理解程度,更重要的是对制图区域的熟悉程度。制图综合的方法主要有以下 4 个。

1. 内容的取舍

内容的取舍是指选取地图上较大的、主要的地理要素,而舍弃较小的或次要的地理要素,突出地图的主题和目的。选取主要表现在:选取主要的类别,选取主要类别中的主要事物;而舍弃则表现为:舍去次要的类别,舍去已选取类别中的次要事物。在选取和舍弃中,主要类别或次要类别并没有严格的划分界限,而是依据制图者的用途目的以及自己需要来进行选取。一般地图内容的选取,主要依据以下几个原则:整体到局部;从主要到次要;从高级到低级;从大到小。

2. 质量特征的化简

地理要素间的区别是以质来体现的,表现在地图上,则是以不同的符号来代表不同的类型,因此在质量化简时,可以将本质较为相近的事物归为一类,如针叶林、阔叶林可以归并入森林,以达到地图概括的目的。

3. 数量特征的化简

地图上用数量特征来表示地理要素的多少。因此在进行数量特征的化简时,可以考虑用等值线或者等间距,对属于某一区域内数量的要素进行概括,而对于低于规定等级数量的要素可以舍弃。但需要注意的是:在舍弃数量相对较少的地理要素时,一定要注意要与地图的主题或者地图所要表达的内容相适应,不能只是一味地按照规定舍弃,但却忽略了地图本来的特征。

4. 形状化简

形状的化简,适用于线状或面状表达的事物。形状化简的目的是通过化简,保留原来可以反映要素特征的部分,而舍弃局部碎小的区域。主要有:删除、夸大、合并。当地图比例尺缩小时,有些细节区域会无法显示,但其又不影响整体特征的表达,则考虑可以将这部分区域省略。而一些细小区域因为地图比例尺的缩小,无法显示,但对整体特征而言却很重要的部分,则考虑应当适当的夸大,以使这些区域在地图上清晰地显示出来。合并就是将要素间邻近的、较小的同类事物合并成一个事物。

7.5 地图输出

7.5.1 基于 GIS 的地图生产过程

专门用于地图生产的数据不一定能符合 GIS 的要求,但是 GIS 中空间数据经过适当处理和加工则可满足地图生产的要求。从而形成空间数据采集、建库、地图生产的一体化过程,如图 7-27 所示。

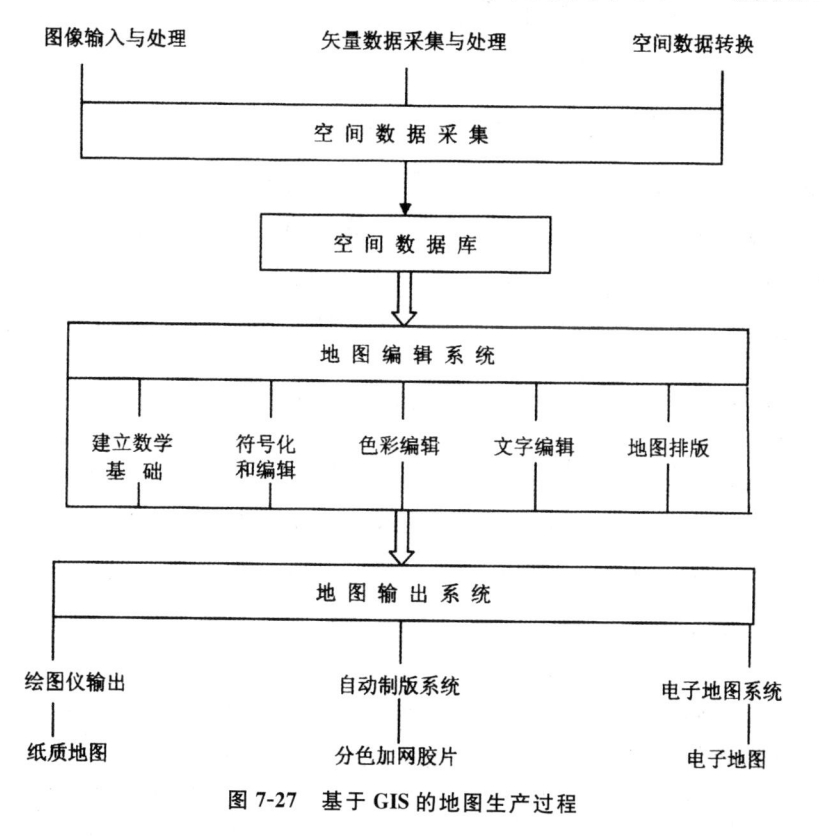

图 7-27 基于 GIS 的地图生产过程

7.5.2 绘图仪输出

绘图仪输出是最简单的,也是最常用的输出方式。过去 GIS 软件公司要针对不同的绘图仪编写不同的绘图驱动软件。现在这一工作逐渐标准化,这些工作均由操作系统提供的驱动软件,或绘图仪生产公司提供的驱动软件完成。

计算机图形输出可能有 3 种方式,第一种方式是根据绘图指令,编写绘图程序,直接驱动绘图笔绘图;第二种方式是由 GIS 软件产生一种标准的图形文件,如 Windows 的元文件 WMF 文件,调用操作系统或者 Windows 提供的函数"播放"元文件,绘制地图;第三种方式更为简单,所有程序不变,仅在需要绘图时,将图形屏幕显示的句柄改为绘图设备句柄即可。

7.5.3 自动制版输出

1. 分色加网处理技术

分色加网是将已获得的彩色地图文件按照每一种颜色的黄、品红、青、黑的实际构成比例进行分色处理,并根据印刷彩色地图的网目密度进行加网处理,为输出分色加网胶片完成预处理工作,即产生页面描述文件,一种国际上通用的标准格式文件,包括对符号和正文的处理。这种单色文件可以通过影像曝光机输出加网胶片。分色处理可依据屏幕上的 R,G,B 值,也可以依据对应于印刷色谱上的黄、品红、青、黑构成比例,在可能条件下,应将 R,G,B 值直接转换到 Y,M,C,B_k 值。符号和线画的色对应于原绘图文件中的笔号,其网线比例一定是 100%,并可设置线宽。

2. 栅格影像处理

栅格影像处理将转换矢量式的页面描述文件(Postscript)为点阵式影像文件。它可直接用于输出网目片或正文、符号、线画软片,从而完成印前处理的最后一步工作。转变过程中,需要计算网目尺寸和扫描线的匹配关系。RIP 软件直接接受 Postscript 文件并进行解释和转换工作。转换后的结果通常可适用多种型号的影像曝光设备。RIP 软件直接接受矢量式文件,因此可以获得光滑的点阵边界,这是目前世界上普遍推广的一种方法,过去采用直接点阵式数据输出的方式正逐渐被淘汰,并用 Postscript RIP 方式所替代。RIP 过程中可以设置页面大小、网目形状、网目密度、正负网点选择等。

7.5.4 电子地图制作

电子地图的制作可以采用专门的电子地图制作软件,也可以采用现有的 GIS 软件,生成电子地图的画面文件,然后用适当的软件,将这些画面文件集成起来,形成电子地图集。

7.6 动态地图与虚拟现实

7.6.1 动态地图

动态地图是反映自然和人文现象变迁和运动的地图,它是用现代计算机技术、可视化技术等手段为用户呈现出不同区域、不同时间段的客观事物形态。例如,历史上某一时期的行政区划或者房屋的位置,虽然它可以动态地反映地理现象,但实际中,它是一个静止的画面,用户需要通过不同时间段的"联想",使它得以动态地呈现。现在也有通过动画的方式使其在电脑屏幕上动态地展示自然现象。其中时空变化地图就是动态地图的一种形式。

7.6.2 虚拟现实

虚拟现实(Virtual Reality,VR),是利用电脑模拟产生一个三维空间的虚拟世界,提供使用者关于视觉、听觉、触觉等感官的模拟,让使用者如同身临其境一般,可以及时、没有限制地观察三维空间内的事物。VR 是多种技术的综合,包括实时三维计算机图形技术,广角立体显示技术,对观察者头、眼和手的跟踪技术,以及触觉、力觉反馈、立体声、网络传输、语音输入输出等技术。

1. 虚拟现实技术的主要特征

虚拟现实技术的主要特征如下。

①多感知性。指除一般计算机所具有的视觉感知外,还有听觉感知、触觉感知、运动感知,甚至还包括味觉感知、嗅觉感知等。理想的虚拟现实应该具有一切人所具有的感知功能。

②存在感。指用户感到作为主角存在于模拟环境中的真实程度。理想的模拟环境应该达到使用户难辨真假的程度。

③交互性。指用户对模拟环境内物体的可操作程度和从环境得到反馈的自然程度。

④自主性。指虚拟环境中的物体运动依据现实世界物理运动定律的程度。

2. 虚拟现实的应用

虚拟现实技术在地理科学中的应用主要表现在虚拟地理环境、城市规划、应急推演、智慧城市等方面,而在应用过程中有时需和其他技术,如 GIS、网络、多媒体技术等相结合。

(1)虚拟地理环境

虚拟现实技术与地理科学相结合,可以产生虚拟地理环境(Virtual Geographical Environment,VGE)。早期的虚拟地理环境概念从地理实验的角度,强调虚拟地理环境在地理科学中的实验应用价值,把虚拟地理实验作为地理科学研究的一种主要技术手段,强调对于地理虚拟环境的实验。后来基于网络的概念,主要强调在线虚拟地理环境是现实世界的地理环境在虚拟网络世界中的重构,强调虚拟地理环境的虚拟特点和表达现实地理环境

第 7 章　地理数据的可视化与地图制图

中人与人的相互关系和互动行为,更强调社会、经济和政治结构的关系互动。

(2)虚拟现实技术在城市规划中的应用

在城市规划中,应用虚拟现实技术,通过对城市现状和未来规划进行仿真,可以实时、互动、真实地看到规划的效果,产生身临其境的感受,从而可以对城市景观设计、感知效果、空间结构、功能组织等进行多方案的对比分析,使决策者能更好地理解规划者的规划设计意图,提高城市规划、城市生态建设的科学性,促进城市可持续发展,降低城市发展成本。例如,基于虚拟现实技术构建的城市规划虚拟现实系统,可以通过其数据接口在实时的虚拟环境中随时获取项目的数据资料,方便大型复杂工程项目的规划、设计、投标、报批、管理,有利于设计与管理人员对各种规划方案进行辅助设计与方案评审,规避设计风险。

(3)虚拟现实在应急推演中的应用

虚拟现实的产生为应急推演提供了一种新的开展模式,将事故现场模拟到虚拟场景中去,在这里人为地制造各种事故情况,组织参演人员做出正确响应。这样的推演大大降低了投入成本,提高了推演实训时间,从而保证了人们面对事故灾难时的应对技能,并且可以打破空间的限制,方便地组织各地人员进行推演,这样的案例已有应用,也必将是今后应急推演的一个发展趋势。

(4)虚拟现实在智慧城市中的应用

应用虚拟现实技术,将三维地面模型、正射影像、城市街道、建筑物及市政设施的三维立体模型融合在一起,再现城市建筑及街区景观。用户在显示屏上可以直观地看到生动逼真的城市街道景观,可以进行查询、量测、漫游、飞行浏览等一系列操作,从而满足智慧城市建设由二维 GIS 向三维虚拟现实的可视化发展需要,为城建规划、社区服务、物业管理、消防安全、旅游交通等提供可视化空间地理信息服务。

3. VR-GIS

VR-GIS 作为 GIS 研究发展的重要分支之一，在很多领域都有广泛的应用，如三维虚拟数字城市、三维数字小区、景观设计、城市规划系统、库区管理、油气勘探及消防指挥等。

三维虚拟数字城市是在综合运用数字摄影测量技术、三维地理信息系统技术、计算机可视化技术和数据库技术基础上，对城市范围内的高分辨率航空影像、数字高程模型、三维建筑物数据、属性数据和其他数据进行处理的三维地理模型。

它提供了整个城市三维真实景观，沿任意路径可对三维城市进行任意角度的漫游；可为城市灯光效果设计、道路交通导航、城市基础设施及城市建设日照分析等应用提供三维地理信息服务。利用三维数字城市可以查询数字城市中相关建筑物的属性信息；能在计算机上显示透视立体。能够制作三维城市模型的透视图、并录制动画播放文件；能以多种格式输出任意范围、任意类型组合的数据，满足其他场合应用需要等。

三维数字小区是数字化城市建设的重要内容，它主要应用在房地产和市民购房、物业管理公司等领域。基于三维虚拟大屏幕系统，可以开发具有三维虚拟现实漫游数字模型、用户属性查询、楼盘位置、交通状况、网上浏览咨询等功能的三维数字小区。VR-GIS 为城市规划设计带来了数字化的思维及设计方式，利用数字化技术进行城市规划，使传统的城市规划理论、方法和技术都面临更新。

目前，城市规划主要依赖于手工作图，其主要工作是绘制草图、效果图。但是现有的基于二维的城市规划系统表示实际的三维事物具有很大的局限性，大量的多维空间信息无法得到利用。VR-GIS 使得城市规划可视化效果更加真实，因此它成为规划与设计人员的有力工具。

VR-GIS 是地理信息科学的前沿领域之一，它的发展与地理

第7章 地理数据的可视化与地图制图

信息系统、虚拟现实、遥感和可视化等技术的研究和发展密不可分。目前,VR-GIS 还处在其发展的初级阶段,但 VR-GIS 的重大经济意义和社会效益是不言而喻的,因此具有广阔的发展前景。

第 8 章 地理信息系统的应用

GIS 在专业领域的广泛应用，是推动 GIS 发展和行业或领域信息化的原动力。正是丰富多彩的 GIS 应用，驱动 GIS 技术向更高的水平发展。

8.1 GIS 的应用

8.1.1 地理空间框架与地理信息公共平台

地理空间框架和地理信息公共平台是建立数字化、网络化、智能化地理信息共享服务的基本技术，是 GIS 在公共基础领域和专业领域都必须使用的标准核心技术。

1. 地理空间框架

地理空间框架是地理空间数据及其采集、处理、交换和共享服务所涉及的政策、法规、标准、技术、设施、机制和人力资源的总称，由基础地理信息数据体系、目录与交换体系、公共服务体系、政策法规与标准体系和组织运行体系等构成，如图 8-1 所示。

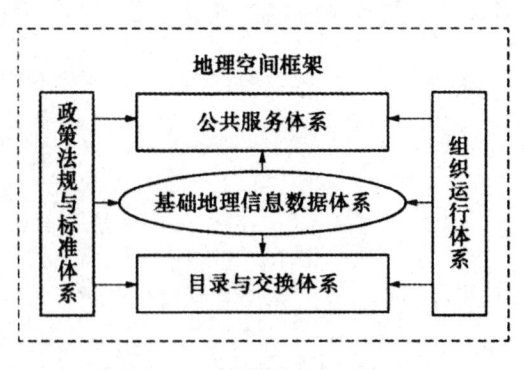

图 8-1 地理空间框架组成内容

第8章 地理信息系统的应用

基础地理信息数据体系是地理空间框架的核心,包括测绘基准、基础地理信息数据、面向服务的产品数据、管理系统和支撑环境;目录与交换体系是地理空间框架共建共享的关键,包括目录与元数据、专题数据、交换管理系统和支撑环境;公共服务体系是地理空间框架应用服务的表现,包括地图与数据提供、在线服务系统和支撑环境;政策法规与标准体系和组织运行体系是地理空间框架建设与服务的支撑和保障。

地理空间框架是一个多级结构,就一个国家而言,可分为国家、省区和市(县)三级。

数字省区和数字市(县)地理空间框架是国家地理空间框架的有机组成部分,与国家地理空间框架在总体结构、标准体系、网络体系和运行平台等方面是统一的和协同的。地理空间框架应实现国家、省区和市(县)三级之间的纵向贯通;对于数字省区和数字市(县)地理空间框架,还应实现与相邻或其他区域的横向互联。

地理空间框架与基础地理信息数据库、地理信息公共平台之间的关联关系,如图 8-2 所示。

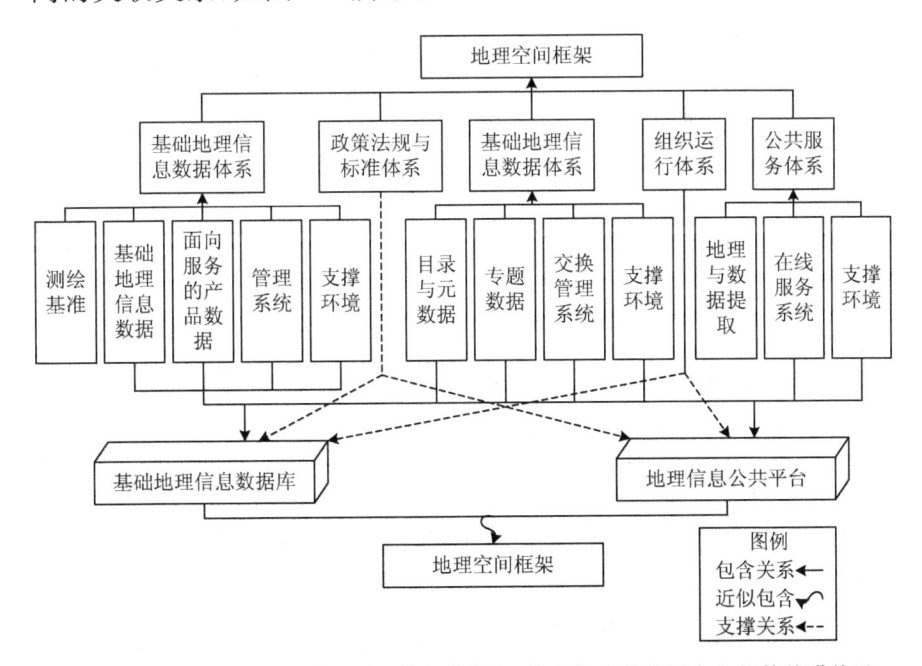

图 8-2 地理空间框架与基础地理信息数据库、地理信息公共平台之间的关联关系

地理空间框架是由资源层、服务层和应用层构成的 3 层总体框架结构,如图 8-3 所示。

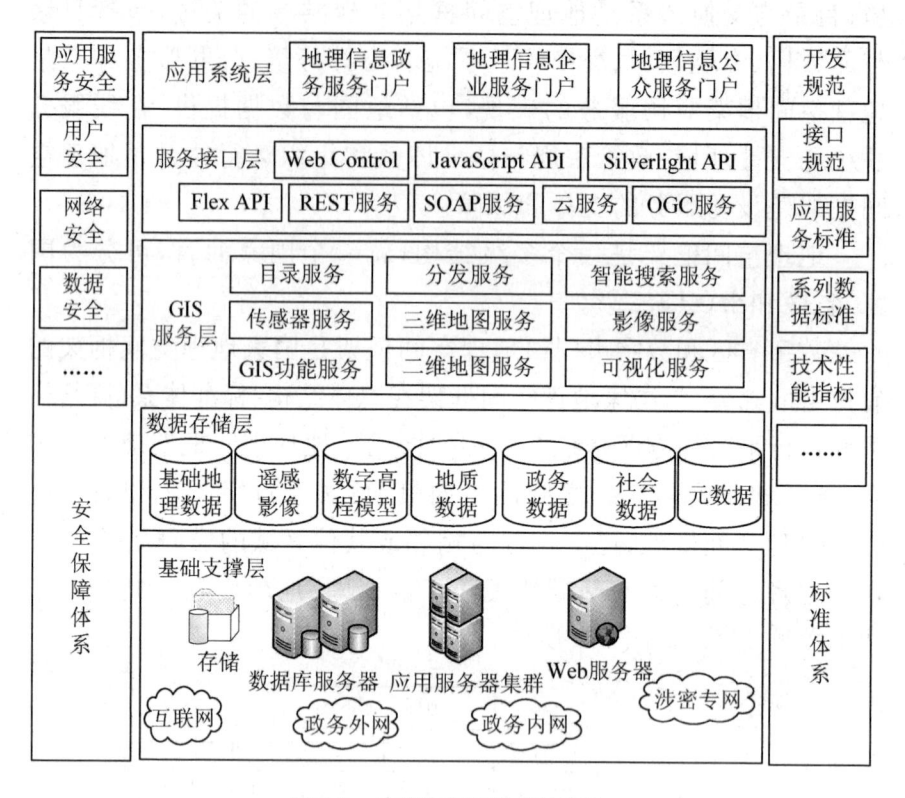

图 8-3 地理空间框架总体架构

2. 地理信息公共平台

地理信息公共平台是实现地理空间框架应用服务功能的数据、软件和支撑环境的总称。该平台依托地理信息数据,通过在线、服务器托管或其他方式满足政府部门、企事业单位和社会公众对地理信息和空间定位、分析的基本需求,同时具备个性化应用的二次开发接口,可扩展应用空间。根据我国网络和信息安全方面的法律法规要求,地理信息公共平台分为 3 个级别,即地理信息专业级(企业级)共享服务平台、地理信息政务共享服务平台和地理信息公众共享服务平台,分别运行在地理信息专网、政务内网和因特网(政务外网)上,且相互之间进行物理隔离部署,如图 8-4 所示。

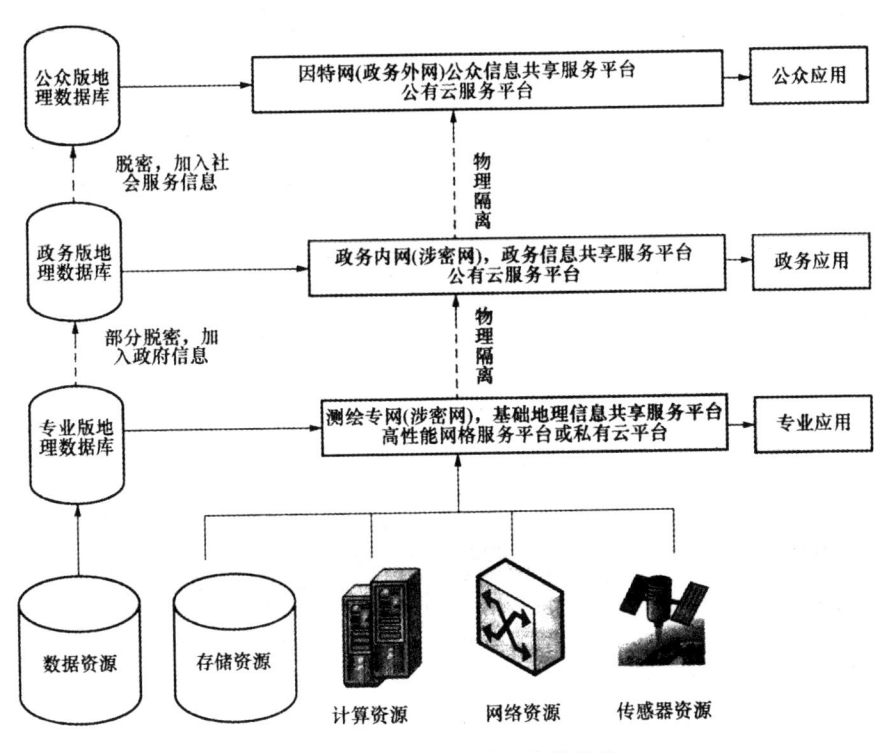

图 8-4 地理信息公共平台的结构

三类不同保密版本的数据库(企业版、政务版和公众版)与不同保密等级的公共服务平台(企业网、政务网、因特网)相联系,通过公共平台提供的各类服务,面向不同的群体(专业技术人员、政务人员和社会公众)提供信息共享服务,如图 8-5 所示。

①服务层。除用户管理、数据管理等基本功能外,主要完成地图服务的配置、功能服务的发布等,是系统运行的技术核心。主要包括平台门户网站、服务管理系统、地理信息基础服务软件系统、二次开发接口库。门户网站是公共服务平台的统一访问界面,提供包括目录服务、地理信息浏览、地理信息数据存取与分析处理等多种服务,并通过服务管理系统实现统一管理。普通用户主要通过门户网站获得所需的在线地理信息服务,专业用户则可

通过调用二次开发接口,在平台地理信息上进行自身业务信息的分布式集成,快速构建业务应用系统。

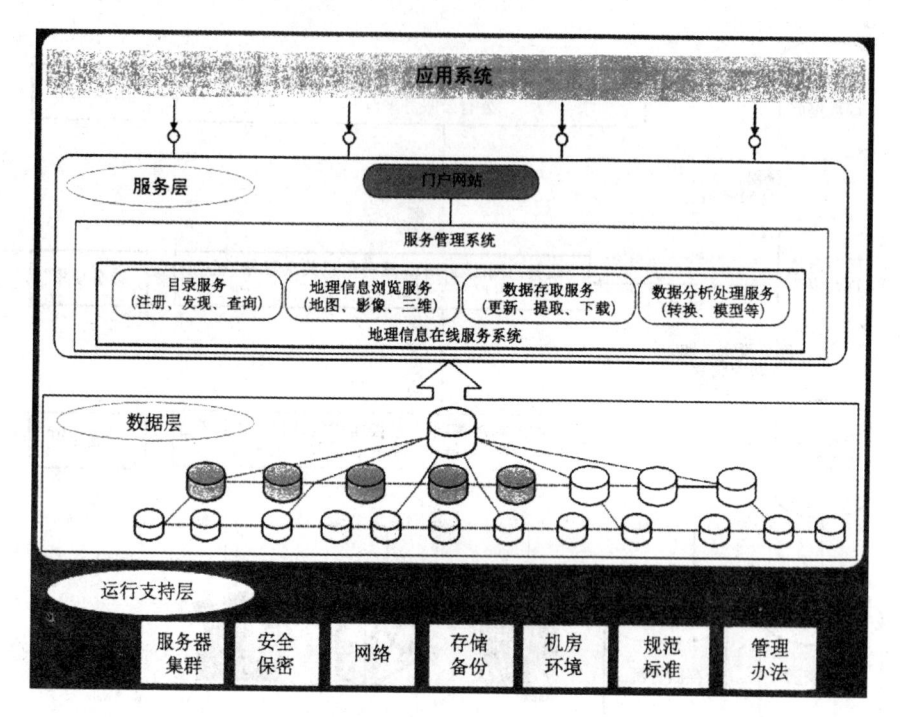

图 8-5 地理信息公共平台体系结构图

②数据层。主体内容是公共地理框架数据,包括电子地图数据、地理实体数据、地名/地址数据、影像数据、高程数据等。在多尺度基础地理信息数据的基础上,根据在线浏览标注和社会经济、自然资源信息空间化挂接等需求,按照统一技术规范进行整合处理,采用分布式的存储与管理模式,在逻辑上规范一致、分布存储,彼此互联互通,并以"共建共享"方式实现协同服务。

③运行支持层。主要包括网络、服务器集群、服务器、存储备份、安全保密系统、计算机机房改造等硬环境和技术规范与管理办法等软环境。

8.1.2 GIS 在城市规划中的应用

城市规划是我国 GIS 应用较早的领域之一。20 世纪 90 年代,我国一些城市,如北京、深圳、海口、上海、青岛等,就已经开始利用 GIS 技术建立规划管理信息系统或规划辅助决策系统,促进 GIS 技术在我国的应用发展。

规划作为一门艺术性极强的科学,其设计内容主要体现在以下几个方面。

①在规划前期对规划区域内各项基础资料的收集、整理,文化风俗、历史现状的了解、分析,以及限制条件的梳理。

②规划中后期,规划内容科学性、地域性的体现,上一级规划思想的完美展现,规划的受众群体最终需求的无缝切合。

③规划完成后,规划期限内规划成果与城市发展、居民生活水平的匹配程度等。

整个规划的过程艺术与技术并举,已经不是如何编制规划的问题,而是如何更好更快地编制出满足各种纷繁复杂需求的规划。在规划项目中,GIS 的强大的空间分析、数据组织管理以及可视化与制图能力将会发挥极大的作用。

GIS 可为企业级系统提供各种地理信息相关的应用,包括资产信息的管理、业务工作的规划和分析、为各种工作提供采集处理手段、用丰富的图表和直观的地图做科学决策,从而体现其价值,使得 GIS 逐渐成为规划行业信息化的主流信息技术之一。

对于城市设计的规划人员来说,取得成功的关键是做出正确的关于位置的决策,为此,GIS 提供了基于空间信息获取、处理与表达的方法。

工作人员通过"数字规划"直接调用计算机中的数据即可得到准确的判断。"数字规划"工程已经广泛应用于业务审批、行政办公、公众服务等平台,同时正全面服务于城市规划、建设、管理与发展的各个方面。GIS 以其强大的空间分析、空间信息可视化、空间信息组织等为核心的功能贯穿着规划行业信息化建设的每一个角落。

GIS 在规划行业的应用主要体现在城市规划辅助设计与辅助决策、专题制图与空间信息可视化、异构空间信息资源集成、共享与发布以及空间信息的组织与管理 4 个方面。

1. 城市规划辅助设计与决策

GIS 提供的空间分析、地理统计的工具与方法,对提高规划设计的工作能力、成果质量、工作效率来说,作用是举足轻重的。结合规划行业的专业模型与人工智能,通过 GIS 强大分析与图形渲染功能,可以实现重大工程的智能选址、分区、规划,综合管线路线或高压走廊的智能选线、保护,城市功能区、人口密度的辅助规划,交通、绿地、公交线路的布局等规划辅助决策功能。

GIS 技术在建设用地生态适宜性评价,如考虑地形地貌、水系、盐碱化、城镇吸引力、市政设施、污染源等诸多因子的加权分析;城市道路规划,如流量分析、道路拥堵分析、居民出行分析、噪声分析、降噪措施及效果分析等;经济技术指标辅助计算,如 GDP 密度分析、热点分析、城镇联系强度分析;商业中心选址辅助分析,如影响范围分析、居民购买力分析、交通物流影响分析;模型驱动的智能选址辅助,如地形地貌等工程适宜性分析、人口密度、交通、市政设施分析、城市用地及规划编制许可分析;城市景观辅助设计,如建筑高度、方位、体量、材质、通风、通视分析、日照、遮挡分析等方面具有广泛良好的应用。

2. 专题制图与空间信息可视化

GIS 强大的空间分析与渲染功能,不仅仅是为规划专题图的制作与表现提供了专业、多维、多角度、多层次、全方位的呈现,更是提供了一种解决问题的方法,无论是多彩纷呈的规划效果图、规划专题图,还是严谨的基础地形图、工程方案,无论是用于业务审批的简图,还是用于专题汇报的综合图集,从平面到三维,从建筑单体视图到社区场景乃至全球视图,从单机离线操作到并发在线互动,从静态数据浏览到动态历史数据回溯与模型推演。

3. 异构空间信息资源集成、共享与发布

政府机构有众多的部门来执行数以百计的业务功能,以便于向社会公众提供服务。绝大部分的业务功能都需要位置定位作为操作的基础,利用 GIS 可以提高其提供信息发布和服务的效力、效率。

使用 SOA 的系统框架可以通过服务目录的通信实现服务提供者和使用者间的连接,也可以使用其他各种技术实现该功能,可以实现区、市级、省级甚至国家级空间地理信息的集成、共享、发布,更可以为数字城市、空间信息基础设施(SDI)的建设提供核心解决方案,从而构建共享、交互、联动企业级 GIS 解决方案。

4. 空间信息的组织与管理

城市规划涉及的空间数据具有明显的多源、多时相、多尺度、海量性,在使用过程中,需要跨部门、跨地域并发操作,即时进行更新,实时对外发布,以及动态加载、一体化呈现。

8.1.3 GIS 在农业气候管理中的应用

农业地理信息系统(简称农业 GIS),也称为农业 GIS 应用系统、数字农业空间信息平台等,是地理信息系统、全球定位系统、自动化、遥感、计算机、通信和网络等技术与农学、生态学、植物生理学等基础学科紧密结合的信息系统。

农业 GIS 可用于农作物、土地、土壤从宏观到微观的监测,农作物生长发育状况及其环境要素的现状进行定期的信息获取,以及动态分析和诊断预测,耕作措施和管理方案等。

1. 农业资源与区划

农业资源包括自然资源和社会经济资源,可分成土地、水、气候、人口和农业经济资源 5 大类。

通过 ArcGIS 技术,可以对指定区域的农业资源实现可视化管理,包括报表的定制、查询、专题图的显示与打印输出、基本统计与趋势模型分析和基本辅助决策等功能,以及资源调查评价、产业布局划分等。

2. 种植业管理

GIS强大的海量空间数据管理能力可以实现粮食、棉花、油料、糖料、水果、蔬菜、茶叶、蚕桑、花卉、麻类、中药材、烟叶、食用菌等种植业信息的管理。

另外，GIS还可以实现耕地质量管理，指导科学施肥，监测植物疫情、种植业产品供求信息分析与发布等，耕地质量管理（研究土壤养分空间分布规律、进行耕地地力评价、制作耕地资源专题图）、作物监测与估产、病虫草害防治等。

3. 渔业水产管理与应用

目前，GIS和遥感技术主要应用在渔业资源动态变化的监测、渔业资源管理、海洋生态与环境、渔情预报和水产养殖等方面。

地理信息系统具有独特的空间信息处理和分析功能，利用这些技术，可以从原始数据中获得新的经验和知识。而遥感技术的感测范围广、信息量大、实时、同步，利用遥感信息，可以推理获得影响海洋理化和生物过程的一些参数，通过对这些环境因素的分析，可以实时、快速地推测、判断和预测渔场。

4. 精准农业

精准农业也称为精确农业、精细农作（Precision Agriculture 或 Precision Farming），是近年来国际上农业科学研究的热点领域，其实质是按照田间每一操作单元的具体条件，精细准确地调整各项土壤和作物管理措施，从而最大限度地优化使用各项农业投入，以获取最高产量和最大经济效益，与此同时，精准农业可减少化学物质使用，保护农业生态环境，保护土地等自然资源。

5. 环境监测、农产品安全

农产品的质量与安全问题已经成为制约新阶段我国农业发

展的瓶颈之一。不仅影响了我国农产品的质量,也削弱了我国农产品在国际市场上的竞争力,从而影响了人民群众的身体健康和生活质量。这就需要建立基于 GIS 的农产品安全生产管理与溯源信息子系统,从而达到加强对农业生态地质环境的调查、监测与综合性评价研究以及农产品的安全管理的目的。

6. 农业灾害预防

农业灾害主要是指气象灾害、地质灾害、生物灾害和其他自然灾害。近年来,我国农业灾害频频发生,洪涝、干旱、暴雪、热干风等灾害对农业生产和社会安定造成了严重影响,因此,建设基于 GIS 的灾害监测预警子系统,可以实现最新灾害显示、逐日灾害显示、灾害年对比显示、灾害累积显示、背景数据查询等功能,对防灾减灾有重要作用。

8.1.4　GIS 在国土行业中的应用

1. GIS 在国土行业中的应用需求

(1) 建立国土业务概念的任务

以国土资源基础空间数据库为核心,基于软硬件和网络支撑体系,实现国土基础空间数据的统一管理、维护、更新、服务,着重实现空间数据的统一更新维护和空间数据的信息发布,支持与国家、省、市、县多级数据中心间的数据交换和数据协作,支持与国土工程衔接等。

① 数据层。数据层是数据中心建设的核心内容。数据层建设包括土地调查数据库、遥感影像数据库以及统计和资料数据库。

土地调查数据库用于保存土地调查成果,包括土地利用数据、土地权属数据、基本农田数据等;遥感影像数据库用于保存经过正射纠正的调查地图 DOM 数据;统计和资料数据库用于保存专项统计数据和调查相关资料文档。所有的数据同时包含元数据信息。

②服务层。国土业务中的数据并不是封闭的,除了在国土业务流程中流转外,国土业务还可以向外提供数据服务及接受数据更新。

使用 ArcGIS Server 提供的服务发布功能,可以将数据中心中的数据以服务的形式供用户访问及使用。

③应用层。应用层是国土资源数据中心管理功能的最终实现。通过"国土资源信息化统一门户",即可以实现基于 B/S 应用的统一门户服务,包括单点登录、用户认证、安全管理、统一权限应用、个性化内容服务等功能。

通过细粒度权限管理机制,实现对用户需办理的业务类型和业务活动的配置,实现角色与功能、权限的组合,实现真正的国土政务系统的一体化。基于强健的总体架构设计,应用层的搭建,将来既可以是 B/S 的,也可以是 C/S 的,更可以混合架构;既可以灵活地实现省厅内部信息化的流转与办结,也可以实现省、市、县多级土地业务垂直管理、业务联动审批,还可以灵活地实现与规划、环保等相关委办单位间的联合办公与资源共享。

(2)地籍管理

地籍是反映土地及地上附着物的权属、位置、质量、数量和利用现状等有关土地的自然、社会、经济和法律等基本状况的资料,亦称为土地的户籍。

GIS 不仅可以提供二维地籍管理,而且也可以支持三维地籍管理。GIS 的三维地籍管理信息系统有效解决了地籍管理中权属空间的表达问题。GIS 在土地登记、土地信息管理、土地统计、土地评价等方面已经有了许多实用的信息系统。

(3)土地规划

土地规划是对一定区域未来土地利用超前性的计划和安排,是在时空上进行土地资源分配和合理组织土地利用的综合技术经济措施。土地规划的业务内容主要包括以下 3 个方面。

第8章 地理信息系统的应用

①规划方案的编制和修编；

②规划成果、文档等资料的管理；

③规划成果展示与发布。

(4) 土地利用动态监测及执法监察

土地利用动态变化监测是指为确保土地利用合理高效，掌握土地利用变化趋势，应用包括地面调查、统计分析和遥感监测在内的各种有效手段，对土地利用的发展变化及时加以调查分析。

其主要内容有土地资源状况、土地利用状况、土地权属状况、土地条件状况、土地质量和等级状况等；主要方式是土地利用变更调查和遥感动态监测方法。

(5) 国土电子政务

国土电子政务系统建设和城乡一体化地籍管理信息系统建设是当前国土信息化建设中的热门话题，各级国土资源部门的重视，使得国土资源电子政务系统建设已成为国土资源部门重要工作内容之一。

国土电子政务的主要功能是将管理信息系统、办公自动化系统、地理信息系统功能及技术集成为一体，在整合基础、专题和业务空间数据的基础上，将业务审批与空间数据应用有机结合，从而实现国土资源业务网上审批、带图作业、决策分析，为实现国土资源业务的精细化管理提供了技术平台。

2. GIS 在土地定级中的应用

土地定级涉及的参评因素因子类型多样且数据量大，同时，定级对象不仅具有非空间属性，还具有空间属性。随着计算机技术的不断推广，运用地理信息系统技术来完成城镇土地定级工作逐渐取代传统的手工和手工加计算机辅助定级方法。GIS 是一种基于空间数据的图形、属性管理技术，具有强大的空间分析和数据管理功能。在某市城市土地价格调查中，主城区的土地定级就是基于 GIS 技术来完成土地定级的。

8.1.5　GIS在林业中的应用

林业生产领域的管理决策人员在面对各种数据时，需要进行统计分析和制图，为森林资源监测、掌握资源动态变化，以及制订林业资源开发、利用和保护计划服务。

GIS在林业方面的应用主要体现在林业生态系统管理、森林资源分析与评价、森林火灾预测与监控、荒漠化监测、森林规划、森林结构调整等方面。

(1)森林火灾预测与监控应用

GIS可用于分析林火方向、速度、强度和燃烧区域，监测林火烟雾的方向以及传播区域等。

(2)林业生态系统管理

GIS技术通过建模分析、模拟生态过程、生物多样性分析可以实现管理自然资源的有关功能。

(3)森林规划

GIS建模可以根据造林的需要，模拟各种自然干扰和地形模式。通过林业面积和分布状况，以及未被破坏的森林走廊的分析，建立预测模型和过程模拟，对未来状况进行模拟分析。

(4)森林资源的分析评价

GIS可用于林业土地的变化监测分析、森林的空间分布制图、森林资源的动态管理、林权管理等。

(5)森林经营

对森林的采伐计划、造林规划、封山育林、抚育间伐等进行分析。

(6)森林结构调整

对林业树种结构、龄组结构等进行分析。

我国森林资源少，森林覆盖率低，林地投资少，劳动力多。生态林业是以生态学的理论和方法及新经济学的观点为依据的一个多样性的林业生产系统。其以优化的结构和有效的功能，充分利用森林自然力,持续稳定地提供一定的生物生产力和发展良好的生态环境效益和社会效益。

生态林业是增强天然林保护工程后劲的一项根本措施,是整个国民经济发展的一个带有战略性的根本问题。走生态林业的道路在全国范围内合理地把多用途的、多功能的各类森林配置起来,使整个国土得到改善,无疑成为天然林保护工程和整个国民经济发展中一个带有战略性的根本问题。复合经营是以生态学原理为基础,遵循技术经济法则而建立起来的一种以林为主体的林农、林渔、林副相结合的高效、持续、稳定的复合生态系统。它在天然林保护工程中具有重要的作用,具有多种群、多层次、多序列、多功能、多效益、低投入、高产出、高利润的特点。

复合经营系统能充分合理地利用自然资源,生产效率高,对于综合开发国土资源有特殊的意义。

(7)林火预警

对林火设施的布局分析、林火的预测预报、火灾损失统计分析等。

(8)退耕还林规划、荒漠化监测、沙尘暴监测

随着荒漠化研究的不断深入,用遥感、GIS等现代技术对荒漠化动态监测势在必行。对于荒漠化背景数据库的建立,一般是和地理信息系统相联系,建立荒漠化灾害背景数据库,有必要对这些大量的数据进行管理,为此进行荒漠化灾害数据库管理系统设计。

遥感技术与地理信息系统相结合进行荒漠化灾害监测,无论是国内还是国际,都是一项新的技术运用领域。其将荒漠化灾害遥感信息获取、处理、分类、专题图更新与制图进行一体化研究,建立荒漠化灾害信息数据库,利用不同数据接口与地理信息系统相连接,从而达到实现与各种专题要素的复合、匹配和更新,进行荒漠化灾害动态监测的目的。

8.1.6 交通治理应用

随着改革开放的深入、经济的高速发展,人民生活水平日益提高,交通拥挤、违章严重、道路交通事故时有发生,严重影响市民的出行。交通管理部门在研讨交通信息、利用交通信息时,不仅需要文字与数字描述的信息及相关分析,而且需要图形描述信息及对信息的图形化处理。这些信息具有复杂、面广、线长、动态等特点,单纯利用人力难以有效、合理地使用。

近年来,GIS凭借其强大的数据综合、地理模拟和空间分析能力,形成了专门的交通地理信息系统 GIS-T,满足了道路交通管理方面的要求,为处理具有地理特征的交通信息提供了新的手段,并已在交通规划、综合运输、公共交通等方面有了广泛的应用,借助 GIS 的强大功能,可以实现交通信息化的时代要求。因此,采用 GIS 技术和方法研究交通领域的相关问题,与其他传统的方法相比具有无可比拟的优势。

交通地理信息系统是在 GIS 软件平台上,根据交通行业信息化应用需求开发的应用信息系统。可用于交通指挥调度、道路养护管理、高速公路信息管理、应急指挥、交通信息共享、站场和设施管理、事故查询统计与分析、移动车辆定位和智能调度、交通诱导、视频监控集成以及道路交通规划等方面。因此,GIS-T 是一个交通信息管理的综合平台。

GIS 凭借其强大的数据综合、地理模拟和空间分析能力,已在交通规划、综合运输、公共交通等方面有了广泛的应用,并取得了显著的经济效益和社会效益。

GIS 在交通方面的应用可以分为铁路交通、公路交通、水运交通和航空交通 4 个方面。值得一提的是,GIS-T 在构建智能交通方面发展迅速。在建设现代物流系统方面具有重要作用。

(1)GIS 在道路设计中的应用

GIS 在交通中能够很好地考虑和评估公路对环境的影响,

因此交通地理信息系统可广泛应用于公路路线的选择和初步设计。

在道路的选线方面,GIS可以利用3D技术从各个角度协调横纵关系,使道路设计与规划统筹发展。

①选取所设计地区的数字化地图,通过连接地图中的控制点来确定路线的走向,最终制订一条路线方案。

②利用路线方案中的高程点,自动生成等高线,绘制纵断面、横断面并在此基础上进行道路横纵断面的设计。

③在选择方案的同时还可抽调其他图形、统计、道路及地面附着物等相关信息,通过对不同的路线方案进行对比、分析、筛选,直至获得最佳方案。

(2)GIS在交通规划中的应用

GIS技术的线性参考系统、动态分段技术等,是建立交通规划信息系统的基础。在实际的日常生活中,货物密度模型的可视化表达、道路交通量和拥挤度的建模、货物的运输模拟等,都需要GIS技术支持。

(3)GIS在道路养护中的作用

随着人们生活水平的提高与科技的迅速发展,人们对道路的要求越来越高,加强对已建成公路的养护与管理变得愈加重要。

交通地理信息系统利用先进的路面、桥梁检测设备和数据收集手段,与路面管理系统、桥梁管理系统等养护管理系统相连,使公路养护管理更加科学、合理。

(4)GIS在城市交通管理中的应用

主要包括城市交通线路规划与分析、公交车辆的调度和应急事故处理、车站和道路设施管理等。

GIS电子地图与传统地图的区别在于其将不同物理内容的地图进行分类描述、存储和管理,以图层的形式表示单一的具体内容,通过图层叠加的方法实现最终所需信息的显示。应用GIS独具特色的地图表现能力,可将交通及交通相关信息可视化,并且将具体的变动信息方便、快捷地显示在图层上,构建新的交通地图。

1997年,我国广东省完成的"广东省综合交通管理信息系统"便是基于地理信息技术和数据库技术实现的,该系统具体由社会经济、基础设施、运网流量、规划项目、系统维护及系统功能等模块构成。

(5) GIS在智能交通中的应用

GIS可用于路况交通信息的实时监控、车辆的跟踪养护巡视、应急抢险指挥以及公众出行服务等。

(6) GIS在高速公路管理中的应用

GIS可用于高速公路结构物和业务数据的组织管理、三维构筑物建模与显示、无线传感器网络集成和信息采集传输等。

(7) GIS在水运交通中的应用

GIS可用于航标及其动态的监控、船舶的动态监测、船舶导航、航道疏浚、水运安全以及内河航道规划等。

8.1.7　城市停车场三维GIS平台应用

城市停车场三维地理信息平台的建设目标是:依托城市三维模型数据库、三维仿真技术及三维数字城市平台,收集整理地下空间市政普查数据,构建城区三维停车场系统,满足市政规划管理部门对停车场信息日益增长的需求,辅助市政规划管理部门进行城区停车场建设的规划部署,为市政规划管理提供更直观、更科学的技术支撑手段。

城市停车场三维地理信息平台以三维场景数据为基础,以统一的应用系统为中心,以分布式的设计系统部署为支撑。系统体系结构如图8-6所示。

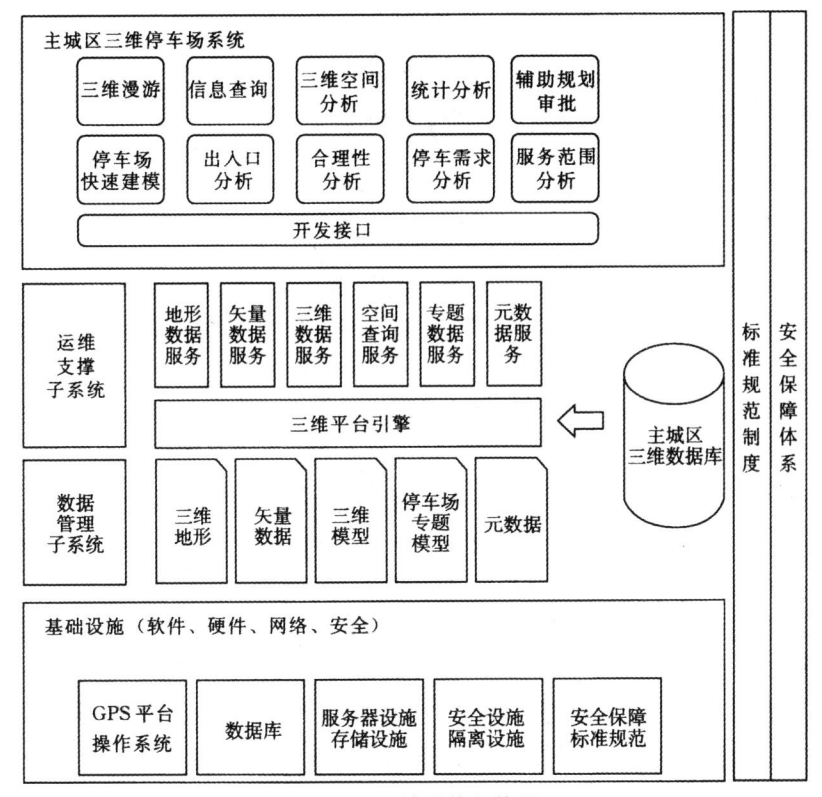

图 8-6　系统总体架构图

8.2　3S 集成技术及应用

"3S"技术的结合和集成充分体现了学科发展从细分走向综合的规律。3S 技术为科学研究、政府管理、社会生产提供了新一代的观测手段、描述语言和思维工具，如图 8-7 所示。

8.2.1　GIS 和 RS 的集成

遥感是 GIS 重要的数据源和数据更新的手段，而反过来，GIS 则是遥感中数据处理的辅助信息，用于语义和非语义信息的自动提取，图 8-8 表示了 GIS 与 RS 各种可能的结合方式，包括分开但是平行的结合（不同的用户界面、不同的工具库和数据库）、表面无缝的结合（同一用户界面，不同的工具库和数据库）和整体的集成（同一用户界面、工具库和数据库）。未来要求的是整体的集成。

▶地理信息系统技术及应用研究

图 8-7　3S 的相互作用与集成

(a)分开但是平行的结合

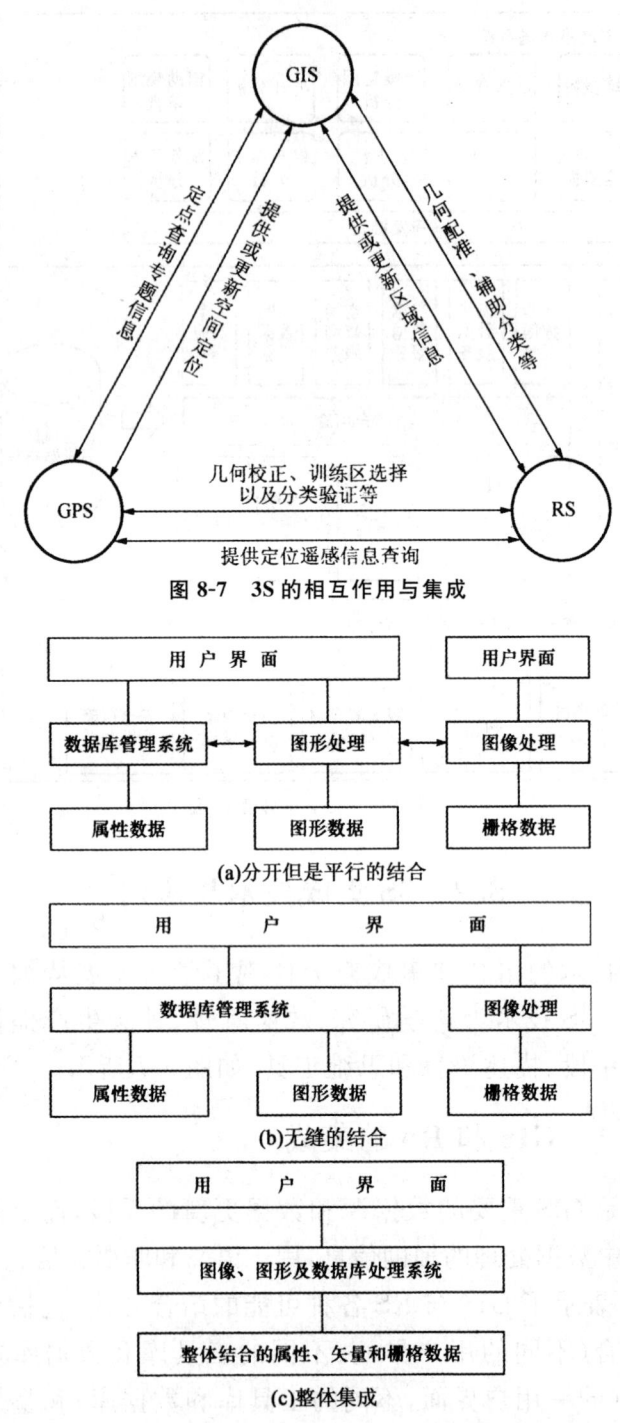

(b)无缝的结合

(c)整体集成

图 8-8　GIS 与 RS 结合的 3 种方式

GIS 与 RS 的集成主要用于变化监测和实时更新,它涉及计算机模式识别和图像理解,在海湾战争中,这种集成方式用来作战场实况的快速勘察,为战场指挥服务,也用于全球变化和环境监测。

8.2.2 GIS 与 GPS 的集成

作为实时提供空间定位数据的技术,GPS 可以与地理信息系统进行集成,以实现不同的具体应用目标。

1. 定位

主要在诸如旅游、探险等需要室外动态定位信息的活动中使用。如果不与 GIS 集成,利用 GPS 接收机和纸质地形图,也可以实现空间定位;但是通过将 GPS 接收机连接在安装 GIS 软件和该地区空间数据的便携式计算机上,可以方便地显示 GPS 接收机所在位置并实时显示其运动轨迹,进而可以利用 GIS 提供的空间检索功能,得到定位点周围的信息,从而实现决策支持。

2. 测量

主要应用于土地管理、城市规划等领域,利用 GPS 和 GIS 的集成,可以测量区域的面积或者路径的长度。该过程类似于利用数字化仪进行数据录入,需要跟踪多边形边界或路径,采集抽样后的顶点坐标,并将坐标数据通过 GIS 记录,然后计算相关的面积或长度数据。

在进行 GPS 测量时,要注意以下一些问题,首先,要确定 GPS 的定位精度是否满足测量的精度要求,如对宅基地的测量,精度需要达到厘米级,而要在野外测量一个较大区域的面积,米级甚至几十米级的精度就可以满足要求;其次,对不规则区域或者路径的测量,需要确定采样原则,采样点选取的不同,会影响到最后的测量结果。

3. 监控导航

用于车辆、船只的动态监控,在接收到车辆、船只发回的位置数据后,监控中心可以确定车船的运行轨迹,进而利用 GIS 空间分析工具,判断其运行是否正常,如是否偏离预定的路线,速度是否异常(静止)等,在出现异常时,监控中心可以提出相应的处理措施,其中包括向车船发布导航指令。

8.2.3　GPS/INS 与 RS 的集成

遥感中的目标定位一直依赖于地面控制点,如果要实时地实现无地面控制的遥感目标定位,则需要将遥感影像获取瞬间的空间位置(X_S, Y_S, Z_S)和传感器姿态(Φ, ω, κ)用 GPS/INS 方法同步记录下来。对于中低精度不用伪距法,对于高精度定位,则要用相位差分法。

目前 GPS 动态相位差分已用于航空/航天摄影测量进行无地面空中三角测量,并称为 GPS 摄影测量,它虽不是实时的,但经事后处理可达到厘米至米级精度,已用于生产,可提高作业效率,缩短周期一年以上,节省外业工作量 90%、成本 70% 左右。实时相位差分需解决飞行实用(On The Flying,OTF)技术。

"3S"集成已经在测绘制图、环境监测、战场指挥、救灾抢险、公安消防、交通管理、精细农业、地学研究、资源清查、国土整治、城市规划和空间决策等领域获得了广泛的应用。随着对"3S"技术研究的不断深入,其应用领域还在不断扩大。

8.3　云环境下的 GIS 及应用

GIS 与当前先进信息技术进行有机结合,一方面使新技术的应用面更加广泛,另一方面也把 GIS 的发展推向了更高层次。近年来,云计算技术与 GIS 结合飞速发展,同样产生了极佳的应用效果。

8.3.1 云计算的概念

近年来,资源需求成为信息技术的应用瓶颈。资源需求通常可以以线性增长的方式估算,而实际中所提供的 IT 资源却呈现阶梯状的增长过程。如图 8-9 所示,随着审批案件的不断增加,城市规划的空间数据量近似线性增长,IT 资源需求量也呈平缓的线性增长,但实际提供的 IT 资源却呈阶梯状增长。例如,在 2011 年购置一台服务器,则 IT 资源上一个台阶,然后保持相对稳定;2013 年再增加一台服务器,IT 资源再上一个台阶。然而实际需求并非是线性或阶梯线性增长,有时供过于求造成浪费,有时供不应求需求紧张,实际需求量呈曲线波动。

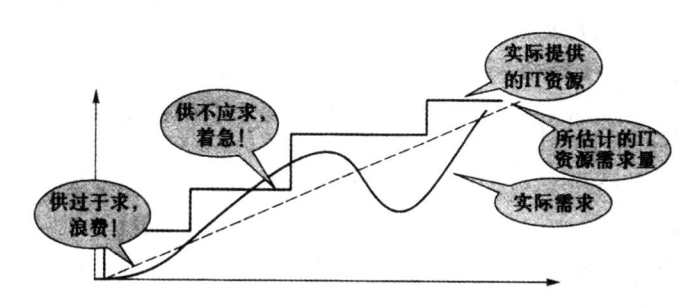

图 8-9 IT 资源供需曲线

云计算正是顺应按需、按量需求而生的。云计算是基于互联网相关服务的增加、使用和交付模式,提供动态、易扩展、经常是虚拟化的资源。相关资源也称为服务模式,可以是硬件、软件、信息,甚至是计算资源。例如,在单机版 GIS 的时代,若要计算广东省公路总长度,要先处理数据,在本机上下载和安装软件,执行操作处理,才能获得最终结果。而在云计算时代,客户端只需提交请求,便可以在互联网上利用已有的数据和计算资源,生成结果。在云计算框架里,处于网络节点上的动态计算机群就是"云";云计算意味着计算能力也可以作为商品,通过互联网流通。

云计算的核心理念是通过提高"云"的处理能力,减少用户终端的计算负担,使用户以较低的成本充分享受强大的计算处理能力。云计算在进行运算处理数据时,由处于网络节点上的多个计算机,分工协作、共同计算,从而以更低成本获得更强大的计算能力,用户终端则被简化为单纯的输入输出设备。云计算的特点主要体现在以下5个方面:

①需求服务的自助化。在云计算环境下,应用服务可以像在自选商场购买货物一样,根据需求进行定制,自助选择相应的功能,来完成不同的服务,以实现应用目的。

②网络访问的便捷化。客户端只需连接互联网,使用浏览器或者简单的客户端软件,就可以获得云平台上的应用服务。

③资源的虚拟化。为充分利用资源,云计算需要把服务器分割成多台虚拟服务器,以便动态地调配资源,达到资源的最优使用效果。

④资源配置的动态化。在执行多个用户时,云平台会根据设备情况,进行动态平衡,实现资源合理应用。

⑤服务的可计量化。云计算并非"免费的午餐",在享受云平台提供的强大计算能力和服务时,需要进行服务的量化计费,才能够保证用户合理地支付服务费用。

云计算是分布式计算、并行计算、虚拟化,以及负载均衡等传统计算机和网络技术发展融合的产物。云计算的服务模式主要体现在以下4个方面:

①基础设施即服务(Infrastructure as a Service),为客户提供网络、计算及存储一体化的基础架构服务,使得用户可以使用云上的存储、计算等资源。

②平台即服务(Platform as a Service),为客户提供一站式服务,用户可以在平台上对自行开发的应用进行建设、交付,以及维护操作。

③数据即服务(Data as a Service),为客户提供集中化的数据管理服务,进行数据聚合、质量管理、清洗等集中处理,再将数据提供给不同的系统和用户,而不需要再考虑数据的来源。

④软件即服务(Software as a Service),通过浏览器向客户提供各种应用软件服务,是在线服务的应用程序,而并非传统的外

部软件。此外,从使用范围、安全性等方面,考虑云服务的部署模型可以划分为公用云服务、私有云服务及混合云服务等。

8.3.2 云计算与 GIS 的结合

云计算与 GIS 相结合需要满足相应要求,具体如下:

①空间数据应用的需求。空间数据的生产单位相对较少,而数据的用户众多且多样化,数据量巨大。因此,适合采用存储服务方式进行空间数据的共享和应用。

②大规模并发处理的需求。GIS 的并发用户数量较大,但每次使用量较少,适合云计算的大规模分布式计算。例如,空间数据库存储了全国范围内的基础地理数据,且内容详尽,然而大多数用户所查询和统计的数据,只是其中极少的一部分。

③海量数据处理与挖掘的需求。在进行空间分析与模拟时,需要对海量数据进行处理和挖掘,计算量巨大,因此需要云计算的并行分布式处理。

总体来说,测绘与地理信息产业在云计算蓬勃发展的浪潮中,更容易从平台即服务、数据即服务、软件即服务等 3 种服务模式中取得突破。其中,数据即服务更是 GIS 产业的优势所在,如图 8-10 所示。

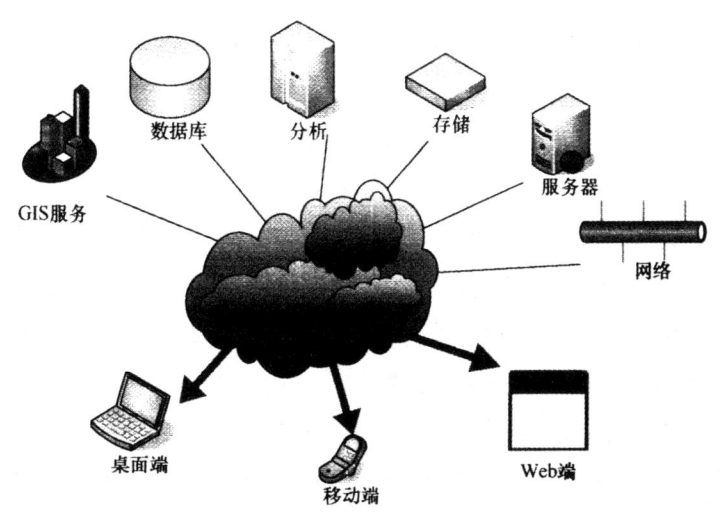

图 8-10 云计算与 GIS 结合

云计算与 GIS 的紧密结合催生了"云 GIS"的新概念。云 GIS 是将云计算的各种特征用于支撑地理空间信息的各种要素，包括建模、存储、处理等，以更加友好的方式，高效率、低成本地使用地理信息资源。GIS 所使用的是云计算技术手段，处理内容依然是地理信息的采集、存储、分析与建模，而目的是使计算资源、存储资源等得到充分利用，从而可以高效率、低成本地使用地理信息资源。

云 GIS 与传统 GIS 的区别与优势有以下几个方面：

①数据采集。传统 GIS 通过设备采集、内业处理、数据入库分阶段独立作业；而云 GIS 则可以支持多设备即时计算、在线提取与离线应用、动态入库和即时版本更新。

②数据管理。传统 GIS 往往使用多个数据库独立分散管理，难以同步与共享；而云 GIS 则是统一存储，支持及时提交应用，以及并行化处理。

③业务应用。传统 GIS 往往是单一、分散的应用，软件参差且都只处理很少业务，相互协调性较弱；而云 GIS 则可以在统一的架构上，进行多样化应用，系统协调性较强。

④开发模式。传统 GIS 软件都是独立开发，更新慢、周期长；云 GIS 则在统一平台上开发，更新容易、更新周期更短。

⑤应用服务。传统 GIS 提供的是分散、固定的服务；而 GIS 则是提供即时、在线的服务，而且可以个性化定制。

GIS 服务器与云计算平台结合形成的体系架构通过虚拟化和高性能动态集群的方式，向不同的客户端提供个性化的地图服务，如图 8-11 所示。

为更好地实现云 GIS 功能，云 GIS 对 GIS 软件的要求主要体现在以下 3 个方面：首先，需要支持虚拟化的 Service GIS 平台。虚拟化是将一台计算机虚拟为多台逻辑计算机，而虚拟化是云计算的重要特征，可以实现资源的动态分配、灵活调度和跨域共享，可以有效地提高资源利用率，服务于各领域灵活多变的应用需求。其次，需要跨平台的 GIS 技术，从而让"云"有更多的选择和更广泛的应用。最后，需要二维、三维一体化的 GIS 技术。在云计算时代，二维 GIS 在表现力上存在不足，而单纯的三维可视化软件则是"中看不中用"，因此需要寻找二维、三维一体化的数据模型，使得 GIS 应用既实用又丰富。

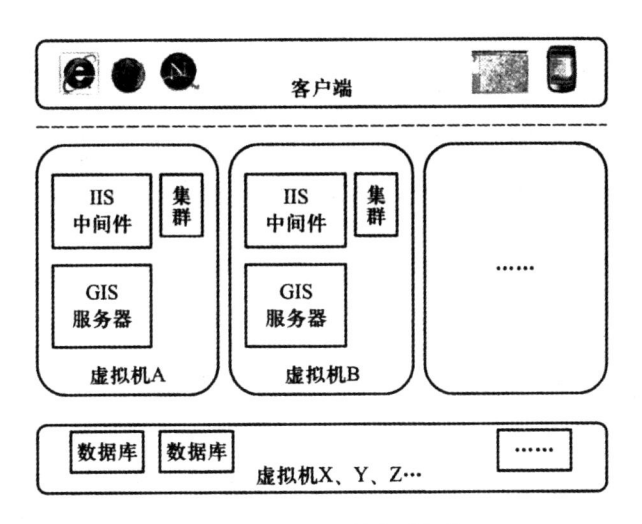

图 8-11　云 GIS 的体系架构

8.3.3　云 GIS 的应用

云 GIS 的应用服务方式已经实现"由买到租"的转变，充分利用互联网上共享的底层数据，在统一平台上构建个性化的服务。目前正在推出的云 GIS 解决方案包括：

①车辆人员位置运营服务。以地理信息云服务平台为基础，构建位置应用服务平台，针对车辆和人员分别提供定位、监控、报警、导航和友邻通信等功能，可应用于车辆管理、手机导航、物流管理、野外巡查和流动执法等领域。

②物流企业单位责任区管理服务。基于地址匹配、业务区划管理等技术，使物流地址快速定位到分单责任区，并落实到送货员手上，完成"最后一千米"的物流，有助于提高工作效率，减少人工派送成本。

③区划管理服务。协助企业将业务范围划分为覆盖城市和无缝拼接的区域块，并将服务信息归纳到网格进行精细化管理，

帮助企业挖掘分析数据,辅助业务流程管理,使得企业管理变得更加简单快捷。

④市场分析服务。基于 GIS 云服务平台,能够直观、准确地监测商品的价格走势和供求变化,为政府决策和企业经营提供科学依据。

8.4 地理信息技术应用热点——移动 GIS、三维 GIS、影像 GIS

8.4.1 移动 GIS

1. 移动 GIS 的概念

国际 GIS 界将移动终端技术、GIS、GPS 和无线互联网的一体化技术称为"移动 GIS"(Mobile GIS,MGIS)。移动 GIS 和传统 GIS 的一个重要区别是移动 GIS 的服务在移动终端上。移动终端是指为客户提供移动服务的客户端,通过无线上网,而不需要固定在办公室和其他场所。常用的移动终端,如掌上计算机、个人数字助理(PDA)和便携式计算机等,都可以通过无线网络获取 GIS 服务。目前,移动智能终端与无线互联网相结合的技术,已经成功地应用到人们的生活和社会经济等各方面。在移动通信技术和 GIS 技术的基础上,移动 GIS 将极大地丰富 GIS 技术方法,拓展 GIS 的应用领域。

与传统 GIS 相比,移动 GIS 在实现方式上具有如下特点,如图 8-12 所示:

①终端移动性。这是移动 GIS 最本质的特点,它对技术实现提出了重要要求。只有无线网络支持传输,移动终端才可以在任意地点连接 GIS。同样,GIS 的功能设计也需要符合移动使用的特点,才能在小屏幕上进行方便快捷的操作。

②位置服务动态性。这是桌面版 GIS 所不具备的能力。移动设备往往需要通过 GIS 获取当前的位置信息,来进行路线规划

与实时导航等应用。

③移动终端多样性。移动 GIS 应当具备更高的平台兼容性，能够应用于平板电脑、智能手机、PDA 等不同设备。

④更便捷的信息共享。在移动 GIS 中，移动终端的位置信息经常会同步到服务器上，并在大数据理念的引导下，通过数据拟合实现实时模拟。

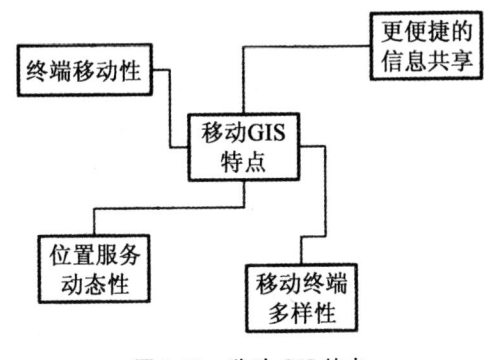

图 8-12　移动 GIS 特点

2. 移动 GIS 的组成

移动 GIS 主要由 4 部分组成：无线通信网络、移动终端设备、地理应用服务器和空间数据库。其中，无线通信网络包括 GPS 卫星系统的通信网络，以及基于蜂窝通信系统的 GSM、GPRS、CDMA 等。无线通信网络保证移动 GIS 可以方便地进行定位和获取地图数据，以实现各种 GIS 服务。移动终端设备主要有便携式计算机、PDA、智能手机等。地理应用服务器是指位于固定场所的服务器，为移动 GIS 用户提供大范围的地理服务。而空间数据库则用于存储各种类型的地理空间数据，为移动 GIS 的应用奠定数据获取和传输的基础。

移动 GIS 的体系架构如图 8-13 所示。服务器端由地理信息服务器、GIS 应用服务器和移动 GIS 应用服务器层 3 个部分组成。为实现移动 GIS 服务，传统 GIS 平台上增加"移动 GIS 应用服务器层"，即通过无线通信网络接收移动终端的请求，与传统 GIS 平台之间进行数据调度以响应移动终端的请求。移动 GIS

应用服务器层是实现移动式 GIS 的中转站，也是系统实现的核心。移动终端具有胖客户端类型和瘦客户端类型。其中，胖客户端类型，是一次性调用所有合乎要求的数据，在终端完成 GIS 处理；而瘦客户端类型，则是由服务器来完成 GIS 处理功能。当然，在终端或服务器上提供机制决定 GIS 的逻辑处理，可以协调不同类型的移动终端。

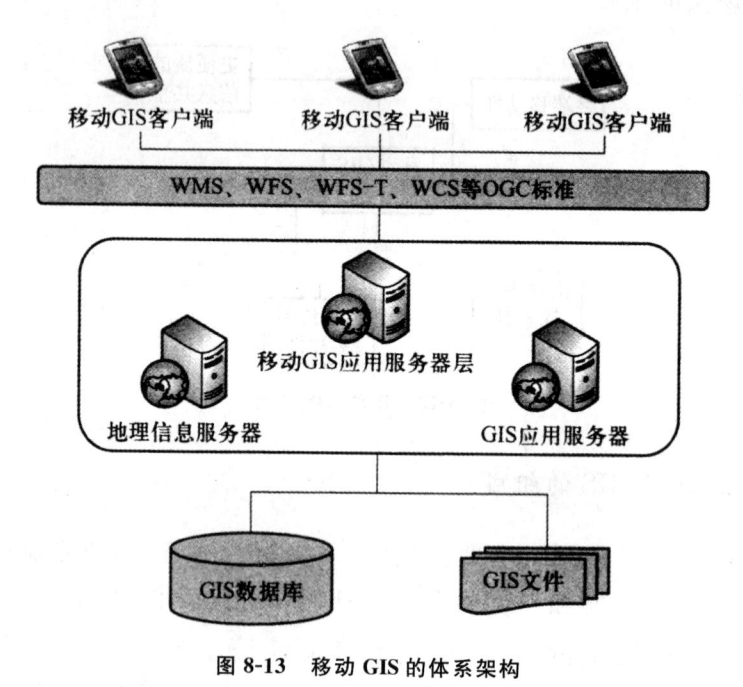

图 8-13 移动 GIS 的体系架构

3. 移动 GIS 的关键技术

(1)嵌入式技术

嵌入式技术是指以应用为中心，执行专门功能并被内部计算机控制的设备或者系统。嵌入式技术已经将专业的功能固化在机器内，而终端用户不能随意修改。移动 GIS 的无线终端属于嵌入式系统，其软硬件可以根据应用需求"裁剪"。嵌入式 Java 技术是移动终端中应用较为广泛的开发技术。

(2)无线通信网络技术

如果没有无线通信网络的支持，移动 GIS 就难以与服务器进行交互、动态获取数据资源,以及进行复杂分析计算。在移动通信领域,无线接入技术可以分为两类:一是基于数字蜂窝移动电话网络的接入技术,已有 CDMA、GPRS、GSM、TDMA、CDPD、EPGE 等多种无线承载网络;二是基于局域网的接入技术,如蓝牙、无线局域网等技术。

(3) GPS 定位技术

GPS 定位技术将 GPS 接收机接收到的信号,经过误差处理后解算得到位置信息,并传递给所连接的设备,再进行计算和变换后传递给移动终端。GPS 定位技术可以随时随地为用户提供位置信息服务。尽管经过复杂的解算和传输过程,而不可避免地引起精度损失,但目前 GPS 的定位精度可以满足众多应用的需求。

(4) 分布式空间数据管理技术

分布式空间数据管理技术是指在物理上分布、在逻辑上集中的数据管理结构。由于移动 GIS 用户的位置不断变化,需要的信息多种多样,因此任何单一的数据源都无法满足服务需求。必须利用地理上所分布的各种数据源,借助于现有的分布式处理技术,为多用户并发访问提供支持。

(5) 移动数据库技术

移动数据库是指移动环境下的分布式数据库。它代表分布式数据库的延伸和发展。移动数据库支持用户在多种网络条件下访问,完成移动查询和事务处理。移动数据库技术的研究主要涉及 5 个方面:移动数据库复制/缓存技术、移动查询技术、数据广播技术、移动事务处理技术和移动数据库安全技术。

4. 移动 GIS 的应用

移动 GIS 之所以在近年来迅猛发展,应用面不断扩大,很大程度上是由于移动 GIS 和人们的生产与生活息息相关。移动电子地图是移动 GIS 的典型应用。电子地图是指利用现代网络、通信、GIS、遥感、数字摄影测量等技术实现的全新地图服务方式。

在移动 GIS 应用中，常常把配置在移动终端设备上的电子地图称为移动电子地图。从地图格式角度，电子地图可以分为矢量地图和瓦片地图；从网络连接的角度，电子地图可以分为在线地图和离线地图。在实际应用中，智能手机下载相关应用就可以定位到当前位置，查阅地图信息，并进行路线规划和定位导航等实际操作。

移动 GIS 并非局限应用于电子地图的查阅和导航，还可以广泛应用于交通服务、城市管理服务、公众服务等众多领域。因为移动 GIS 可以提供实时路况，规划线路，因此交通服务是移动 GIS 较为活跃的应用领域，而且物流运输也能够实现全流程的监控。

在城市管理方面，若某地点出现特殊情况（如水管爆裂），巡查员可以通过移动 GIS 记录现场情况，将位置信息和实时数据迅速传输给管理中心，以便应急中心采取方案处理事故。在公众服务方面，基于移动 GIS 位置服务的众多社交软件都可以查询附近的人和活动。而基于定位技术所开发的出租车打车软件，可以帮助人们观察附近的出租车辆并快速下单。

移动 GIS 不仅被公众用户广泛使用，在政务方面与移动办公的结合也越来越紧密。例如，某市规划部门的同志出差参加会议时，希望可以随时查看相关的地理空间数据，并进行图层的叠加和量算，以便空间分析和决策。由于传统的 GIS 难以满足此类需求，因此需要考虑应用移动 GIS 进行办公，开发相应的数据在线平台，为实时决策、业务信息管理与查询提供在线支持。

由于设备本身的局限，移动 GIS 大多数并不需要应用智能化的工具来实现极为复杂的分析和处理功能，而是需要使用空间信息的基本查询、图层叠加、量算和统计功能等。移动 GIS 系统对软硬件的响应速度、客户操作的便捷性都具有更高要求，以方便用户快速获取所需的各种地理信息。

8.4.2 三维 GIS

三维 GIS 是模拟、表示、管理、分析客观世界中的三维空间实体及其相关信息的计算机系统，能为管理和决策提供更加直接和真实的目标和研究对象。

1. 三维 GIS 的特点

与二维 GIS 相比,三维 GIS 对客观世界的表达能给人以更真实的感受,它以立体造型技术给用户展现地理空间现象,不仅能够表达空间对象间的平面关系,而且能描述和表达它们之间的垂向关系;另外对空间对象进行三维空间分析和操作也是三维 GIS 特有的功能。

与 CAD 及各种科学计算可视化软件相比,它具有独特的管理复杂空间对象能力及空间分析的能力。

三维空间数据库是三维 GIS 的核心,三维空间分析则是其独有的能力。与功能增强相对应的是,三维 GIS 的理论研究和系统建设工作比二维 GIS 更加复杂。

2. 三维 GIS 的发展前景

(1) 当前三维 GIS 的发展呈现为两大趋势

① 大众化。理论和技术的成熟使得三维 GIS 的门槛不断降低,这不但扩展了其应用领域,而且有更多人群从中受益。简单、易用的三维 GIS 正在逐渐走进老百姓的生活,如世博会、世界杯均大量使用了三维地理信息技术,三维 GIS 大众化的趋势显而易见。现在,人们使用电子地图方便出行已属家常便饭,国内外种类丰富的地理位置应用正如雨后春笋般涌现,期待着三维 GIS 更好地融入其中。

② 专业化。与大众化趋势不同,专业化则需要三维 GIS 能够更加紧密地集成到各个行业应用中,充分发挥其强大的可视化功能和多维空间分析功能,从而为行业应用提供更科学、更强大的三维空间信息服务和决策支持,这不仅是三维 GIS 的重要作用,也是用户的强烈需求。

(2) 三维 GIS 当前面临的困难

① 三维数据实时廉价获取。主要有两个方面原因:一个重要

的原因是地学三维数据采样率很低，难以准确地表达地学对象的真实状况；另一个原因是地学领域的研究者因为地学对象的复杂变化性不能准确地确定研究对象的各种属性。正因为地学对象在自然界的纷繁复杂，使得此一地的经验模型不能移植到另一地的地学研究对象中，因此三维数据实时获取在地学领域显得尤为重要。

②大数据量的存储与快速处理。在三维GIS中，无论是基于矢量结构还是基于栅格结构，对于不规则地学对象的表达都会遇到大数据量的存储与处理问题。除了在硬件上靠计算机厂商生产大容量存储设备和快速处理器外，还应该研究软件方面的算法以提高效率，如针对不同条件的各种高效数据模型设计、并行处理算法、小波压缩算法及在压缩状态下的直接处理分析等。

③完整的三维空间数据模型与数据结构。三维空间数据库是三维GIS的核心，它直接关系到数据的输入、存储、处理、分析和输出等GIS的各个环节，它的好坏直接影响着整个GIS的性能。而三维空间数据模型是人们对客观世界的理解和抽象，是建立三维空间数据库的理论基础。三维空间数据结构是三维空间数据模型的具体实现，是客观对象在计算机中的底层表达，是对客观对象进行可视表现的基础。虽然有很多人展开过相关方面的研究与开发，但还没有形成能为大多数人所接受的统一理论与模式，有待进一步研究与完善。

④三维空间分析方法的开发。空间分析能力在二维GIS中就比较薄弱，目前大多数的GIS都不能做到决策层次上来，只能作为一个大的空间数据库，满足简单的编辑、管理、查询和显示要求，不能为决策者直接提供决策方案。其中很大一个原因就是在现有的GIS中，空间分析的种类及数量都很少。在三维GIS中，同样面临着这个问题。因此，研究开发GIS的基本空间分析及将各领域的专家知识嵌入GIS中，是三维GIS发展的一个重要方面。

第8章 地理信息系统的应用

3. 三维 GIS 的应用

目前三维 GIS 在诸多行业中获得了广泛运用,如城市规划、城乡建设、国土资源、地理国情监测、环境气象、通信行业、综合应急、军事仿真、旅游展示等。

(1)城市规划管理

城市规划在城市发展中要求高瞻远瞩,因此一直是三维可视化技术应用的主要领域。

①易于沟通的管理平台,有利于专家与公众之间的交流和互动。将群众关心的信息,以直观形象的方式在三维场景中展示,让群众看得懂,并及时提出监督意见,更深入地参与到规划工作中来。

②有效提高规划编制的工作效率。三维 GIS 可以集成多源规划数据,拥有大量三维模型、纹理、遥感航摄影像,具有海量信息,从而减少踏勘的工作量和成本,提高了工作效率。

③缩短建设项目的审查周期。在三维 GIS 中,展示待审查项目的相关信息,如建筑物的密度、高度、风格、协调性等,并实时对建设目标进行参数化修改与调整,立即展示审查意见,最终得出科学的审查结论。

(2)城乡建设管理

三维 GIS 立足其计算分析功能,融入到城乡建设管理的工作流程中,提高决策的科学性。

①计算建设项目挖填方量。在建设项目设计中,根据三维 GIS 中建立的数字高程模型(DEM)和设计高,计算挖方量和填方量,经多次模拟计算,可求得挖填方平衡的最佳设计高。

②提高道路设计效率。输入各种设计参数,如行车道、隔离带、路缘、人行道、边坡、附属物等要素尺寸,使道路按设计高与 DEM 融合,并计算建设时的挖方量和填方量,提高道路设计效率。

③快速实现水利工程的前期选址和灾害评估。结合水动力水

文模型，对淹没损失和水利工程前期选址的科学性等进行空间分析，从而合理确定移民安置范围、科学评估淹没地区生态环境等。

(3)环境、气象管理

三维 GIS 能够展示出多层次的复杂环境情况，涵盖地下到空中，如对大气成分、气压、气流以及空气质量在不同高度时的变化情况，空气中的污染物受风流影响迁移情况，地面或地下的污染物受水流影响迁移情况。通过分析技术，展示气象及环境的发展规律，并进行预测，有效地进行环境管理，将天气系统的演变情况以及未来的趋势更好地展示给公众。

(4)军事培训演练

在军事领域，三维 GIS 技术也得到了广泛应用。对军事学而言，建设可靠的三维地形地貌平台系统至关重要。此外，还可以依据实际需求，构建军事演练的虚拟现实平台，方便进行单项演练，同时也支持大型的综合演练，为作战机动车和人员配置专业的 GPS 定位系统，依靠三维 GIS 技术进行实施跟踪和定位，确保观察效果，降低军事培训和演练的成本，节约人力物力。

(5)国土资源、国情监测管理

借助三维 GIS 技术，建立国土三维信息系统，实现国土资源、地理国情的高效、准确和科学管理。

①在三维场景中能够实现一系列有关地理信息系统和图形的操作，如漫游、查询、量测等，实现空间地理信息服务可视化，保障国土资源管理的有序发展。

②在三维 GIS 中，模拟三维地质构造形态、岩石内部结构等分布状况，展示矿山地质环境现状、矿产资源。遥感调查和监测等数据，并实现查询、分析、统计，进而实现矿产资源储量计算，有效监测矿产资源。

③依托三维 GIS 平台，可以多维多时态展示道路交通、水系信息、植被覆盖、滑坡等信息，进而分析地形地貌、道路密度、城镇建设、人口密度、建筑用地适宜性、土地利用和土地覆盖变化等，实现开发利用地理信息资源、加强应急保障、国情监测的目的。

(6)公安、消防、水利应急管理

三维 GIS 技术也可以在公安系统中发挥作用。运用摄像头等设备实时监控、监听警情,把握治安状况,提升工作效率。

建立消防地理信息管理数据与三维 GIS 的关联关系,可以有效提高出警效率。例如,在郊区森林防火方面,展示山势、道路走向,根据系统分析功能,模拟火势发展及影响面域,从而快速灭火。在市中心部分区域,可以分析最近消防警力、消防水源,实现有效灭火,减少社会损失。

建立交互式的三维管理调度系统,配合防汛防洪预警系统,实现水利应急管理。制定、修改、维护、更新防汛预案,提供决策支持平台更加直观地做好防汛减灾工作。

(7)通信行业管理

在三维 GIS 平台中,通过对通信业各种资源的有效展示,并实现基于 GIS 的网络规划预算、工程设计、工程项目管理、资产统计分析、市场分析及预测、通信线路运行检查和实时监控等功能,有利于实现资源的统一管理、迅速准确地进行滚动规划研究、动态地查询网络运行情况、提高通信企业的客户服务质量。

(8)三维旅游展示管理

旅游景区拥有独特且丰富的人文资源、自然风光,将互联网信息技术和三维 GIS 技术引入其中,建立多功能互动式旅游服务平台,将旅游资源特色全面展现出来,除了推介旅游产品、展示景区风貌以外,还能实现品牌效应,使景区的对外形象得到提升。

8.4.3 影像 GIS

1. 海量影像管理

(1)影像数据格式

影像数据格式指既能够访问以文件形式存储在磁盘或存储系统中影像数据,又能够访问空间数据库中存储的影像数据集。

(2) 海量影像存储和管理模型

镶嵌数据集集成了栅格目录(Raster Catalog)、栅格数据集(Raster Dataset)和影像服务器(Image Server)的最佳功能,并被 ArcGIS 的大多数应用程序支持,包括 Desktop 和 Server。

镶嵌数据集使用"文件＋数据库"的存储和管理方式,是管理海量影像的理想模型。影像入库时,只会在空间数据库中建立影像索引,不会拷贝或改变原有的影像数据,原有影像文件仍然存储在文件系统中或是空间数据库中。这种方式充分发挥了存储系统和数据库系统的优势,是目前管理海量影像最高效的方式。

(3) 海量影像入库、更新和维护

①自动的影像批处理入库工具。在建立海量影像库之前,经常需要编写复杂的建库程序,以辅助完成这些工作。ArcGIS 工具箱中的自动的影像批量入库工具,将帮助用户自动完成这些工作。

②丰富的影像更新维护工具。影像入库后,随之而来的便是更新和维护工作。ArcGIS 提供了一套用于管理镶嵌数据集的工具,涵盖了海量影像更新和维护的大部分工作,如图 8-14 所示。

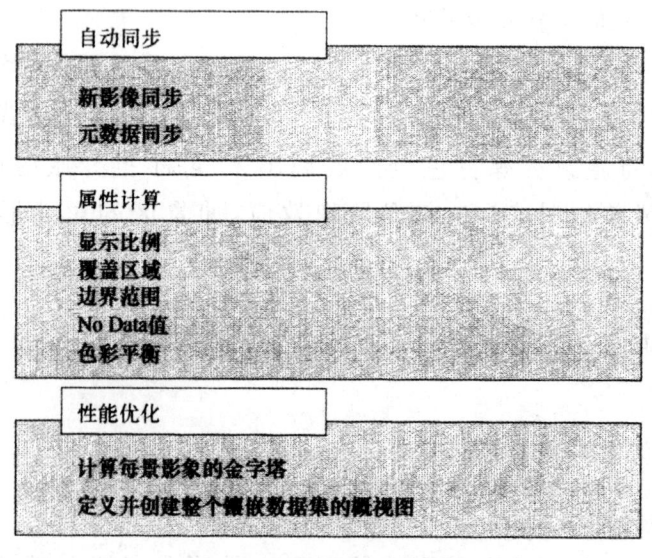

图 8-14　影像更新维护工具

使用自动同步工具,能够解决海量影像管理中的影像更新。如果接收或购买了新的影像,通过自动同步工具能够自动将新影像导入。

属性计算类工具为用户提供了重新计算镶嵌数据集影像属性的功能。这些功能都是日常维护工作中常用的一些功能。通过属性计算类工具,用户可以获取更加精确的覆盖区域或是为一景影像定义特殊的 No Data 值。

性能优化类工具为用户提供了优化镶嵌数据集访问速度的功能。通过这类工具,用户可以为镶嵌数据集中管理的每景影像建立影像金字塔和统计值,以对访问每景影像的性能进行优化。同时,还能够定义并创建整个镶嵌数据集的概视图,这对于镶嵌数据集的全局显示有非常大的帮助。

③灵活的元数据管理和扩展。影像管理的目的之一是让管理系统的用户能够快速检索到自己需要的影像。满足常用的检索需求,必须要使用到影像的元数据信息。因此,和其他空间数据管理一样,海量影像管理中,元数据信息的管理和扩展同样重要。可分为两种元数据管理方案:第一种方案是通过属性字段实现元数据的管理,具有管理和扩展简单,查询效率高的优点;第二种方案是通过元数据标准实现元数据的统一管理。

(4)高级特性

①影像动态镶嵌。影像动态镶嵌技术是镶嵌数据集的高级特性之一。得益于影像动态镶嵌技术,通过镶嵌数据集编目管理的海量影像数据,可以像预先镶嵌好的影像一样进行可视化分析。

②影像实时处理。影像实时处理技术是一种按需进行影像动态处理的技术。它能够让用户实时得到影像处理结果,而不用关心影像数据量的大小,并且不会产生中间影像。用户通过影像实时处理技术可以瞬时得到 GB 级,甚至 TB 级的影像处理结果,如正射校正、影像融合和 NDVI 分析等。用户通过影像实时处理技术还可以使用同一数据源提供多种结果影像,节省了处理时

间,减少了数据冗余。

(5) 多级影像管理

对于海量影像数据的管理者来说,管理不同来源的数据、不同数据级别的数据、向不同的业务单位或公众用户提供不同保密级别的影像,是建立影像库进行管理之前都需要考虑的问题。用户可以利用镶嵌数据集轻松地进行多级影像管理,以便于灵活地组织数据,提高数据服务的针对性和保密性。

2. 海量影像共享

(1) 基于 SOA 的影像共享模式

面向服务架构(Service-Oriented Architecture,SOA),它是一种粗粒度、松耦合服务架构,可以根据需求通过网络对松散耦合的粗粒度应用组件进行分布式部署、组合和使用。基于 SOA,海量空间影像数据可以通过 Web 服务的方式进行共享。用户不需要安装客户端组件和程序,即可以通过网络快速访问到共享的影像数据,轻松地和现有应用进行集成,解决传统影像共享模式中的问题。如图 8-15 所示为使用 ArcGIS Server 进行海量影像共享的 SOA 模式。如图 8-16 所示为新疆林业部门建立的海量影像数据管理系统的系统框架。

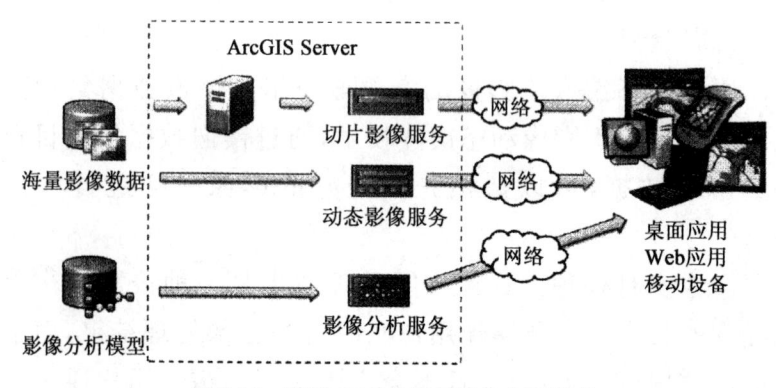

图 8-15 基于 SOA 的海量影像共享模式

(2) 切片影像服务

切片影像服务是一种通过 Web 极速访问海量影像的服务方

式。它预先在服务器上缓存了影像不同比例尺的图片,然后在每次请求时服务器直接返回用户所需的图片,不需动态渲染,所以也称为静态影像服务。

(3)动态影像服务

影像动态服务因为需要进行服务器动态处理,速度略逊一筹,但是提供了强大的服务器处理能力、快速的查询检索能力和可控的原始数据下载能力。它不仅适合公众用户作为背景底图使用,而且专业用户可以使用影像动态服务进行分析和处理。

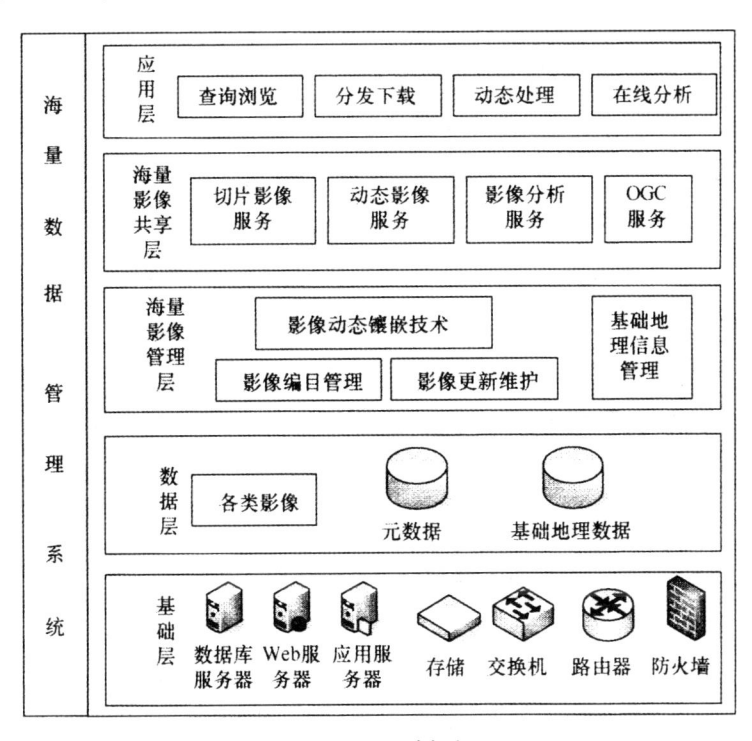

图 8-16　系统框架

(4)在线分析服务

在线分析服务可以向用户提供在线的影像处理和分析服务。

参考文献

[1]张新长.地理信息系统概论[M].北京:高等教育出版社,2017.

[2]高松峰,刘贵明.地理信息系统原理及应用[M].2版.北京:科学出版社,2017.

[3]王庆光.地理信息系统应用[M].北京:中国水利水电出版社,2017.

[4]张加龙.遥感与地理信息科学[M].北京:科学出版社,2016.

[5]李卫红.地理信息系统概论[M].北京:科学出版社,2016.

[6]徐敬海,张云鹏,董有福.地理信息系统原理[M].北京:科学出版社,2016.

[7]李德仁,丁霖,邵振峰.关于地理国情监测若干问题的思考[J].武汉大学学报,2016,41(2):143-147.

[8](美)Kang-tsung Chang 著.地理信息系统导论[M].8版.陈健飞等译.北京:科学出版社,2016.

[9]李建松,唐雪华.地理信息系统原理[M].2版.武汉:武汉大学出版社,2015.

[10]毕硕本.空间数据分析[M].北京:北京大学出版社,2015.

[11]胡孔法.数据库原理及应用[M].北京:机械工业出版社,2015.

[12]陈恭和.管理信息系统[M].北京:清华大学出版社,2015.

[13]梁昌勇.信息系统分析与开发技术[M].2版.北京:电子工业出版社,2015.

[14]梁维娜.图形图像处理应用教程[M].4版.北京:清华大学出版社,2015.

[15]骆斌.需求工程:软件建模与分析[M].北京:高等教育

出版社,2015.

[16]李建松.地理监测原理与应用[M].武汉:武汉大学出版社,2014.

[17]Khalid S 著.数据压缩导论[M].贾洪峰译.北京:人民邮电出版社,2014.

[18]吴信才.地理信息系统原理与方法[M].3 版.北京:电子工业出版社,2014.

[19]张新长,康停军,张青年.城市地理信息系统[M].2 版.北京:科学出版社,2014.

[20]李建辉.地理信息系统技术应用[M].武汉:武汉大学出版社,2013.

[21]Albert K W,Yeung G B 著.空间数据库系统设计、实施和项目管理空间信息系统[M].杨国伟,霍尔,孙鹏译.北京:国防工业出版社,2013.

[22]冯慧菁.基于 GIS 的气象信息集成与可视化系统[D].南京信息工程大学,2013.

[23]刘大有,陈慧灵,齐红.时空数据挖掘研究进展[J].计算机研究与发展,2013(2).

[24]林辉,傅民生,黄望华.常用大地坐标系及其转换[J].华东森林经理,2013,27(1).

[25]Keith C C 著.地理信息系统导论[M].叶江霞,吴明山译.北京:清华大学出版社,2013.

[26]毕硕本.空间数据库教程[M].北京:科学出版社,2013.

[27]鲁学军,尚伟涛,周和颐.基于视觉思维的人机交互遥感解译模式研究[J].遥感信息,2013(6).

[28]罗强.图像压缩编码方法[M].西安:西安电子科技大学出版社,2013.

[29]李建松.地理国情监测的若干问题[J].地理空间信息,2013,11(5):1—3.

[30]Stephen W 著.GIS 数据结构与算法基础[M].朱定局

译.北京:科学出版社,2012.

[31]丁燕,潘宝平.基于扫描矢量化的内业数据采集技术研究[J].科技资讯,2012(27).

[32]王庆光.GIS应用技术[M].北京:中国水利水电出版社,2012.

[33]华一新,赵军喜,张毅.地理信息系统原理[M].北京:科学出版社,2012.

[34]邱国清.复杂多边形图形矢量数据结构编码方式的改进[J].陕西科技大学学报(自然科学版),2012(1).

[35]刘磊,黄乐,赵红柏.Voronoi在无线网络规划中的应用[J].无线通信,2012(2):35-38.

[36]Rafacel C G,et al 著.数字图像处理[M].3版.阮秋琦,阮宇智等译.北京:电子工业出版社,2011.

[37]陈维崧,陈庆秋.基于云计算的GIS研究[J].测绘与空间地理信息,2011(1).

[38]吕建芬,马晨燕,杨燕.视觉符号思维与地图符号设计[J].江西测绘,2011(2).

[39]董星星,段修亭,陈肖磊等.Web分布式空间数据仓库体系结构设计[J].地理空间信息,2011,9(4).

[40]胡小静.空间数据质量控制与评价方法研究[M].昆明:昆明理工大学出版社,2011.

[41]陈彦军,周炎坤.图文一体化国土办公信息系统中工作流与GIS技术集成研究与实现[J].广东农业科学,2011(4).

[42]鲍泓,徐光美,冯松鹤.自动图像标注技术研究进展[J].计算机科学,2011,38(7).

[43]胡祥培,刘伟国.地理信息系统原理及应用[M].北京:电子工业出版社,2011.

[44]卢丽君,张继贤,王腾.一种基于高分辨率雷达影像以及外部DEM辅助的复杂地形制图方法[J].测绘学报,2011(4).

[45]李治洪.WebGIS原理与实践[M].北京:高等教育出版

社,2011.

[46]李希.面向地理信息服务链的工作流技术应用[J].计算机光盘软件与应用,2011(4):27-27.

[47]邱国清.计算机图形矢量数据结构编码方式的改进[J].电脑与信息技术,2011(2).

[48]黄辉,陆利忠,闫镔等.三维可视化技术研究[J].信息工程大学学报,2010(2).

[49]刘明皓.地理信息系统导论[M].重庆:重庆大学出版社,2010.

[50]吴信才.地理信息系统设计与实现[M].北京:电子工业出版社,2010.

[51]李源泰,李红波,赵俊三.开源GIS在WebGIS中的应用初探[J].地理空间信息,2010(2).

[52]李征航,魏二虎,王正涛等.空间大地测量学[M].武汉:武汉大学出版社,2010.

[53]秦昆.GIS空间分析理论与方法[M].武汉:武汉大学出版社,2010.

[54]汤国安.地理信息系统[M].2版.北京:科学出版社,2010.

[55]韦娟.地理信息系统及3S空间信息技术[M].西安:西安电子科技大学出版社,2010.

[56]林子雨,杨冬青,王腾蛟.基于关系数据库的关键词查询[J].软件学报,2010,21(10).

[57]孟令奎.网络地理信息系统原理与技术[M].2版.北京:科学出版社,2010.

[58]黄道伟,任芳萍,张小宏.以MapGIS为平台建立城镇地籍数据库的探讨[J].青海科技,2010(1):45-49.

[59]李德仁,邵振峰.论新地理信息时代[J].中国科学(信息科学),2009,39(6):579-587.

[60]胡庆武,陈亚男,周洋等.开源GIS进展及其典型应用研究[J].地理信息世界,2009(1).

[61]杨昕,汤国安,刘学军等.数字地形分析的理论、方法与应用[J].地理学报,2009(9).

[62]宋佳,诸云强,王卷乐等.基于GML的时空地理本体模型构建及应用研究[J].地球信息科学学报,2009(4).

[63]康铭东,彭玉群.移动GIS的关键技术与应用[J].测绘通报,2008(9).

[64]刘湘南,王平.GIS空间分析原理与方法[M].北京:科学出版社,2008.

[65]何宗宜.计算机地图制图[M].北京:测绘出版社,2008.

[66]黎夏.GIS与空间分析——原理与方法[M].北京:科学出版社,2006.

[67]郑坤,朱良峰,吴信才.3D GIS空间索引技术研究[J].地理与地理信息科学,2006,4(22):35-38.

[68]张景宗,朱瑜馨.基于MapInfo的城市交通道路空间数据组织[J].电脑知识与技术,2005(12):33-34.

[69]邬伦,刘瑜.地理信息系统原理、方法和应用[M].北京:科学出版社,2002.

[70]刘明皓,邱道持.信息系统在土地定级中的应用[J].河北师范大学学报,2002,26(6):640.

[71]龚健雅.地理信息系统基础[M].北京:科学出版社,2001.